Wie schreibt man die Geschichte der Zukunft? Luisa Neubauer bringt zusammen mit *Fridays for Future* Woche für Woche tausende Menschen auf die Straße, sie kämpft an der Seite von Greta Thunberg, diskutiert mit Angela Merkel, Emmanuel Macron, Barack Obama ebenso wie mit dem hessischen Bauern, dessen Felder infolge des Hitzesommers verdörren. Sie sprach vor den Aktionären von RWE, debattierte im SPIEGEL mit Peter Altmaier, bei Anne Will mit Olaf Scholz oder bei Marcus Lanz mit Christian Lindner. Sie weiß, wie man Veränderung beginnt.
Alexander Repenning beschäftigt sich in seiner Forschung und in seiner Arbeit intensiv mit sozialem Wandel und mit den ökonomischen und sozialen Aspekten der Klimakrise.
In *Vom Ende der Klimakrise* bringen sie Theorie und Praxis zusammen, sie erklären die Hintergründe der Krise und mit welcher Haltung wir dieser Ausnahmesituation begegnen können. Gemeinsam zeigen sie was jetzt zu tun ist, damit die große Transformation gelingen kann. Denn die Zukunft liegt (noch) in unserer Hand.

LUISA NEUBAUER, geboren 1996 in Hamburg, ist eine der Organisatorinnen von *Fridays for Future*. Sie schreibt eine *stern*-Kolumne und setzt sich für Generationengerechtigkeit und Frauenrechte ein. 2018 lernte sie bei der UN-Klimakonferenz die schwedische Schülerin Greta Thunberg kennen und trifft seitdem regelmäßig mit ihr auf Staatschef*innen und Entscheider*innen. Die Geographie-Studentin lebt in Göttingen und Berlin.

ALEXANDER REPENNING, geboren 1989 in Hamburg, unterstützte die Klimastreiks von *Fridays for Future* seit ihren Anfängen. Er engagiert sich für politische Partizipation, Klimagerechtigkeit und globales Lernen und schrieb u. a. für attac und den Blog Postwachstum. Für die Right Livelihood Foundation, den Alternativen Nobelpreis, arbeitet er daran, Aktivismus und akademische Welt stärker zusammenzubringen. Er lebt in Genf.

VOM ENDE DER KLIMAKRISE

EINE GESCHICHTE UNSERER ZUKUNFT

≈

LUISA NEUBAUER
ALEXANDER REPENNING

TROPEN SACHBUCH

Mehr Bäume
Weniger CO_2
www.cpi-print.de/umwelt

MIX
Papier aus verantwortungsvollen Quellen
FSC
www.fsc.org
FSC® C083411

Tropen
www.tropen.de

Printed in Germany
Cover: Zero-Media.net, München
unter Verwendung zweier Fotos von © Elif Küçük/ze.tt
(Luisa Neubauer) und © Annette Hauschild/Ostkreuz
(Alexander Repenning)
Autorenfoto S. 1: © Annette Hauschild/Ostkreuz
Gesetzt von Dörlemann Satz, Lemförde
Gedruckt und gebunden von CPI – Clausen & Bosse, Leck
ISBN 978-3-608-50479-8

Zweite Auflage, 2020

Bibliografische Information der Deutschen Nationalbibliothek:
Die Deutsche Nationalbibliothek verzeichnet diese Publikation in der Deutschen Nationalbibliografie; detaillierte bibliografische Daten sind im Internet über http://dnb.d-nb.de abrufbar.

INHALT

VORWORT

*Für all die Possibilist*innen da draußen.*
Und für die, die es werden wollen.

Liebe Leser*innen,

schon die Erstausgabe dieses Buches haben wir inmitten einer sehr bewegten Zeit geschrieben, das war im Herbst 2019. Jetzt, zum Erscheinen des Taschenbuchs, schreiben wir in einer noch bewegteren Zeit, der Pandemie.
Seit *Vom Ende der Klimakrise* erschienen ist, hat sich, so gesehen, alles verändert. Zum einen. Zum anderen wiederum gar nichts. Denn nach wie vor befinden wir uns als Gesellschaft und als Menschheit in einer sich verschärfenden Klimakrise. Ihr Gefahrenpotential, wissenschaftlich gesprochen, war nie größer als jetzt, dem Moment, in dem Sie diese Zeilen lesen. Das, was wir hier aufgeschrieben haben, ist schockierenderweise so aktuell wie eh und je.

Es hat sich allerdings eine entscheidende Weiche verschoben: Zum ersten Mal haben wir nun, im Jahr 2020, erlebt, wie es aussieht, wenn Regierungen entscheiden, eine globale Krise ernst zu nehmen – obwohl diese Krise kein bewaffneter Krieg ist.

Zunächst bestätigt das unsere ernüchternde These, über

die wir in diesem Buch schreiben: Die Klimakrise wurde nie als globale Krise und als existenzielle Bedrohung akzeptiert, geschweige denn angegangen. (Warum das so ist, und wie das geändert werden kann, beschreiben wir übrigens auch.) Geht man einen Schritt weiter, haben die ersten Monate der Coronapandemie in Deutschland aber auch einen weiteren, deutlich hoffnungsvolleren Aspekt offengelegt: Wenn wir wollen, wenn wir wirklich wirklich wollen, können wir Krisen wie Krisen behandeln. Und wir können scheinbar Unmögliches möglich machen.

Was dieses Möglich-Machen möglich macht, ist eine Haltung. Eine Haltung, die wir als »Possibilismus« kennengelernt haben und als wichtiges Werkzeug in der Krisenbewältigung verstehen. Der Possibilismus beschreibt den schmalen Grat zwischen Optimismus und Pessimismus. Die Possibilist*innen sehen was möglich ist (what's possible), und verstehen, dass man sich einsetzen muss, damit diese Möglichkeiten zu Wirklichkeiten werden.

Genau diese possibilistische Haltung haben wir angesichts der Pandemie in Deutschland und vielen Teilen auf der Welt erlebt: Um diese Krise zu bewältigen, war es nicht genug, davon überzeugt zu sein, dass alles gut wird. Eine überwältigende Mehrheit der Menschen wusste, dass der eigene Beitrag unverzichtbar ist, damit das große Ganze gelingt. Millionen von Menschen haben sich dazu entschieden, zu Hause zu bleiben, ihre Hände zu waschen, Abstand zu halten und solidarisch zu sein. Was wir gesehen haben, waren Millionen von Possibilist*innen, die bewiesen haben, wie kollektive Krisenbewältigung aussehen kann – wenn sich jede*r Einzelne als Teil der Lösung versteht.

So kam es, dass wir inmitten der Coronakrise verstanden haben, dass wir mit diesem Buch ein Krisen-Bewältigungsbuch geschrieben haben, was, von der Klimakrise ausgehend, in vielen Teilen auf andere globale Krisenphänomene übertragbar ist. Andere Zukünfte sind möglich – doch nur, wenn wir sie aktiv gestalten.

Doch bisher ist nicht abzusehen, dass wir so gestärkt und widerstandsfähig aus der Coronapandemie herausgehen werden, wie es viele Monate lang politisch versprochen wurde. In den auschlaggebenden Entscheidungsmomenten, auf den Gipfeln und Sondertreffen, wurde sich letztendlich wieder für althergebrachte Investitions-, Politik- und Gestaltungsmuster entschieden. Wohl wissend, dass echte Transformationen mehr als notwendig sind, um Gesundheit, Gerechtigkeit und Perspektiven für alle Menschen auf diesem krisengeplagten Planeten zu schaffen. Solange Menschen sich nicht vorstellen können, wie gerechte, ökologische Welten von morgen aussehen könnten, ist die Wahrscheinlichkeit, dass diese Welten Wirklichkeit werden gering.

Auf den letzten Seiten dieses Buches fordern wir euch auf, liebe Leser*innen, zu träumen – und euch zu organisieren. Denn die Possibilist*innen in uns sind davon überzeugt, dass wir die großen Krisen unserer Zeit lösen können. Das sagt nicht zuletzt die Wissenschaft. Doch das kann nur gehen, wenn sehr viele Menschen mitmachen, soweit sie es können (und noch etwas mehr). Es ist nicht viel Zeit. Wenn wir über den eigenen Tellerrand hinausblicken, stellen wir fest, wie viele Türen bereits offen stehen. Legen wir los.

Viel Spaß mit diesem Buch, wir hoffen es inspiriert und bereichert euch – und wir freuen uns, in euch und Ihnen Mitstreiter*innen, Mitdenker*innen und Mitmacher*innen zu finden.

Mit possibilistischen Grüßen,
Luisa and Alex September 2020

EINLEITUNG

Was tun, wenn man mitten in der größten Krise der Menschheit steckt und niemand handelt? Wie kommuniziert man eine wissenschaftlich belegte Katastrophe in einer Zeit, die sich als post-faktisch deklariert? In einer Zeit, in der 280 Zeichen den Rhythmus der Kommunikation diktieren? In der die Aufmerksamkeitsspanne schrumpft, und der Informationsfluss aus immer lauter donnernden Eilmeldungen an einem vorbeirauscht? Wie erzählt man von einer Krise, die so dramatisch ist, dass sie wie kein anderes Thema die Tagesordnung dominieren sollte – aber stattdessen von großen Teilen der Gesellschaft und der Politik relativiert, abgetan oder ignoriert wird? Wie erklärt man politischen Entscheidungsträger*innen, dass sie sich um ein Problem kümmern sollen, das in keine Legislaturperiode passt und größer ist als jeder Wahlkreis? Wie mobilisiert man für ein Problem, das in den Augen vieler gar keins ist?

Man erzählt Geschichten. Persönliche Geschichten. Und das ist unsere Geschichte.

Stockholm, Sommer 2017. Wir tunkten Zimtkekse in unseren Kaffee – »Fika« nennt man diese Pause in Schweden. Wir saßen im Garten eines hundert Jahre alten Hauses, die Sonne schien zwölf Stunden am Tag, der Himmel war blauer als in einer Werbebroschüre. Irgendwo mähte jemand seinen Rasen und der Duft von frisch geschnittenem Gras zog herüber. Dort, etwas abseits des städtischen Trubels, befinden sich die Arbeitsräume des »Alternativen Nobelpreises« (der Right Livelihood Award, wie er eigentlich heißt). Dass in derselben Stadt Familie Thunberg wohnt, wirkt heute wie ein Zeichen. Damals aber, vor zwei Jahren, kannte, außer ihrer Familie und ihren Freund*innen, kaum jemand das Mädchen namens Greta.

Dieser schwedische Sommer, in dem wir beide für die Stiftung des Alternativen Nobelpreises forschten, hatte es in sich. Die Welt schaute gebannt auf einen amerikanischen Präsidenten, der zum realen Alptraum wurde und täglich Schlagzeilen produzierte. Die Rohingya-Krise in Myanmar machte auf einen Schlag hunderttausende Menschen zu Flüchtlingen. Man erinnerte an den Beginn der Weltwirtschaftskrise, die nun zehn Jahre zurücklag und feierte zugleich ein rasantes Wirtschaftswachstum. Währenddessen litten die Menschen unter der Hitze: Dieser Sommer entwickelte sich zu einem der drei heißesten seit Beginn der Wetteraufzeichnungen.

Wie wir dort also barfuß am Gartentisch saßen und Kaffee tranken, entschieden wir uns, endlich anzufangen. Anzufangen, die großen Fragen zu stellen, einen Sommer lang, Tag für Tag. Wir wollten es wagen. Uns nicht mit einem Tja-ziemlich-kompliziert zufrieden geben.

Wie kann es sein, dass wir weltweit genug Nahrung für über zehn Milliarden Menschen produzieren,[1] aber immer noch über 800 Millionen Menschen hungern?[2]

Wie wird die Welt aussehen, wenn zur Mitte des Jahrhunderts zusätzlich zwei bis drei Milliarden Menschen hier leben?

Welche Zukunft erwartet die weltweit über siebzig Millionen Menschen, die auf der Flucht sind?[3] Und die vielen Millionen, die aller Voraussicht nach noch dazukommen werden?

Wie ist der Rechtsruck in den westlichen Ländern zu erklären, der nationalistische Parteien in viele Parlamente gebracht und rassistische Hetze wieder salonfähig gemacht hat?

Wie kann es sein, dass immer mehr Menschen ausgebrannt, einsam und depressiv in Kliniken enden, wenn es uns hier in Deutschland und weltweit »doch nie besser ging«?[4]

Viele dieser Fragen hängen miteinander zusammen. Die Krise aller Krisen aber – und damit der Schlüssel zu vielem anderen – ist die Klimakrise: Wie kann es sein, dass wir wissenschaftliche Gewissheit darüber haben, dass wir seit Jahrzehnten auf die größte Katastrophe der Menschheitsgeschichte zusteuern, aber statt einzulenken das Tempo sogar noch erhöhen?

Wir wissen, dass es nicht mit Mülltrennung, Biogemüse und Bambuszahnbürsten getan ist, wenn es darum geht, Antworten auf diese, *die* existenzielle Frage unserer Zeit zu finden. Was ist zu tun? Anders gefragt: Sind wir noch zu retten? Und wenn ja, wie?

Die Stockholmer Right Livelihood Foundation war der ideale Ort, um die Suche nach zukunftsfähigen Handlungsansätzen zu beginnen. Schließlich wird dieser Preis seit vierzig Jahren an Menschen und Organisationen aus aller Welt verliehen, die praktische Lösungen für die globalen Probleme unserer Zeit gefunden haben.

Unter den Preisträger*innen sind Menschen wie Frances

Moore-Loppé, die sich als Publizistin und Aktivistin gegen Welthunger und für Demokratie einsetzt, Hermann Scheer, der als Politiker schon 1988 weltweit die Solarenergie vorangetrieben hat, die Inderin Vandana Shiva, die sich für Ökofeminismus und Biodiversität einsetzt, Yacouba Sawadogo aus Burkina Faso und Tony Rinaudo aus Australien, die Wüsten in Wald verwandeln.

Wir waren überwältigt von der Zuversicht, die sich in den Geschichten dieser Macher*innen offenbarte, zugleich machte uns das Ausmaß der drohenden Katastrophe sprachlos. Wir waren wütend darüber, dass es bereits Lösungsansätze gibt, die auf politischer Ebene aber kein Gehör finden und stattdessen bewusst ignoriert oder boykottiert werden. Darüber wollten wir schreiben.

Damals war uns noch gar nicht klar, dass dies ein Buch über die Klimakrise werden würde. Denn sie ist eben bei weitem nicht die einzige Krise, die uns beim Blick auf die Zukunft Kopfzerbrechen bereitet. Die »multiple Krise« unserer Zeit, wie sie die Soziologen Markus Wissen und Ulrich Brand nennen, umfasst alle Lebensbereiche. Man denke an die ökologische Krise, die sich im Artensterben, der Bodendegradation und der Umweltverschmutzung zeigt, oder die Folgen der Weltwirtschaftskrise, die viele Länder noch heute spüren. Verarmung, gesellschaftliche Spaltung und der Abbau der sozialen Sicherungssysteme stürzen uns in eine »Krise der sozialen Reproduktion«. Der Erhalt sozialstaatlicher Errungenschaften, die ein würdevolles Leben für alle ermöglichen sollen, wird infrage gestellt.[5]

Die global zunehmenden Flüchtlingsbewegungen haben diese Tendenz vielerorts noch verstärkt und sind gleichwohl Folge dieser Krisen. Hinzu kommt die Krise der repräsentativen Demokratie und der etablierten Parteien, die sich (mit Ausnahme des Wahlerfolgs der Grünen) bei der Europawahl 2019 wieder gezeigt hat. Und natürlich die Krise der Geschlechterverhältnisse, sie manifestiert sich auf allen gesellschaftlichen Ebenen – im alltäglichen Sexismus gegenüber Frauen und anderen Geschlechtern, aber auch strukturell auf dem Arbeitsmarkt, im Politischen, in den Medien und im Privaten.

Wir waren uns nicht einig, welcher dieser Brände dringender gelöscht werden müsste.

Für mich, Alex, war die Klimakrise lange Zeit ein Thema für Naturliebhaber*innen und Menschen, die lieber Zeit im Wald verbringen als mit anderen Menschen. Ich hatte nichts gegen sie, doch mir schien, dass es in einer globalisierten Welt mit all ihren Ungerechtigkeiten, Machtgefällen und Ausbeutungsverhältnissen wichtigere Fragen gab als die nach der Wiedervernässung eines Moores, der Erhaltung einer seltenen Käferart oder den Konsequenzen von veränderten Vegetationszonen. Wenn ich ans Klima dachte, dann dachte ich daran, dass das Wetter in Hamburg anders ist als in Freiburg oder Palma de Mallorca, und als gebürtiger Hamburger freute ich mich, wenn die Sonne mal schien.

Von der Klimakrise hörte ich das erste Mal durch Al Gores Dokumentarfilm *Eine unbequeme Wahrheit*. Ich erinnere mich bruchstückhaft an Bilder von ausgetrockneten Seen, veränderten Landschaften und an Kurven in Koordinatensystemen, die zum Ende hin stark ansteigen. Ich erinnere mich auch an die etwas alberne Animation eines Frosches, der das Wasser nicht verlässt, während es langsam auf eine tödliche Temperatur erhitzt wird – wäre das Wasser von Beginn an so heiß gewesen, hätte der Frosch es sofort verlassen. Der Frosch ähnele, so Gore, uns Menschen, die ebenfalls nicht auf die tödliche Bedrohung der Klimakrise reagieren, weil sie sich nur langsam und zeitversetzt zeigt. Doch so eingängig das Bild mit dem Frosch auch war – die Beispiele von Orten am anderen Ende der Welt, die sich mit dem Klima veränderten, schienen mir weit weg zu sein und nichts mit meinem Leben zu tun zu haben. Es kam mir außerdem suspekt vor, dass dieser Mann im Anzug um die Welt flog und in Limousinen zu Vorträgen fuhr, um über die klimatischen Folgen unseres Lebensstils zu referieren. So blieb die globale Erwärmung für mich ein Problem ferner Orte, weit weg auch von den Fragen der Gerechtigkeit und des guten Lebens für alle, weit weg also von dem, was mich damals umtrieb.

Für mich, Luisa, war die Sache anders. Mit dreizehn erfuhr ich das erste Mal vom Treibhauseffekt, im Erdkundeunterricht in der achten Klasse. Unsere Lehrerin hatte für das Thema eine Doppelstunde eingeplant, zweimal 45 Minuten. Das war alles. In der darauffolgenden Woche beschäftigten wir uns mit Vulkanen, in der nächsten Woche mit dem Wattenmeer, dann mit Nordamerika. Ich fand es irritierend, dass ein so wichtiges Thema in nur eine einzige Doppelstunde gequetscht wurde.

Am Ende des Halbjahres blieb das vage Gefühl von »mit der Erde stimmt etwas nicht« und der Vorsatz, dann und wann auf die Plastiktüte im Supermarkt zu verzichten. »Der Umwelt zuliebe«, sagte man sich dann. Ich begann, beim Frühstück die taz zu lesen. Je mehr ich von der Klimakrise erfuhr, desto merkwürdiger erschien mir die Auseinandersetzung mit dem Thema. Als ich mit 14 Vegetarierin werden wollte, verboten es mir meine Eltern. Sie verstanden nicht, dass diese Entscheidung eine Konsequenz meines Nachdenkens über die Klimakrise war. In ihren Ohren klang die Idee ihrer pubertierenden Tochter vor allem nach einem ersten Schritt in Richtung Essstörung. Als Kompromiss gab es einmal die Woche Bio-Fleisch für alle, die anderen Tage durfte ich vegetarisch essen.

Ein Jahr später begann ich, zusammen mit einer Freundin mit kleinen Solarpanelen zu experimentieren. Das war ungewöhnlich, denn die Energiewende steckte noch in den Anfängen und regenerative Energien waren ein Thema für Nerds. Noch im selben Jahr wurden wir für die rudimentären Erkenntnisse, die wir aus diesen Experimenten gewonnen hatten, mit dem Preis eines Naturwissenschaftswettbewerbs ausgezeichnet. In der Schule schrieb ich Aufsätze über die Umweltfolgen der Elbvertiefung, lernte, warum Solar-Toiletten in Namibia scheiterten, schrieb weiter und fing nach der Schule an, als Praktikantin bei einem Umweltmagazin zu arbeiten. Der Berg aus Fragen wuchs weiter – Fragen zum Klima, zu den ökologischen Grenzen des Wachstums, der Zukunft des Planeten und der Menschheit, hier bei uns und im Globalen Süden. Ein Jahr später entschied ich mich, Geografie zu studieren.

Als ich dann zwei Jahre später mit Alex im Stockholmer Garten saß, blickte ich also auf viele Jahre des Engagements für den Klimaschutz zurück. Nur wusste ich nicht so recht, was das wirklich verändert hatte. Je mehr wir uns mit der Klimakrise beschäftigten, desto klarer wurde uns beiden, dass sie schwerwiegende Folgen für die Menschheit bereithielt. Egal ob wir uns mit Fragen menschenwürdiger Lebensbedingungen, Gerechtigkeit, der Umwelt oder dem Tierschutz auseinandersetzten – bei der Klimakrise lief alles zusammen. Egal, wo wir anfingen, über die ethischen Aufgaben unserer Zeit nachzudenken – früher oder später landeten wir immer wieder bei der existentiellen Gefahr durch die steigende CO_2-Konzentration in der Atmosphäre.

Damals, als die Idee für dieses Buch geboren wurde, war noch nicht abzusehen, dass wir jungen Menschen als *Fridays for Future*-Bewegung weltweit die Straßen füllen würden. Und auch nicht, welche Rolle mir dabei zukommen würde. Ich hatte nie geplant, Vollzeit-Klimaaktivistin zu werden. Ich hatte auch nie vor, durch Schul- und Unistreiks politisches Handeln einzufordern. Im Gegenteil: Ich hatte mich bei Umweltverbänden lange nicht zu Hause gefühlt und noch nie eine Demonstration organisiert. Bei meinem ersten Streik bin ich kilometerweit aus meiner Komfortzone herausgetreten. Ich hatte Angst davor, dass niemand kommen würde. Ich wusste nicht, was man den Menschen sagen sollte, wenn sie dann mit mir vor dem Bundestag stehen und frieren würden, und wie man sie überzeugen konnte, wiederzukommen. Aber ich und andere haben es gewagt. Genau das fordert diese Krise von uns: Wir müssen aus unserer Komfortzone heraustreten. Und entgegen all meiner Erwartungen war dieser erste Freitag vor dem Bundestag der Beginn von etwas Großem. Von einem Tag auf den anderen kreiste mein ganzes Leben um die Klimakrise.

PANIKMACHE? HAMBURG IM JAHRE 2050

Wir sind beide in Hamburg aufgewachsen. Wenn der Wind richtig stand, konnten wir das Dröhnen der Schiffshörner bis nach Hause hören. Das viele Wasser versprach uns Lebensqualität. Im Urlaub erzählten wir davon, dass es in Hamburg mehr Brücken gibt als in Amsterdam und Venedig zusammen. Das Wasser war der Inbegriff dessen, was unsere Heimatstadt besonders machte, wovon wir schwärmten, wenn wir von unserem Zuhause erzählten. Wenn wir uns heute an die Hamburger Sommer erinnern, denken wir an den Elbstrand und die Wellen, an kleine Segelboote mit weißen Segeln.

Heute ist vieles davon der Sorge darüber gewichen, was die Nähe zum Wasser in Zeiten der Klimakrise bedeutet. Das Wasser ist nun, nur wenige Jahre später, ein Symbol für die Gefahren geworden, die uns und unseren Kindern drohen. Hamburg wird – wie viele andere Städte am Wasser – stark von der globalen Erwärmung und steigendem Meeresspiegel betroffen sein. Die häufiger werdenden Sturmfluten in der Nordsee und die wachsende Überschwemmungsgefahr aus dem Landesinneren werden der Stadt in den nächsten Jahrzehnten immer mehr zusetzen.[6]

Während wir dieses Buch schreiben, weist alles darauf hin, dass die weltweiten Treibhausgasemissionen weiterhin ansteigen werden. Je nach Berechnung ist bis Ende des Jahrhunderts mit einer Steigerung der Jahresmitteltemperatur zwischen 2,8 und 4,7 Grad zu rechnen.[7] Was in einer notorisch verregneten Stadt zunächst nach einer guten Botschaft klingt, bedeutet jedoch aller Voraussicht nach ein eher unangenehmeres Leben. Stürme und Starkregengüsse werden zunehmen, genauso wie Hitze- und Trockenperioden. Auf den Schulhöfen werden sich Kinder im Sommer die Füße verbrennen. In der Innenstadt wird eine Kombination aus Abgasen und Hitzeperioden tödliche Auswirkungen für alte und kranke Menschen haben. Ökosysteme in der Stadt, in Parks, Wildgebieten und rund um die Elbe werden kollabieren. Die Wasserqualität wird sich massiv verschlechtern, während die Bauern auf den Äckern in und um Hamburg durch andauernde Ernteausfälle um ihre Existenzgrundlage kämpfen.[8]

All das sind keine weit entfernten Zukunftsszenarien, vieles davon werden auch wir noch erleben. Die klimatischen Veränderungen werden die Orte unserer Kindheitserinnerungen teilweise zerstören, sie werden unser Leben und Älterwerden dominieren – in einem nie zuvor dagewesenen Ausmaß.

Lange hat man in der deutschen Klimapolitik von »Enkeltauglichkeit« gesprochen. Mittlerweile macht das keinen Sinn mehr: Wir müssen längst von Kindertauglichkeit sprechen – oder noch kurzfristiger: an unser eigenes Leben denken.

Oft spricht man außerdem davon, dass »wir die Ersten sind, die die Klimakrise zu spüren bekommen und die Letzten sein werden, die noch etwas ändern können«. Auch dieser Satz ist nicht mehr aktuell.

Zwar sind tatsächlich wir, die jungen Menschen, die erste Generation, deren zukünftiges Leben maßgeblich von der Klimakrise beeinträchtigt sein wird. Aber sichtbar ist sie schon jetzt im Leben einiger Menschen: Landwirten, deren Äcker im Hitzesommer trocken bleiben, Förstern, deren Wälder absterben oder von Schädlingen befallen werden. Und das sind nur zwei Beispiele.

Auch der zweite Teil der Aussage, dass wir die Letzten seien, die noch etwas reißen können, verkennt den Ernst der Lage. Mit »wir« ist nämlich nicht bloß die junge Generation gemeint, deren Zukunft durch die Klimakrise auf dem Spiel steht. Mit »wir« sind die Gesellschaftsgestalter*innen von heute gemeint. Also jene, die heute mitentscheiden, wie wir in der Zukunft leben und wirtschaften werden. In einer Demokratie, an der zumindest an der Wahlurne alle teilhaben können, heißt das, dass neben denjenigen, die an den politischen, wirtschaftlichen und finanziellen Schalthebeln sitzen, auch alle anderen gefragt sind.

WAS SAGT DIE WISSENSCHAFT?

Wir haben den wissenschaftlichen Hintergrund der Klimakrise studiert und mit Wissenschaftler*innen gesprochen. Dabei haben wir vor allem zwei Dinge gelernt.

1. Die Klimakrise ist nicht nur eine Krise des Lebensstils; sie betrifft nicht nur die Frage, wie das Leben von Menschen und Tieren auf einem stark veränderten Planeten gestaltet werden kann. Die Klimakrise ist mittel- und langfristig eine Frage des Überlebens auf dem Planeten. Zunächst für die Tiere, später für die Zivilisation, wie wir sie kennen.[9, 10]
2. Wenn man es ernst meint mit dem Pariser Abkommen, wenn man nicht zulassen will, dass sich die Erde in einen Ort verwandelt, der kein sicheres Zuhause für große Teile der Weltbevölkerung mehr ist, wenn man Klimaschutz konsequent zu Ende denkt, wenn man begreift, dass es beim Klimaschutz um Menschenschutz geht und bereit ist, dementsprechend zu handeln – dann sind alle Entscheidungsträger*innen gefordert, loszulegen. Wir sind nicht nur die Letzten, die noch die schlimmsten Schäden verhindern können, wir sind auch diejenigen, die dieses Jahrhundertprojekt angehen müssen. Nach uns wird es vielleicht nie wieder eine Gesellschaft geben, die derart viele Gefahren abwenden kann.

So viel zum Status quo.

NICHT LÄNGER DIESELBEN FEHLER MACHEN

Wir schreiben dieses Buch nicht nur, um zu erzählen, wie schlimm es um den Planeten steht. Das zeigt auch die Homepage der NASA. Wir schreiben dieses Buch, weil uns nicht loslässt, dass man dreißig Jahre, also Alex' gesamte bisherige Lebenszeit, klimapolitisch verschenkt hat. Wir schreiben, weil wir nicht Teil der nächsten Erzählung werden wollen, die von weiteren verschenkten Jahrzehnten handelt. Weil wir nicht von einer abstrakten Welt sprechen, wenn wir von der Zukunft des Jahres 2050 sprechen, sondern von unserem Leben. Wir schreiben dieses Buch als Aufruf, nicht nur an die junge Generation, sondern an alle. Denn alle werden gebraucht.

Weil es unsere Aufgabe ist, eine radikale Klimapolitik einzufordern – und sie umzusetzen. Mit allen gewaltfreien Mitteln, die uns dabei zur Verfügung stehen.

WIR SIND POSSIBILIST*INNEN

Ob wir optimistisch in die Zukunft blicken? Ja und nein. Wir halten es mit Jakob von Uexküll, dem Gründer des Alternativen Nobelpreises. Von Uexkülls Credo lautet, weder Optimist noch Pessimist zu sein, sondern Possibilist. Was das ist? »Der Possibilist«, sagt von Uexküll, »sieht die Möglichkeiten, und es hängt von jedem von uns ab, ob sie verwirklicht werden.«[11]

Mit dieser Haltung schreiben auch wir dieses Buch. Während unseres Stockholmer Sommers haben wir viele Beispiele dafür kennengelernt, dass eine gerechte, friedvolle und nachhaltige Welt möglich ist. Was uns antreibt, ist nicht der Glaube, dass alles gut wird, sondern die Überzeugung, dass die Katastrophe nicht unausweichlich und viel Gutes noch machbar ist.

Wir wissen, dass es Lösungen für die großen gesellschaftlichen Probleme unserer Zeit gibt. Ihre Umsetzung ist nicht einfach und vielleicht noch nicht einmal wahrscheinlich – aber sie ist möglich. Und solange diese Möglichkeit besteht, solange lohnt es sich, für sie zu kämpfen, von ihr zu erzählen und Menschen zu ermutigen, Teil dieser Lösungen zu werden.

Possibilismus heißt: die Ärmel hochkrempeln. Während Pessimist*innen schnell in einen ebenso lähmenden wie selbstmitleidigen Fatalismus verfallen, und während es sich Optimist*innen in der Erwartung einer rosigen Zukunft bequem machen, werden wir Possibilist*innen aktiv. Solange eine, und sei es noch so kleine Chance auf ein besseres Morgen besteht, sollten wir heute alles daransetzen, sie zu nutzen.

Es ist unbequem, Possibilist*in zu sein, es ist anstrengend, anzupacken. Ja, es gibt Lösungen, doch hängen sie davon ab, dass eine kritische Masse für ihre Umsetzung mobilisiert wird. Dabei dürfen wir uns nicht beirren lassen. Nicht vom düsteren Bild, das die Klimawissenschaft für die Zukunft zeichnet, und das der Zuversicht tatsächlich wenig Raum lässt. Aber auch nicht vom trügerischen Optimismus all jener, die sich dem Glauben an den menschlichen Erfindungsgeist, technologischen Fortschritt und den vermeintlich heilenden Kräften des Marktes verschrieben haben. Während sie immer weiter predigen, es werde schon alles gut werden, sind die globalen Emissionen in Rekordhöhen gestiegen und die Krise verschärft sich Jahr für Jahr.

Das unterscheidet uns Possibilist*innen sowohl von Optimist*innen als auch von Pessimist*innen: Wir wissen, dass eine andere Zukunft möglich ist, aber wir wissen auch, dass wir sie nicht geschenkt bekommen.

EINE EINLADUNG

Wir sprechen hier nicht für eine »Generation«, was auch immer das sein mag. Wir sprechen auch nicht für *Fridays for Future*. Wir sprechen für uns, wir erzählen aus unserer persönlichen Perspektive. Dabei sind wir inspiriert von unseren Erfahrungen, von dem, was wir mitbekommen, in Gesprächen, im Studium, auf der Straße.

Wir hoffen, dass sich einige in dem, was wir hier schreiben, wiederfinden können. Und wir gehen davon aus, dass sich vermutlich ebenso viele daran stören werden. Wir machen einen Aufschlag. Und sprechen an alle die Einladung aus, Teil der Geschichte zu werden, die wir von nun an schreiben: Sie handelt vom Ende der Klimakrise, von der Haltung, mit der wir der Krise begegnen und vom Einsatz, den es dafür braucht.

1

UNSERE ZUKUNFT IST EINE DYSTOPIE

Berlin im nasskalten Februar. Nieselregen von morgens bis abends. Tief hängende Wolken dimmten das Licht auf der Straße, als gönnten sie der 69. Berlinale, die derzeit begann, ihren Glanz nicht: Überall große Plakate, Fernsehteams und Schaulustige vor den Kinos. Ab und zu stiegen schöne Menschen aus dicken Autos, eilten in Richtung des roten Teppichs, in teuren Klamotten, die ganz bestimmt nicht für dieses Wetter gemacht waren.

Ich saß in einem Kinosessel mit Lehnen, die so breit waren, dass meine Unterarme dreimal darauf Platz gehabt hätten. Rechts und links von mir ein Dutzend Freund*innen, auf unseren Plätzen klebten »Reserviert«-Schilder.

Knapp zwei Monate zuvor hatten wir angefangen, unsere Freitage vor Rathäusern, Landtagen und Ministerien zu verbringen. *Fridays for Future* machte Schlagzeilen.

In diesen Wochen beriet auch eine sogenannte »Kohlekommission« darüber, wann Deutschland aus der Kohleverstromung aussteigen sollte. Und weil die Kommission, scheinbar unbeeindruckt von den wöchentlichen Klimastreiks, im Begriff war, sämtliche Klimaziele zu ignorieren, riefen wir am Tag ihrer letzten Sitzung zum großen Streik vor dem Bundeswirtschaftsministerium auf. Ich hatte 500 Menschen angemeldet und insgeheim gehofft, dass wir mehr als Tausend werden würden. Es kamen Zehntausend.

Die Kohlekommission machte noch am Morgen des Streiks einen Schritt auf uns zu und lud ein paar von uns zu ihrem Treffen ein. Vier Minuten lang durften wir dort unsere Anliegen vortragen. Wir sprachen von unserer Angst, auf einem kaputten Planeten alt zu werden, weil andere Länder dem schlechten Beispiel folgen würden, wenn hierzulande noch viel zu lange Kohle verbrannt würde. Wir erinnerten die Kommission an ihre globale Verantwortung. Sie müsse den Weg zu einem schnellen und gerechten Ausstieg aus der Kohleförderung weisen. Wir erinnerten sie daran, dass unsere Zukunft in ihren Händen lag.

Nachdem wir den Raum verlassen hatten, entschied die Kohlekommission, es sei notwendig, noch weitere 19 Jahre lang Kohle zu verstromen. Bis 2038 also sollte diese dreckigste Form der Energieerzeugung weiter betrieben werden. Am selben Abend berichteten die Tagesthemen von tausenden Kindern, die die Schule schwänzten. Das könne aber keine Dauereinrichtung werden, kommentierte ein Kultusminister.[1]

Zurück zur Berlinale. Dorthin waren wir nur wenige Tage nach unserem großen Streik eingeladen worden. Anscheinend hatten wir zwar nicht die Entscheidungsträger*innen der Energiepolitik erreicht, dafür aber ein australisches Filmteam, das sich mit dem guten Leben in der Zukunft beschäftigte. Für die Berlinale war die Premiere ihres Filmes *2040* angesetzt. Wir nahmen die Einladung dankbar an, sie versprach eine angenehme Abwechslung im immer hektischer werdenden Alltag der Bewegung.

Der Film *2040* zeigt, wie die Welt im Jahr 2040 aussehen

könnte, wenn sich bereits vorhandene Ideen zu den Themen Gerechtigkeit, Glück und Klimaschutz durchsetzen würden. Zur Premiere hatten die Filmemacher*innen eine ungewöhnliche Entscheidung getroffen und Freikarten an 200 Betroffene vergeben – Menschen, die wie ich im Jahr 2040 noch die Hälfte ihres Lebens vor sich haben.

Der Film greift machbare technologische, ökologische und ökonomische Innovationen auf, skaliert sie und beschreibt ihren bestmöglichen Einsatz. So entsteht das farbenfrohe Bild von einer Zukunft voller Chancen. Das Bild davon, wie die Welt, also auch Deutschland, aussehen könnte, wenn wir die nächsten zwanzig Jahre damit verbringen würden, eine nachhaltige Zukunft zu bauen und dabei auf erneuerbare, dezentrale und genossenschaftliche Energieproduktion setzen würden – und nicht noch 19 dieser zwanzig Jahre auf Kohleenergie.

Als das Licht wieder angeht, werden der Regisseur und ich für ein Gespräch nach vorn gebeten. Während die Kameras klicken, werden Blumen verteilt. Wir müssen ziemlich klein aussehen vor dem großen roten Vorhang, ich zumindest fühle mich so.

Auch das Publikum wird gefragt, was es von dem Film hält und ob es jetzt zuversichtlich in die Zukunft schaut?

Ein kleiner Junge steht auf. Er gehe in die siebte Klasse. Mathe, sagt er, sei sein Lieblingsfach. Eines Tages möchte er Schiffbauer werden. Er umklammert das Mikrofon mit beiden Händen, richtet seinen Blick auf den Regisseur und sagt mit klarer Stimme: »Weißt du, das sieht schön aus. Aber es ist Fantasie. Ehrlich gesagt, glaube ich nicht, dass wir noch zu retten sind. Ich glaube, es wird einfach immer schlimmer. Ich habe Angst.«

Mit zusammengekniffenen Augen schaue ich mich im Kinosaal um. Nichts regt sich. Was man sieht, sind junge Menschen in viel zu breiten Sesseln, die zustimmend nicken.

Nun bekomme ich das Mikro. Ich weiß aber nicht so recht, was ich sagen soll. Ich blicke in die großen Augen von 200 Schulkindern und möchte gerne Zuversicht verbreiten. Aber das ist nicht so leicht. Im Gegenteil. Ich weiß, dass sie recht haben könnten.

Auf der Doomsday Clock ist es heute zwei Minuten vor zwölf. Mit dieser modellhaften Uhr veranschaulichen Wissenschaftler*innen im *Bulletin of the Atomic Scientists* in den Vereinigten Staaten schon seit 1947 ihre Einschätzung zur Gefahr einer menschengemachten Apokalypse. Zwei vor zwölf war es zum letzten Mal im Jahr 1953, da hatte die Sowjetunion gerade erfolgreiche Tests mit thermonuklearen Sprengkörpern durchgeführt und sich so in die Lage versetzt, wie die Vereinigten Staaten auch, die Existenz ganzer Nationen mit einem Knopfdruck auslöschen zu können.

Mit anderen Worten: Die Gefahr der menschengemachten Apokalypse erscheint den Wissenschaftler*innen heute genauso groß wie zu dem Zeitpunkt, an dem es den Supermächten des Kalten Krieges möglich wurde, von einem Moment auf den anderen die Menschheit zu vernichten. Der Grund für den Alarm der Forscher*innen ist aber nicht nur die Gefahr eines Nuklearkrieges, die durch den Ausbau des nordkoreanischen Atomwaffenprogramms seit 2017 gestiegen ist. Sondern auch die immer extremeren Folgen der globalen Erwärmung.

Der große Unterschied zwischen der Gefahr heute und der von 1953 ist der, dass die damalige Gefahr »schlicht« durch Diplomatie gebannt werden konnte. Heute sieht die

Lage anders aus. Viele globale Ökosysteme sind schon jetzt so stark beschädigt, dass sie vielleicht nie wieder vollständig »repariert« werden können. Und die Weltwirtschaft ist darauf angelegt, dass diese Zerstörung anhält. Mit Diplomatie alleine ist es also nicht getan. Sie ist nur ein Schritt von sehr vielen, die gegangen werden müssten, um die Gefahr abzuwenden.

Das lässt Menschen wie uns, die noch so viel von ihrem Leben vor sich haben, nicht kalt. Wohin wir auch schauen, dominieren Schreckensbilder die Szenarien unserer Zukunft. Wir denken an das Jahr 2050 und stellen fest, dass die Vorfreude auf ein erfülltes Leben in einem intakten Umfeld von Sorge und Angst überlagert wird: der Sorge um ein Leben, in dem Konflikte um Ressourcen und Armut unseren Alltag, unsere Mitmenschen und unser Weltbild beherrschen werden. Von der Angst vor dem, was aus Gesellschaften wird, die um schwindende Lebensgrundlagen konkurrieren.

Selbst wenn sämtliche Klimaschutzziele aller Regierungen weltweit eingehalten würden – Deutschland hat seine Ziele für 2020 bereits 2018 offiziell aufgegeben –, steuern wir auf eine Erwärmung der globalen Durchschnittstemperatur von 2,7 bis 3 Grad Celsius im Jahr 2100 zu.[2] Wenn es so kommt, so die Einschätzung mehrerer Studien, könnten sich große Teile des amazonischen Regenwaldes in eine Savanne verwandeln, in der kaum noch Bäume stehen.[3] Wir lesen von einer Zukunft ohne Korallenriffe[4], von sturmgepeitschten Küstenstädten[5], von beispiellosem Artensterben – von einem in zunehmenden Ausmaß unbewohnbaren Planeten.[6]

Obwohl wir es mit der größten Bedrohung zu tun haben, der die Menschheit je ausgesetzt war, erleben viele dieses

Drama nur als schleichenden Prozess. Wenn überhaupt. Diese Gefahr ist kein Asteroid, der auf die Erde zurast. Da die Folgen unseres Handelns erst viel später oder an fernen Orten sichtbar werden, können sich viele Menschen das apokalyptische Ausmaß der Katastrophe kaum vorstellen. Der Hitzesommer 2018 war in Deutschland einer der seltenen Momente, in dem die Klimakrise stark genug im Alltag zu spüren war, dass die Gefahr als solche im öffentlichen Bewusstsein anzukommen schien. Als die Bilder von verdorrten Feldern, brennenden Wäldern und dunkelrot eingefärbten Wetterkarten die Nachrichten dominierten, dämmerte es einer wachsenden Zahl von Menschen, wie konkret die Klimakrise ihr Lebensumfeld bereits beeinflusst, und was es bedeuten könnte, wenn diese Entwicklung nicht gebremst wird. Auch 2019 wurden neue Hitzerekorde in Deutschland verzeichnet.

DIE ZUKUNFT IST KEIN VERSPRECHEN MEHR

Die Zukunft, das war mal ein Versprechen. Wir sind Anfang zwanzig (Luisa) und dreißig (Alex). Wenn uns unsere Eltern von diesem Abschnitt ihres Lebens erzählen, dann erzählen sie wilde Geschichten. Davon, wie sie sich die Haare wachsen ließen, wie sie an die Nordsee oder nach Kalifornien reisten, auf Konzerte gingen und Drogen ausprobierten. Mit dem ersten eigenen Auto oder dem zusammengesparten Flug in Richtung Freiheit düsten.

Ja, es gab auch damals große Probleme – die atomare Bedrohung, die Ölkrise, den Vietnamkrieg, Umweltzerstörung und die Diskriminierung von Frauen und Minderheiten.

Doch der Optimismus überwog, die jungen Menschen dieser Zeit glaubten an die Möglichkeit, diese Probleme überwinden zu können. Sie glaubten an eine Zukunft, in der die Träume von einer besseren Welt in Erfüllung gingen. Wenn nicht für alle, so doch für die meisten.

Wir haben solche befreiten Jahre in unseren eigenen Zwanzigern bisher nicht erlebt, und wir sehen sie auch nicht kommen. Im Gegenteil. Die Zukunft ist für uns kein Versprechen mehr. Es ist vor allem die Sorge, die unser Leben prägt. Wir rebellieren nicht gegen unsere Eltern. Wir haben heute eher das Gefühl, die Generation unserer Eltern, die im Zuge ihrer Rebellion allzu verantwortungslos geworden sind, erziehen zu müssen. Wir sollten ihnen erklären, dass ihr und unser Lebensstil nicht mehr bezahlbar ist, es eigentlich nie war. Sollten sie dazu bringen, sich nicht länger im Tagespolitischen und im persönlichen Alltag zu verlieren, sondern die Zukunft mitzudenken und dabei eine Perspektive einzunehmen, die weiter reicht als bis zum Ausbildungsplatz für ihre Kinder. Wir sollten ihnen erklären, dass sie nicht gut genug auf die Welt aufgepasst haben. Ihnen deutlich machen, dass ihre Hoffnung, es werde ihren Kindern besser gehen als ihnen selbst, zerplatzen wird, wenn sie nicht Teil eines radikalen Wandels werden. Sie müssen verstehen, dass sie uns ins offene Messer laufen lassen, wenn sie jetzt nicht aufwachen.

Ganz gleich, ob wir in den Supermarkt gehen, über unsere Berufswahl nachdenken, Online-Stores durchforsten oder die nächste Reise planen: Alles scheint möglich.

Wir haben mehr Wahlmöglichkeiten und Produkte zur Verfügung als irgendeine Generation vor uns. Und das rund um die Uhr. Der Wirtschaftswunder-Generation mag die wachsende Vielfalt als ein Gewinn an Möglichkeiten und Lebensqualität erschienen sein. Aber schon die nächste Generation, unsere Eltern, ging gegen die Nebenwirkungen dieser entfesselten Konsumgesellschaft auf die Straße.

Zwar ist das Bewusstsein für Nachhaltigkeit, die Umwelt, saubere Energie, die Produktionsbedingungen von Konsumgütern und so weiter gewachsen. Im Grunde hat sich seither aber nichts geändert – im Gegenteil, immer ausufernder wurde das Warenangebot, immer absurder die Vielfalt.

So stehen wir vor klimatisierten Supermarktregalen und müssen uns zwischen der eingeschweißten Bio-Gurke aus Spanien und der konventionell angebauten Gurke von nebenan entscheiden. Oder der billigsten, der konventionellen Sorte aus Frankreich. In einer Zeit, in der Plastik die Weltmeere verseucht, industrielle Landwirtschaft die Böden auslaugt und lange Transportwege den CO_2-Fußabdruck der Produkte vergrößern, ist keine dieser Optionen mit dem Ziel vereinbar, künftigen Generationen einen intakten Planeten zu hinterlassen. Wir werden vor eine Wahl gestellt, die gar keine ist. Es wird so getan, als sei dies der Inbegriff von Moderne und Freiheit. Tatsächlich sind wir aber gefangen, wohlwissend, dass wir uns in allen Fällen gegen unsere eigene Zukunft entscheiden.

Dasselbe gilt für unsere Kleidung, für technische Geräte, Möbel, Haushaltswaren, für Fortbewegungs- und Kommunikationsmittel und die Häuser, in denen wir leben. Selten haben wir die Wahl, ein Leben im Einklang mit der Natur und der Verantwortung für die Generationen nach uns zu führen.

WIR SIND TEIL DES PROBLEMS

Keine Generation vor uns war mit so vielen Privilegien ausgestattet wie wir heute in Mitteleuropa. Für Mittelschichtskinder wie uns ist es einfacher denn je, schon während der Schulzeit Auslandserfahrungen zu sammeln. Ein Sprachaustausch mit Frankreich, ein Ferienprojekt in Tansania, eine Klassenreise nach Schweden und dann das Schuljahr in den USA, Australien oder Chile – das ist heute Normalität.

Wir gehören zu den privilegierten 18 Prozent[7] der Weltbevölkerung, die schon mal eine Flugreise unternommen haben. Das wird sich aber ändern, denn noch nie war es so günstig, ein Ticket zu kaufen, noch nie sind so viele Menschen geflogen, und jedes Jahr werden es mehr. Doch anders als für unsere Elterngeneration, für die das Fliegen noch als Symbol für Freiheit und Lebensqualität galt, geht für uns jede Flugmeile mit dem unangenehmen Bewusstsein einher, damit zur Versauerung der Meere, zum Artensterben und zur globalen Erwärmung beizutragen. Inzwischen gibt es sogar ein eigenes Wort dafür: Flugscham.

In absehbarer Zeit werden die Flugmeilen, die Einzelne zurücklegen können und dürfen, massiv eingeschränkt werden müssen, wenn wir die Erwärmung tatsächlich auf

1,5 Grad oder wenigstens zwei Grad begrenzen wollen. Die technologischen Entwicklungen im klimaverträglichen Flugverkehr sind zu langsam, die aktuellen Klimaschäden zu groß. Durch die Reisemöglichkeiten schon während der Schulzeit und durch die Kommunikationskanäle, die das Internet bietet, haben wir Freund*innen in vielen Teilen der Welt. Doch es wird uns im Laufe unseres Lebens nicht guten Gewissens möglich sein, dieses Weltbürgertum auszuleben. Es ist also alles andere als befreiend: Wir haben mehr und mehr Möglichkeiten, doch wenn wir diese Möglichkeiten nutzen, müssen wir auch mit dem Gedanken leben, dadurch die Lebensgrundlagen unserer Nachfahren zu zerstören.

Dieser Zwiespalt betrifft auch die Frage, ob wir einmal Eltern werden wollen. Ist es noch verantwortlich, Kinder in die Welt zu setzen, wenn diese dann aller Voraussicht nach von ungeahnten Krisen geschüttelt sein wird? Und: Ist das Kinderkriegen unseren Mitmenschen gegenüber verantwortungsvoll, da, statistisch gesehen, nichts einen größeren CO_2-Fußabdruck hinterlässt als ein Kind?

Es ist eine frustrierende Erfahrung: Der Versuch, in dieser Situation eine zukunftsfähige Lebensweise zu beherzigen, ist unweigerlich zum Scheitern verurteilt.

Während wir vieles richtig machen wollen, steigen die globalen Emissionen. Während wir Geld für Bahnkarten sparen, um auf das Fliegen zu verzichten, schießen die Umsätze der Airlines ungebrochen in die Höhe. Während wir tierische Produkte in unserer Ernährung reduzieren, wird die industrielle Massentierhaltung weiterhin subventioniert. Während wir auf das Fahrrad umsteigen, werden anderswo immer mehr neue Diesel-SUVs verkauft. Da die gesellschaftliche Struktur, die uns umgibt, nicht zukunftsfähig ist, bleibt unser individuelles Aufbäumen dagegen ein Kampf gegen Windmühlen. »Es gibt kein richtiges Leben im Falschen«, hat Adorno gesagt. Im Kontext der Klimakrise trifft dieser Satz den Nagel auf den Kopf: Es gibt kein nachhaltiges Leben in einer nicht-nachhaltigen Gesellschaft.

Das Wissen darum ist die Last, die wir mit uns herumtragen. Wir sind mit all dem aufgewachsen: mit Recycling, Energiesparlampen, wassersparenden Duschköpfen und der Angewohnheit, unser Papier doppelseitig zu bedrucken. Nie verstanden haben wir die E-Mail-Signatur »Bitte denken Sie an die Umwelt, bevor Sie diese Mail ausdrucken« – wir wären erst gar nicht auf die Idee gekommen, eine E-Mail auszudrucken. Und wer besitzt überhaupt noch einen Drucker? Dennoch, oder vielleicht gerade deshalb, geht nahezu jeder Einkauf, jeder Urlaub und jede Konsumentscheidung, die wir treffen, mit dem Gefühl einher, auf Kosten anderer zu agieren.

Bei solchen Entscheidungen geht es nicht darum, »erwachsen zu werden« – wie die Soziologin Cornelia Koppetsch in einem Vortrag über die Generation Y etwas abfällig bemerkte[8] –, sondern um ein Bewusstsein für das Dilemma, in einer Gesellschaft aufzuwachsen, die jegliche gesellschaftliche Verantwortung beim Individuum ablädt.

Menschen, egal welchen Alters, sollten nicht ständig vor die Wahl gestellt werden, sich zwischen Produkten oder Dienstleistungen zu entscheiden, die nur selten mit menschenrechtlichen und ökologischen Standards oder dem Erhalt der Lebensgrundlagen künftiger Generationen vereinbar sind. Es kann, soll und darf nicht jedem und jeder Einzelnen überlassen werden, sich bei seinen alltäglichen

Handlungen immer entweder für oder gegen die Zukunft zu entscheiden.

Wir wollen alles richtig machen – und können es nicht. Wir sind selbst Teil des Problems. Wir sind überfordert. Überfordert von der scheinbaren Großartigkeit dieser multioptionalen Konsumgesellschaft. Und überfordert von der Vorstellung, wer dafür eines Tages die Rechnung tragen wird: wir selbst.

NAURU – DER KANARIENVOGEL IN DER MINE

Von Mitteleuropa aus betrachtet, liegt Nauru buchstäblich am anderen Ende der Welt, mitten im Pazifik. Mit dem Schiff sind es mehrere Tagesreisen zu den Nachbarinseln Kiribati, Tuvalu, den Marshall- oder den Salomoninseln. 3500 Kilometer bis zum australischen Brisbane, rund 200 Kilometer bis zur Küste Papua-Neuguineas.

Mit knapp 10 000 Einwohner*innen auf 21,1 Quadratkilometern ist Nauru eine der kleinsten Republiken der Welt. Doch nicht nur das: Sie ist auch Schauplatz trauriger Superlative. 77 Prozent der Menschen hier leiden an Übergewicht: Weltrekord. Auch Herzkrankheiten und Nierenversagen sind statistisch am weitesten verbreitet. Fast jeder Dritte leidet unter Diabetes.[9]

Wie konnte es dazu kommen? In den 1970ern war Nauru eines der reichsten Länder der Welt.[10] Grund für diesen Reichtum waren riesige Phosphatvorkommen, die sich über Jahrtausende aus dem Kot der auf Nauru rastenden Zugvögel gebildet hatten. Phosphat ist ein unverzichtbarer Bestandteil von Düngemitteln für die Landwirtschaft, und nirgendwo auf der Welt ist das Phosphat so rein wie auf Nauru.

Seit 3000 Jahren hatten Menschen auf dieser Insel gelebt, abgeschieden vom Rest der Welt und vom Westen bis Ende des 18. Jahrhunderts unentdeckt. Das änderte sich im Jahr 1798, als der englische Kapitän und Walfischer John Fearn auf diese Insel stieß, die der englischen Öffentlichkeit nach seinen Berichten über ihre friedfertige Bevölkerung als *Pleasant Island* bekannt wurde. Zu diesem Zeitpunkt lebten zwölf Stämme auf Nauru. Sie hatten das Gebiet unter sich aufgeteilt und lebten vor allem von den Erträgen der vielen Kokospalmen und von der Fischerei. Erst als das British Empire Mitte des 19. Jahrhunderts seinen Einflussbereich im Pazifik ausdehnte, geriet auch Nauru in den Strudel imperialer Ambitionen.

Auf englischen Schiffen kamen zunächst Häftlinge der Gefängnisinsel Norfolk Island auf die Insel. Ihnen folgten mehr und mehr Menschen aus Europa, die sich, auf ihrer Suche nach einem angenehmen Südseeleben, dort einrichteten. Mit ihnen geriet die ruhige Gemeinschaft allmählich aus den Fugen. Einige versuchten, mit Gewalt die Herrschaft an sich zu reißen, andere trieben den Handel mit Kopra voran, dem getrockneten Fruchtfleisch der Kokosnuss, das das wichtigste Lebensmittel der lokalen Bevölkerung war. Mit dem Ausbau des Handels wuchs das Interesse der europäischen Kolonialmächte, insbesondere Deutschlands und Englands. Als sie sich Ende des 19. Jahrhunderts den Einflussbereich im Pazifik aufteilten, wurde Nauru ein deutsches Protektorat.

In dieser Zeit entdeckten Mitarbeiter der Pacific Islands Company aus dem australischen Sydney jene Phosphatvorkommen, die später den Reichtum und das Verderben der Insel begründen sollten. Im Jahr 1907 wurde die britische Pacific Phosphate Company zur Betreiberin des ersten Tagebaus auf Nauru. Sie zahlte jährliche Abgaben an die deutsche Regierung und eine verschwindend geringe Vergütung an die Gastarbeiter*innen. In den Minen schürften Chinesen.

Mit Ausbruch des Ersten Weltkriegs wurde Nauru zum geopolitischen Spielball der Großmächte. Kurzzeitig eroberten australische Streitkräfte die Insel, während der Nachkriegsjahrzehnte stand sie unter dem Einfluss Großbritanniens, das sich die Phosphaterträge mit Australien und Neuseeland teilte. Im Zweiten Weltkrieg besetzte Japan die Insel für militärische Zwecke, US-amerikanische Bomber flogen Angriffe auf Nauru, eine Hungersnot brach aus.

Erst im Januar 1966, knapp sechzig Jahre nach dem Beginn des Phosphatabbaus, erlangte Nauru die Unabhängigkeit und wurde daraufhin innerhalb weniger Jahre zu einem der reichsten Länder der Welt. Der Gründungspräsident Hammer DeRoburt verstaatlichte den Phosphatabbau, von nun an flossen die Einnahmen der neu gegründeten Nauru Phosphate Corporation direkt in die Regierungskasse. Mit dem Nauru Phosphate Royalties Trust wurde ein Teil der Einnahmen im Ausland investiert, denn es war von Beginn an klar, dass das Phosphat nur für dreißig Jahre reichen würde. Das Geld floss in Luxushotels, Villensiedlungen, Bürogebäude und Einkaufszentren in Australien und den USA.

Menschen von umliegenden Inseln erledigten die beschwerliche Arbeit in den Minen, die früheren Gastarbeiter*innen aus China eröffneten Läden, Lokale und Lebensmittelgeschäfte, um von dem neuen Aufschwung zu profitieren. Die Naururer*innen aber schwammen im Geld. Durch Bodenbesitz und Eigentumstitel, für deren Nutzung der Staat sie bezahlte, wurden viele in kurzer Zeit reich. Obwohl er keine Steuern erhob, finanzierte der Staat Schulen, Gesundheitsversorgung, Strom, das Studium im Ausland und irgendwann sogar die Reinigung privater Häuser und Kinobesuche. Naururer*innen reisten um die Welt und brachten aus Europa, den USA und Asien die neuesten Fernseher und Stereoanlagen mit. Ihre Häuser bauten sie immer weiter aus, immer größere Pick-ups wurden containerweise auf das kleine Eiland geliefert und auf der einzigen Straße dort im Kreis spazieren gefahren. Die Lebensmittel importierte man aus Australien, man aß also die Früchte der Felder, die mit naururischem Phosphat gedüngt wurden. Produziert wurde nichts mehr, repariert auch nichts; was kaputtging, wurde entsorgt und neu gekauft. Es soll auf Nauru Partys gegeben haben, bei denen die Gäste Dollarnoten als Klopapier benutzten. Kurz: Der plötzliche Reichtum katapultierte die Naururer*innen in einen immer groteskeren Konsumrausch. Und führte Nauru geradewegs ins Verderben.

Als der Phosphatpreis Ende der Siebzigerjahre fiel, bekam das Eiland seine fatale Abhängigkeit erstmals zu spüren. Das Fördervolumen sank, es versiegten auch die Reserven. Zugleich warfen die Auslandsinvestitionen kaum Rendite ab, immer wieder verschwand Geld. Doch als sich der Preis wieder stabilisierte, war dieser Warnschuss schnell vergessen.

Bis 1986 dauerte diese Phase der Stabilität, in der Präsident Hammer DeRoburt fast ununterbrochen an der Regierung war und den Wachstumskurs aufrechterhielt. Es folgten turbulente Jahre etlicher Regierungswechsel, mit 22 Präsidenten in 23 Jahren. Um den Lebensstil des Landes auch über Engpässe hinweg aufrechtzuerhalten, nahm die Regierung in den Achtziger- und Neunzigerjahren Kredite auf. Als die Phosphatförderung 1997 auf ein Minimum reduziert wurde, wurden zur Deckung älterer Schulden weitere Kredite nötig.

Auf der verzweifelten Suche nach neuen Einkünften geriet die Regierung immer schneller in die konsumgetriebene Abwärtsspirale. Nauru lockte Hunderte von Briefkastenfirmen an und wurde eine der größten Steueroasen der Welt. Allein die russische Mafia wusch angeblich 70 Milliarden Dollar über naururische Briefkastenfirmen. Es wurden mehr und mehr Korruptionsfälle bekannt, auch solche, in denen die Regierung und ihre Berater*innen Gelder veruntreuten. Es hieß, die Regierung nehme 7,4 Millionen Dollar mit dem Verkauf von Pässen ein, die dann unter anderem bei Al-Qaida-nahen Terroristen gefunden wurden.

Ende der Neunzigerjahre war es dann so weit: Die Bank of Nauru ging bankrott, und viele Einwohner*innen verloren ihre gesamten Ersparnisse.

Unter den Sachzwängen der Schuldenlast opferte die Regierung von Nauru die letzten ethischen Standards. Als sich die australische Regierung 2001 weigerte, ein Boot mit afghanischen Geflüchteten aufzunehmen, ließ sich Nauru auf eine Art pazifische Version des EU-Türkei-Deals ein: Man errichtete ein Lager für die Asylsuchenden und erhielt im Gegenzug jährlich 30 Millionen Dollar für dessen Betrieb. Bis zu 1200 Geflüchtete wurden dort seither unter elenden Bedingungen untergebracht. Menschenrechtsorganisationen berichteten immer wieder von körperlichen und sexuellen Übergriffen, Selbstverletzungen, mangelhafter Gesundheitsversorgung und der katastrophalen Situation von

Kindern.[11] Anfang 2019 sind noch rund 350 Asylsuchende auf Nauru gefangen.[12]

Der Werdegang Naurus sollte uns eine Warnung sein, so wie der berühmte Kanarienvogel in der Mine, der aufhört zu singen, bevor uns die Luft wegbleibt. Wir könnten aus dieser Geschichte lernen, was uns bevorsteht, wenn wir unser Verhältnis zur Natur nicht grundlegend ändern. Natürlich ist Nauru ein besonderer, ein extremer Fall. Doch gerade die Übersichtlichkeit und Abgeschiedenheit dieser Insel führt uns deutlicher als andernorts vor Augen, welche Folgen ein Leben auf Kosten der nachfolgenden Generationen und der Natur haben kann.

Nauru ist noch aus einem anderen Grund wichtig für das Verständnis der Klimakrise. Inseln wie diese sind besonders stark vom steigenden Meeresspiegel und der Zunahme an Sturmfluten betroffen. Die Einwohner*innen von Nauru leben fast ausschließlich an der Küste. Ein Großteil der Inseloberfläche gleicht, in Folge der jahrelangen Phosphatförderung, einer unbewohnbaren Mondlandschaft, der höchste Punkt der Insel liegt nur sechzig Meter über dem Meeresspiegel. Mit jedem Meter, den das Wasser um Nauru herum steigt, verlieren Teile der Bevölkerung ihren Wohnort und ihr Zuhause.

Auf Nauru sind die Ernährungssicherheit und die öffentliche Gesundheit durch die klimatischen Veränderungen gefährdet, so die Diagnose des UN-Entwicklungsprogramms. Die marinen Ökosysteme werden durch den steigenden Meeresspiegel, eine höhere Wassertemperatur und die wachsende Zahl an Stürmen angegriffen. Schließlich bedrohen die Erosion der Küste und der stark belasteten Korallenriffe die Erträge der Fischerei, die heute eine der wichtigsten Nahrungsquellen auf Nauru ist.[13]

Die Geschichte Naurus gleicht einer tragischen Parabel über die Folgen menschlicher Gier und Kurzsichtigkeit im kapitalistischen Wirtschaftssystem. Sie erzählt, wie eine durch Wohlstand verblendete Gesellschaft innerhalb weniger Jahrzehnte ihre eigenen Lebensgrundlagen zerstörte – weil sie, bequem, wie sie geworden war, nicht wahrhaben wollte, dass dieser Rausch durch die Ausbeutung natürlicher Ressourcen ein Ende finden würde. Die Geschichte von Nauru erzählt auch von kolonialer Ausbeutung, geopolitischen Machtkämpfen und individueller Bereicherung auf Kosten des Gemeinwohls.

2

WEIL IHR UNS DIE ZUKUNFT KLAUT

Vom Invalidenpark braucht man eine knappe Stunde, bis man den Bundestag erreicht hat. Zumindest wenn man in einem Demozug unterwegs ist. Zwischendurch halten wir immer wieder an, damit die Fotograf*innen, die vorneweg laufen, ihre Bilder machen können – vom Frontbanner und von der langen Reihe aus Schildern und Gesichtern.

Kurz nachdem wir uns mit dem Zug in Bewegung setzen, laufen wir unter der Brücke hindurch, die zwei Gebäudeteile des Charité-Krankenhauses miteinander verbindet. Dort oben auf der Brücke stehen Menschen in weißen Kitteln hinter den Scheiben, machen Fotos und winken uns zu. Wir winken zurück. Die Klimakrise ist auch eine Gesundheitskrise: Immer mehr Hitzetage gefährden junge, alte und kranke Menschen. Immer wärmere Durchschnittstemperaturen führen dazu, dass sich tropische Krankheiten auch in Europa ausbreiten. Für immer mehr Menschen wird die Klimakrise zur psychischen Belastung. Kurz: Die Klimakrise macht krank, deshalb sehen wir in den Klinikmitarbeiter*innen unsere Verbündeten.

Hinter der Charité geht es geradeaus die Luisenstraße hinunter, vorbei an Büros von verschiedenen NGOs, wo sich Menschen aus dem Fenster lehnen, um später Fotos aus der

Vogelperspektive zu tweeten. Auch eine Gruppe Apotheker*innen drängt sich hinter einem Schaufenster. Dann kommt die S-Bahn-Brücke, direkt vor der Spree. Als wir die Brücke erreichen, stehen dort, links und rechts, zwei Menschen dicht an die Mauer gedrängt. Sie haben uns schon erwartet. Mit zusammengekniffenen Augen zählen sie die vorbeiziehenden Demo-Teilnehmer*innen. Bei einer durchschnittlichen Schulterbreite von sechzig Zentimetern können unter dieser Brücke ziemlich genau zwölf Menschen nebeneinanderher gehen. Es ist die optimale Stelle für eine genaue Zählung.

Normalerweise ruft etwa zwei Stunden nach Beginn der Demo die Nachrichtenagentur DPA an und fragt für ihre Agenturmeldung nach der Teilnehmerzahl. Zu diesem Zeitpunkt haben, wenn alles glatt läuft, gerade die Letzten die Brücke passiert. Die Zahlen werden dann in die Welt versendet. Es sind zwar nur Zahlen, die keine Stimmung und keine Botschaften übermitteln – sie machen aber die Dimension dessen fassbar, was wir da auf die Straße tragen. Beim ersten Berliner Streik waren es 350 Menschen. Vier Monate später: 25 000.

Unter den Demonstrant*innen sind auch Erwachsene, aber die Mehrzahl sind Kinder und Jugendliche. Ganze Kitagruppen sind mit ihren Erzieher*innen gekommen. Auch Grundschulklassen, gemeinsam mit ihren Lehrer*innen. Sie haben gleichfarbige T-Shirts an, damit man sich im Gedränge nicht verliert. In einem »Grundschulblock« finden sich dutzende Klassen zusammen. Viele haben selbstgemalte Schilder dabei. Ein Mädchen hält ein kleines Pappschild in die Luft, sie hat mit Edding darauf geschrieben: »Mit abschalten war nicht euer Gehirn gemeint.« Ein Vater ist anstelle seines Sohnes gekommen. »Mein Sohn Willi wird erst zwei, aber icke bin dabei«, steht auf seinem Schild, das er hoch über seinen Kopf hält. Der Slogan eines jungen Mannes: »Wenn die Erde eine Bank wäre, hättet ihr sie längst gerettet.« Mittendrin stehen Filmteams, sie richten ihre Kameras auf die Kinder und deren Schilder, sie versuchen einzufangen, was hier in der Luft liegt.

Zwischen einigen, die schon seit Jahren für den Umweltschutz protestieren, laufen tausende junge Menschen, die sich zum ersten Mal in eine solche Masse einreihen. Die Euphorie von so vielen Menschen, die erleben, wie es ist, Teil von etwas Großem zu sein, vermischt sich mit der Beklemmung: vor der Masse, dem Unbekannten. Wie Protestieren funktioniert, lernen die Menschen nicht in der Schule. Sie lernen es hier. Stück für Stück.

Kurz bevor wir mit dem Demozug am Kanzleramt halten, ziehen wir zwischen zwei hohen Regierungsgebäuden hindurch. Neben mir die vertrauten Gesichter von Carla, Jakob, Linus, Louis und all den anderen Mitstreiter*innen. Wir machen uns bereit. Von rechts und links verdunkeln Fensterfronten die Straße, durch diese Fenster blicken nun Anzugträger auf uns herab. Genau hier, im Epizentrum der Bundespolitik, schalten wir unsere Megafone an.

»Wir sind hier, wir sind laut, weil ihr uns die Zukunft klaut«, rufen wir alle gemeinsam. Immer wieder, rhythmisch, bis wir heiser werden, weiter und immer weiter. Tausende Stimmen, von Vierjährigen genauso wie von 24-Jährigen, alle im Takt, so hallt es zwischen den Gebäuden empor. Manchmal strecken wir dazu die Händen in die Luft. Gänsehaut. Wir rufen unsere Parole bei jedem Streik, ganz gleich, ob zu zehnt oder zu Tausenden, mit Bannern oder Mikros, im Chor, mal mehr, mal weniger wütend, aber immer auf den Punkt. Denn so einfach sie klingt, trifft sie doch den Kern der Sache: Uns wird etwas geklaut, weggenommen, vorenthalten, worauf wir einen Anspruch haben: unsere Zukunft.

Bei der Hauptversammlung von RWE, dem Energieunternehmen, das die dreckigsten Kohlekraftwerke des Kontinents betreibt, habe ich, Luisa, das so formuliert:

»Wir werden in einer Welt erwachsen, in der das Klimachaos zur Normalität wird. In der humanitäre Katastrophen, Klimaflucht, Versorgungsengpässe und Artensterben unser Leben dominieren werden. In der ein selbstbestimmtes Leben, unsere Zukunft, überschattet wird vom Zusammenbruch der Ökosysteme um uns herum. Das ist es, was die Wissenschaft prognostiziert.«

Teile meiner Rede gingen in Buhrufen unter. Ein paar Wenige klatschten. Als ich später aus dem Saal hinaus ging, fühlte ich mich, als wäre ich in fremdes Territorium eingedrungen, selten wurde ich so oft, so feindselig angeguckt. Aber es gab Ausnahmen. Als ich meinen Rucksack an der Garderobe abholte, drehte sich eine ältere Frau um und flüsterte mir in ihrem rheinländischen Akzent zu: »Ich komme seit zwanzig Jahren zu dieser Veranstaltung. Damals habe ich schon gegen die Atommülltransporte protestiert. Es wurde Zeit, dass hier mal jemand den Herren Feuer macht.«

Es ist kein Novum, dass sich junge Menschen für ihre Zukunft einsetzen. Oder dass sie älteren Generationen den Vorwurf machen, auf Kosten der Jüngeren zu haushalten. Wir erfinden das Rad der jugendlichen Entrüstung nicht neu. Nur ist der Einsatz für unsere Zukunft heute von einer neuen Qualität. In den letzten zehn bis zwanzig Jahren haben sich nämlich einige entscheidende Ausgangslagen umgekehrt:

EINE WISSENSCHAFTLICH FUNDIERTE ANGST VOR DER ZUKUNFT

Klassischerweise resultiert die Angst vor der Zukunft aus einem gewissen Maß von Ungewissheit. Das ist der Geisterbahneffekt des Zukunftsdiskurses – wären Geisterbahnen hell erleuchtet, würden wir uns nicht gruseln. Wir gruseln uns, weil wir nicht alles sehen können, weil wir nicht wissen, was kommt.

Nach dem Zweiten Weltkrieg war es der Kalte Krieg, der das Gefahrenpotential sprunghaft ansteigen ließ: Die bereits erwähnte Doomsday Clock war ein Instrument, welches das Risiko eines apokalyptischen Atomkriegs anzeigen sollte. Die Ängste, die sich aus der großen Unsicherheit speisten, nicht zu wissen, was morgen kommt, wurden zum Beispiel im Medium des Katastrophenfilms ins Bild gesetzt. Am zweiten Dezember 1983 kam der amerikanische Fernsehfilm *The Day After – Der Tag danach* in die deutschen Kinos. Er handelt von den katastrophalen Auswirkungen eines fiktiven Atomkriegs zwischen den Vereinigten Staaten und der Sowjetunion. Der nukleare Schlagabtausch zerstört im Film die Infrastruktur in den USA. Man sieht unbewohnbar gewordene Städte, eine zusammengebrochene Zivilisation.

Doch auch lange nachdem George Orwell seinen Roman *1984* geschrieben hatte, waren die düstersten Zukunftsvisionen zwar von Erfahrungen aus Vergangenheit und Gegenwart inspiriert, sie waren aber immer noch Science-Fiction-Erzählungen. Wenn auch nicht unwahrscheinlich, beschrieben sie nur Mögliches, keine Gewissheiten.

Für uns hat sich diese Situation gewandelt. Wenn die

Gefahr früher vom Unbekannten auszugehen schien, ist es nun das Bekannte, das uns erschauern lässt – und uns auf die Straßen treibt. Heute ist das, was unter bestimmten Bedingungen eintreten wird, weitgehend wissenschaftlich dokumentierbar. Zukunftsszenarien sind seit einigen Jahrzehnten so berechenbar wie nie zuvor, zumindest, wenn es um das Schicksal der natürlichen Lebensräume geht. Technologische und mathematische Höchstleistungen erlauben es, Jahr für Jahr präzisere Aussagen zu treffen.

Die Berichte des Weltklimarats stellen seit dem Jahr 2000 regelmäßig verschiedene Szenarien vor, die entsprechend variierender Faktoren – darunter der Globalisierungsgrad, der technologische Fortschritt und die Bevölkerungsentwicklung – skizzieren, worauf wir zusteuern. Zu Recht sind achtzig Prozent der jungen Menschen in Deutschland beunruhigt, wenn sie daran denken, in welchen Umweltverhältnissen zukünftige Generationen werden leben müssen.[1] Diese Umstände sind nämlich selbst in moderat pessimistischen Prognosen katastrophal.

Zusammen mit Greta Thunberg habe ich, Luisa, mir den Supercomputer angeschaut, der in den Kellern des Potsdam-Institut für Klimafolgenforschung (PIK) steht; er kann in nie dagewesener Genauigkeit bestimmen, wie sich die Klimasysteme in dreißig, fünfzig, hundert Jahren entwickeln werden, basierend auf den in diesen Zeitspannen zu erwartenden Emissionen. So entsteht ein beklemmend genaues Bild von den natürlichen Bedingungen, unter denen wir voraussichtlich alt werden.

Als Greta und ich das PIK besuchten, nahmen sich fünf der führenden Klimaforscher*innen des Landes zwei Stunden Zeit für uns. Die Forscher*innen zeigten uns das Institut, das auf einer Anhöhe mitten im Wald südlich von Potsdam liegt. Hier steht auch der berühmte Einsteinturm, mit dessen Hilfe die Einstein'sche Relativitätstheorie empirisch bestätigt werden sollte. In seiner idyllischen Lage erinnert das Institut von außen eher an einen Kurort als an das Zentrum moderner Klimaforschung. Die Forscher zeigten uns ihre stahlummantelten Geräte, Hochleistungsrechner, die in einem Keller tief unter dem Institut vor sich hinsummen, von Käfigen geschützt. Dort im Keller riecht es muffig, es gibt so wenig Sauerstoff, dass man sich nicht lange dort aufhalten kann. Später, im holzvertäfelten Büro, erklärten uns die Wissenschaftler*innen die Lage in etwa so: Durch die Emissionen der letzten 140 Jahre ist die Menschheit zu einer geologischen Kraft geworden. Wir erschaffen Wüsten, wir verändern die Art und Weise, in der Ozeane und Luftmassen zirkulieren, wir zerstören Gletscher und terrorisieren in extremer Form die Ökosysteme, von denen wir selbst abhängen.

Noch vor wenigen Jahrzehnten, so erzählten uns diese Expert*innen, hätten sie sich teilweise nicht vorstellen können, wie geschädigt der Planet bereits im Jahr 2019 sein würde. Ich musste schlucken, als ich das hörte. Ich wünschte mir in dem Augenblick, dass all jene, die uns immer wieder Panikmache vorwerfen, das genau so auch hätten hören können.

Viele Wissenschaftler*innen halten die Auswirkungen des Menschen auf die Natur mittlerweile für so disruptiv, also zerstörerisch, dass sie der aktuellen geochronologischen Epoche einen neuen Namen gegeben haben: Anthropozän. Das Zeitalter des Menschen. Das heißt, dass der Mensch heute als einer der größten Einflussfaktoren auf globale biologische, geologische und atmosphärische Prozesse betrachtet wird.

Menschheitsgeschichtlich markiert diese Erkenntnis einen epochalen Wandel in der Beziehung zwischen Mensch und Natur. Erstmals hebt der Mensch planetare Prozesse aus den Angeln. Und das, ohne an Morgen, geschweige denn an Übermorgen zu denken. Im Gegenteil: Die überwältigende Mehrheit der seriösen Klimawissenschaft prognostiziert kurz- und langfristig Umweltveränderungen jenseits von allem, was Menschen bisher erlebt haben und, im schlimmsten Fall, tolerieren können.[2,3,4]

MAN HÄTTE DIESE KRISE VERHINDERN KÖNNEN

Zur gegenwärtigen Klimakrise ist es nicht zufällig, nicht »aus Versehen« gekommen. Die Fakten liegen seit langer Zeit auf dem Tisch. Doch durch den stiefmütterlichen Umgang mit dieser Problematik ist die Gefahr heute gigantisch und die Wahrscheinlichkeit ihrer ausreichenden Bewältigung minimal geworden.

Die Wissenschaft macht es seit fast einem halben Jahrhundert möglich, die Konsequenzen menschlicher Klimazerstörung aufzuschlüsseln – es gibt Bücher darüber, zu welchem historischen Zeitpunkt bereits welche Umwelt- und Klimaveränderung prognostiziert wurde.

Ein Pionier auf diesem Gebiet war der schwedische Chemiker Svante Arrhenius: Er hatte schon 1896 festgestellt, dass der Verbrauch fossiler Brennstoffe zu einer Erderwärmung führen könnte. Krass, ja: Der erste Hinweis auf die Entwicklungen, die wir heute erleben, ist bereits über 120 Jahre alt! 1969 wurde ein entfernter Nachfahre von Svante Arrhenius geboren. Die Eltern entschieden sich, ihr

Kind nach diesem Chemiker in der Familie zu benennen, der einst den Zusammenhang von Emissionen und der globalen Erwärmung erkannte. Es scheint ein historischer Wink mit dem Zaunpfahl gewesen zu sein – denn heute ist dieser Svante der Vater der wohl bekanntesten Klimaaktivistin der Welt: Greta Thunberg.

1958 begann der Klimaforscher Charles Keeling die erste kontinuierliche Messreihe der CO_2-Konzentration in der Atmosphäre. Die Messkurve wurde als »Keeling-Kurve« bekannt.[5, 6] Keeling war der erste Wissenschaftler, der zeigen konnte, dass die CO_2-Konzentration unter anderem durch die Verbrennung fossiler Brennstoffe ansteigt. Seine Kurve hält fest, wie die Konzentration des Treibhausgases CO_2 auf der nördlichen Halbkugel im Frühjahr ab- und im Herbst wieder zunimmt – was sich aus der vermehrten CO_2 Reduktion durch das Frühjahrswachstum der Vegetation ergibt. Im Anschluss daran, also bereits in den Sechzigerjahren, begannen Unternehmen der Öl- und Gasindustrie wie Exxon-Mobil, Wissenschaftler*innen zu beauftragen, Auslöser und Konsequenzen einer globalen Erwärmung zu erforschen. Sie wollten wissen, was da auf uns zukommt, schließlich waren sie die größten CO_2-Emittenten der Erde. Aus ihren Datensammlungen ging eine ganze Reihe von Studien über die Potentiale einer globalen Erwärmung hervor. Seit 1966 ermöglichen sogenannte TIROS-Satelliten die Messung der Sonnenstrahlungsintensität und des Wärmehaushaltes der Erde. In den Siebzigern wurde von einer Reihe von Klimawissenschaftler*innen prognostiziert, dass die Erwärmung durch die damaligen Emissionen in der Atmosphäre bereits im Jahr 2050 zu einer eisfreien Arktis führen könnte. Seitdem haben Wissenschaftler*innen Stück für Stück die Ursachen und Konsequenzen des menschengemachten Klimawandels offengelegt und aufgearbeitet.

»Damals schien es ganz einfach«, erzählte mir, Luisa, Bill McKibben vor einigen Jahren in einem schwedischen Zug, der selbst noch aus den Siebzigerjahren zu stammen schien.

Bill McKibben zählt zu den Ersten, die die Erkenntnisse rund um die globale Erwärmung in die Öffentlichkeit brachten. Sein populärwissenschaftliches Buch *The End of Nature* erschien 1989. Ein Jahr zuvor hatte bereits der Klimawissenschaftler James E. Hansen vor dem US-Kongress bezeugt, dass die globale Erwärmung zu 99 Prozent keine natürliche Entwicklung, sondern auf anthropogene, also menschengemachte Treibhausgase zurückzuführen sei. Damit landete Hansen auf dem Cover der New York Times.[7] Zu dieser Zeit berichtete auch Bill McKibben als Journalist und Autor über die Klimakrise. Die Brisanz der wissenschaftlichen Befunde einerseits und das fehlende öffentliche Bewusstsein dafür andererseits irritierten ihn. Also fing er an, diese Fakten in Büchern aufzubereiten. Im Jahr 2007 gründete er zusammen mit einigen Studierenden aus seinem Seminar die Organisation 350.org – das ist heute die weltgrößte Nichtregierungsorganisation, die sich ausschließlich mit der Klimakrise befasst.

Ich lernte Bill 2014 in Stockholm kennen, bei der Preisverleihung des Alternativen Nobelpreises. Damals hatte ich gerade mein Abitur gemacht und arbeitete in der Redaktion eines Umweltmagazins. Ich hatte den Auftrag bekommen, ein Interview mit Bill zu führen.

Zunächst war ich davon beeindruckt, mit welcher Geduld und Gelassenheit er sich mit Klimawandelleugner*innen auseinandersetzte – Leuten, die den Klimadiskurs in den Vereinigten

Staaten auf beispiellose Weise dominieren. Beeindruckend fand ich auch, welch klare Sprache er für die großen Probleme fand. Über die deutsche Klimapolitik sagte er: »Deutschland hat der Welt im 20. Jahrhundert so viel Kummer bereitet – im 21. hätte es die Gelegenheit, der Welt große Freude zu machen.«

Während draußen vor dem Zugfenster die vereisten schwedischen Landschaften vorbeizogen, erzählte mir Bill, was er vorgehabt hatte: Er würde ein eindrückliches, verständliches und wissenschaftlich akkurates Buch über den Klimawandel schreiben, das klar machen würde, was gerade mit dem Planeten passiert – dann würden die Menschen endlich den Ernst der Lage begreifen, und die Politik würde handeln.

Nun ja. *The End of Nature* erschien, wie bereits erwähnt, im Jahr 1989 und wurde tatsächlich zum Bestseller. Es wurde in über 20 Sprachen übersetzt (auf Deutsch: *Das Ende der Natur*). Millionen Amerikaner*innen haben das Buch gelesen. Denn selbst in einem Land, in dem heute die Hälfte der Bevölkerung den menschengemachten Klimawandel anzweifelt, war er damals Stück für Stück ins öffentliche Bewusstsein gerückt. Doch politisch tat sich nichts – im Gegenteil. Die USA erlebten ein Erstarken der Klimaskeptiker*innen, die Kohle- und Ölindustrie boomte, die Pro-Kopf-CO_2-Emissionen blieben auch in den kommenden zwanzig Jahren die höchsten der Welt.[8]

Was mit Bill McKibbens Buch passierte, ist exemplarisch. Denn es ist ja nicht so, als hätte man nicht darüber Bescheid gewusst, was unsere Art zu leben, zu wirtschaften und zu wachsen für künftige Generationen bedeutet.

In Deutschland brachte Der Spiegel eine Titelgeschichte über »Die-Klima-Katastrophe«, das war im August 1986. Diese Geschichte beginnt mit einem Zukunftsszenario:

»Überraschend war die Katastrophe nicht gekommen. Wissenschaftler hatten beizeiten gewarnt, Umweltschützer unermüdlich demonstriert. Schließlich hatten sogar die Politiker den Ernst der Lage erkannt – zu spät: Das Desaster, der weltweite Klima-GAU, war nicht mehr aufzuhalten. Jetzt, im Sommer 2040, ragen die Wolkenkratzer New Yorks weit vor der Küste wie Riffs aus der See. Überflutet, vom Meer verschluckt, sind längst auch Hamburg und Hongkong, London, Kairo, Kopenhagen und Rom.«

Um das Ausmaß politischer Versäumnisse zu begreifen, lohnt der Blick über den Atlantik. Ende der Achtzigerjahre waren 68 Prozent der US-amerikanischen Bevölkerung das Phänomen der globalen Erwärmung bekannt, ein Drittel der Bürger*innen gab sogar an, dass es ihnen große Sorgen bereite.[9] Das Thema war *en vogue*. Der Republikaner George H. W. Bush zog als selbsternannter »Umweltschützer« in den Präsidentschaftswahlkampf und zeigte sich entschlossen, dem Treibhauseffekt mit dem »White-House-Effect« zu Leibe zu rücken. Zwar löste Bush dieses Versprechen nie ein, doch der grüne Anstrich hatte ihm Rückenwind auf dem Weg ins Weiße Haus verliehen. Diesem Höhepunkt in der öffentlichen Aufmerksamkeit waren Jahre politischer Diskussionen, der Veröffentlichung wissenschaftlicher Gutachten, Medienberichten und Anhörungen im Kongress vorausgegangen.

Nachdem 41 Kongressabgeordnete Präsident Ronald Reagan dazu aufgefordert hatten, einen internationalen Vertrag nach dem Vorbild des Ozon-Abkommens von Montreal in die Wege zu leiten, unterzeichnete er zusammen mit Michail Gorbatschow, damals Generalsekretär der Kommunistischen Partei der Sowjetunion, eine Erklärung, die eine

Zusammenarbeit bei der Eindämmung der globalen Erwärmung versprach. Auch damals hatte ein rekordverdächtiger amerikanischer Hitzesommer die öffentliche Aufmerksamkeit verstärkt: In Alaska und im Westen des Landes brannten dutzende Großfeuer, Flüsse verdampften, der Mississippi schrumpfte an einigen Stellen auf ein Fünftel der üblichen Wassermenge, in New York begannen die Straßen in der Sonne zu schmelzen. An einigen Tagen gab es nirgendwo Temperaturen unter 38 Grad.

Der Schulterschluss von Aktivist*innen, engagierten Politiker*innen und verantwortungsbewussten Wissenschaftler*innen, wie wir ihn auch heute mit den *Scientists for Future* erleben, erzeugte schließlich ein politisches Momentum, in dem der Abschluss eines internationalen Klimaschutz-Abkommens unter Führung der USA schon im Jahr 1990 zum Greifen nah schien.

Im Jahr 1988 legte die Enquete-Kommission »Vorsorge zum Schutz der Erdatmosphäre« dem Bundestag einen 300-seitigen Zwischenbericht vor. In ihrer Einleitung betonte sie die »Dringlichkeit« und die »weltweite Bedeutung der Aufgabenstellung« und mahnte, dass »die wissenschaftlichen Erkenntnisse zum Treibhauseffekt (…) in den Grundaussagen bereits so zwingend« seien, »daß sobald wie möglich weitreichende Maßnahmen zur Reduzierung der Spurengasemissionen eingeleitet werden müssen«. Sie plädierte dafür, dass ihre Handlungsempfehlungen »möglichst bald einer parlamentarischen Beratung und Beschlußfassung zugeführt werden sollen«.[10] Nahezu alles, was wir in diesem Buch zum wissenschaftlichen Kenntnisstand über die Klimakrise aufgeführt haben, steht bereits in diesem Bericht: über die voraussichtliche Entwicklung der Emissionen, ihre katastrophalen Folgen und sogar mögliche Lösungsansätze, um die heutige Krise zu verhindern.

Seit den Achtziger-, spätestens aber seit den Neunzigerjahren sind die Fakten öffentlich bekannt.

Seitdem, seit drei Jahrzehnten also, haben die Menschen aber mehr CO_2 ausgestoßen als in der gesamten Menschheitsgeschichte zuvor. Das heißt: Die Menschheit hat dem Planeten in diesem Zeitraum wissentlich größeren Schaden zugefügt als unwissentlich in den vorangegangenen Jahrtausenden.

Weil diejenigen, die sich notgedrungen, auf die eine oder andere Art, ihr Leben lang an dieser Situation abarbeiten werden müssen, nun einmal die jüngsten der Gesellschaft sind, werden ältere Generationen von ihnen kollektiv in Haftung genommen. In Haftung dafür, uns die natürliche Umwelt als Scherbenhaufen zu hinterlassen. In Haftung dafür, nicht gehandelt zu haben, als noch reichlich Zeit war. Nicht innegehalten zu haben, als sich schon abzeichnete, wohin endloses Wachstum und endlose Ressourcenausbeutung führen würden.

KEINE SCHÖNE NEUE WELT, WIE SIE UNS GEFÄLLT

Es geht hier nicht um die schöne neue Welt, sondern darum, dass man sich an längst beschlossene Abkommen hält, in aller Konsequenz. 32 Seiten umfasst das Pariser Abkommen, das am 12. Dezember 2015 verabschiedet wurde. 32 Seiten, gegliedert in 29 Artikel, in denen steht, was zu tun ist.[11] Der

Text ist das Ergebnis jahrzehntelanger Verhandlungen, eine diplomatische Meisterleistung, die ein halbes Jahr später auch im Bundestag einstimmig angenommen wurde.

In diesem Abkommen stehen die entscheidenden Punkte. Sicherlich: in verschachtelter und ziemlich abstrakter UN-Sprache und auch nicht speziell auf die Verhältnisse in Deutschland heruntergebrochen. Aber die Grundidee ist hier verankert: Die Weltgemeinschaft bemüht sich, nach dieser Vereinbarung, die Erwärmung im Vergleich zum vorindustriellen Zeitalter auf einen Anstieg um 1,5 Grad zu reduzieren, höchstens aber um »deutlich weniger als zwei Grad« (in Originalfassung steht da: »well-below two degrees«). Dabei gilt das Prinzip der »common but differentiated responsibilities«, also der gemeinsamen, aber differenzierten Verantwortlichkeiten. Sprich: Reiche Länder wie Deutschland stehen in der außergewöhnlichen Verantwortung, besonders ambitioniert zu handeln und darüber hinaus ärmere Länder beim Klimaschutz zu unterstützen. Es ist übrigens auch die Rede von »intergenerational justice«, also der Gerechtigkeit zwischen den Generationen. Ältere tragen Verantwortung gegenüber den Jüngeren. Alles da also, längst beschlossene Sache und vom Bundestag abgesegnet – zumindest theoretisch. Wie merkwürdig, dass ein demokratisch verabschiedetes Vorhaben so krass ignoriert werden kann.Wir fordern daher, dass sich unsere Eltern – zumindest grundsätzlich – an Regeln halten. An Regeln, die sie selbst aufgestellt haben, an Klimaziele und internationale Verträge.

EINE GLOBALE FRAGE UND EINE GLOBALISIERTE GENERATION

Nein, Deutschland ist nicht das Land, das als erstes die harten Folgen der Klimakrise zu spüren bekommen wird. Wir leben in einer sozio-ökonomischen Pufferzone mit vergleichsweise hoher Resilienz gegenüber Umweltgefahren. Doch verliert diese Ausgangslage an Bedeutung. Wer jungen Menschen in Deutschland sagt, sie sollten sich die Welt anschauen, andere Kulturen kennenlernen, in Europa, oder besser noch gleich auf der ganzen Welt, zu Hause sein; wer also die vielleicht erste globale Generation der Geschichte erzieht, der darf sich nicht wundern, dass so viele ein Verantwortungsbewusstsein für Probleme entwickeln, die außerhalb unserer Landesgrenzen entstehen. Der Appell nach ehrlichem Klimaschutz hat einen globalisierten Kern. Wir machen das hier nicht nur für uns. Wir machen das auch für andere, die weniger privilegiert aufwachsen. Im Bewusstsein, dass in einer Welt, die jeden Tag ein Stück enger zusammenwächst, die Probleme der anderen immer schneller auch unsere eigenen werden.

Weil so viele junge Menschen heute ganz selbstverständlich im internationalen Austausch stehen, verstehen wir so gut, dass auch unsere Verantwortung eine internationale ist. Dass es nicht (nur) darum geht, wie viel Prozent der globalen Treibhausgase ein deutsches Kohlekraftwerk ausstößt. Sondern um eine Reaktion auf den Hilfeschrei einer Generation, die auf jedem Kontinent vertreten ist. Der Generation Klima, wenn man sie so nennen will.

DIE MENSCHHEIT HAT EINE DEADLINE

Der Handlungsspielraum der Menschheit ist schon jetzt sehr klein. Und er schrumpft rasant. Im Sommer 2019 kann man seine Größe auf rund 350 Gigatonnen beziffern. 350 Gigatonnen an Emissionen, die noch ausgestoßen werden können, um die globale Erwärmung auf 1,5 Grad zu begrenzen.[12] Wird dieses Budget überzogen, nimmt die Welt Schäden in Kauf, die nicht zu verantworten sind. Hunderte Millionen würden ihre Lebensgrundlage verlieren, eine Vielzahl von Ökosystemen kollabieren. In dem Tempo, in dem die globale Staatengemeinschaft derzeit Emissionen ausstößt, wird dieses Emissionsbudget in weniger als neun Jahren erreicht sein. Nicht einmal ein Jahrzehnt bleibt uns also, das ist ein weltgeschichtlicher Wimpernschlag. Und in jeder Sekunde, die vergeht, gelangen weitere 1331 Tonnen unserer Emissionen in die Atmosphäre, wo sie die globale Heizung Stück für Stück weiter aufdrehen.[13]

Wenn wir heute Zukunftsklau anprangern, tun wir das aufgrund einer niemals zuvor gekannten Dringlichkeit. Der Zeitdruck ist unerträglich geworden. Nein, es geht nicht darum, hier und jetzt alle Probleme zu lösen. Oder, wie ein paar Rechte auf Twitter polemisieren, sofort und überall »sämtliche Kohlekraftwerke abzuschalten oder alle Autos abzustellen«. Es geht darum, jetzt den Weg einzuschlagen, der zum 1,5-Grad-Ziel führt. Dafür muss der Anstieg der globalen CO_2-Emissionen aufgehalten und binnen der nächsten Jahre gedreht werden – zu einer jährlichen Reduktion. Hier stehen vor allem die größten Emittenten in der Pflicht. Wie Deutschland. Gemessen an der Bevölkerungszahl steht Deutschland insgesamt noch ein Budget von rund

7 Gigatonnen zu. Das ist die Gesamtsumme an CO_2, die uns insgesamt noch zusteht, damit das 1,5-Grad-Ziel mit einer gewissen Wahrscheinlichkeit eingehalten werden kann. Um innerhalb dieses Budgets zu bleiben, müssen die Emissionen ab sofort so stark sinken, dass der Ausstoß bei null angekommen ist, wenn das Budget aufgebraucht ist. Doch auf dem Emissionspfad, auf dem Deutschland gerade ist, wird das Budget etwa 2030 aufgebraucht sein – und die Emissionen noch immer sehr hoch. Und jedes Jahr, in dem wir die Emissionen weniger senken als notwendig, wächst die Lücke zwischen dem Ist- und dem Soll-Zustand. Jahr für Jahr müssten die Maßnahmen, die es bräuchte, um uns zurück auf den Pfad Richtung Paris zu bringen, brachialer werden. Bis man irgendwann doch vom Auto-stehen-lassen sprechen müsste. Und das gilt es zu verhindern.

In jedem zweiten Atemzug werden Klimaaktivist*innen als »ungeduldig« oder »hektisch« hingestellt. Dieser Eindruck ist nachvollziehbar.

Bei der Klimakrise aber wird die Dringlichkeit von der Geophysik diktiert. Sie gibt das Tempo vor, in dem gehandelt werden muss. Auch deshalb haben sich zehntausende Wissenschaftler*innen als *Scientists For Future* zusammengefunden, um unser Drängen zu unterstützen. Sie schauen auf die Klimagraphen und sehen, dass bestimmte klimatische Kipppunkte viel schneller eingetreten sind als erwartet. Und dass das »Window of Opportunity«, das Möglichkeitsfenster, das es zu nutzen gilt, sich immer schneller schließt.

Als ich, Luisa, Angela Merkel traf, war es so heiß, dass ich mich fragte, wie sie es bei diesen Temperaturen nur aushielt in ihrem dicken roten Blazer. Wir waren in Goslar, einer kleinen Stadt bei Göttingen, in der vor fast siebzig Jahren die CDU gegründet wurde.

Solange ich politisch denken kann, ist Frau Merkel Bundeskanzlerin. Ihre erste Wahl im Jahr 2005 war eines der ersten politischen Ereignisse, die ich bewusst mitverfolgt habe. Wie wohl die meisten, hatte ich mir in den 14 Jahren, in denen sie an der Regierung ist, nie die Frage gestellt, was ich wohl sagen würde, wenn ich sie treffen würde.

Zum Zeitpunkt unseres Treffens in Goslar hatten ich und einige andere schon mehr als zwei Stunden mit dem französischen Präsidenten Emmanuel Macron diskutiert, mit Barack Obama und immerhin fünf deutschen Bundesminister*innen über Klimaschutz gesprochen. Anlässlich des Besuchs der Kanzlerin hatte die *Fridays for Future*-Gruppe in Goslar einen Klimastreik organisiert, obwohl es ein Mittwoch war. Auch mich hatte man gefragt, eine Rede zu schreiben. Und obwohl wir schon öfter mit Staatschefs gesprochen hatten, fühlte sich dieses Treffen besonders wichtig an. Lange hatte ich mir Gedanken gemacht, was ich der Kanzlerin erzählen würde. Ich hatte die Hoffnung, es könnte ein gutes Gespräch werden.

Im Juni 2019 war schon abzusehen, dass Frau Merkel nicht mehr wirklich lange im Amt bleiben würde. Ich ging also davon aus, dass sie sich Gedanken darüber machen würde, was danach von ihr bliebe. Meine Rede trug den Titel »Werden Sie unsere Verbündete«.

Ein Teil davon ging so: »Noch sind Sie eine der mächtigsten Frauen der Welt. Machen Sie etwas draus, solange Sie noch können. Werden Sie zur Verbündeten der Pioniere, Weltenretter, der Macherinnen und Macher. Werden Sie zur Verbündeten derjenigen, von denen man in vielen Jahren einmal sagen wird, dass sie gehandelt haben, als es noch was zu gewinnen gab. Zur Verbündeten derjenigen, die verstanden haben, dass Klimaschutz nicht verhandelbar ist und das ›Maß der Mitte‹ nicht funktioniert – dass Klimaschutz nicht ›gemäßigt‹, sondern immer radikal sein muss, denn diese Krise fordert Radikalität im besten Sinne.

Werden Sie zur Verbündeten derjenigen, die sich nicht mit Ausreden ablenken lassen, derjenigen, die den alten Herren, die Angst vor Veränderung haben, zeigen, wo der Hammer hängt. Derjenigen, die verstanden haben, dass die Physik nicht mit Worten zu beschwichtigen ist. Derjenigen, die bereit sind, unpopuläre Entscheidungen zu fällen, weil alles andere in Katastrophen münden wird.

Was hält Sie auf? Werden Sie eine Verbündete derjenigen, die jetzt die Ärmel hochkrempeln. Wir laden Sie ein. Was hält Sie auf?«

Vielleicht, so dachte ich, bestand ja die klitzekleine Chance, dass die Kanzlerin auf ihre alten Tage noch mal loslegen würde. So richtig loslegen, ohne sich von einem nörgelnden Kabinett beirren zu lassen. Oder von den Zögerlichen und den Populist*innen. Die Hoffnung war da. Doch anscheinend tönt der Ruf unserer Generation nicht bis ins Kanzleramt.

Als Angela Merkel dann mit ihrer Rede dran war, sagte sie Sätze wie: »Klimaschutz kann ja auch mal einen Tag dauern.« Sie sagte das über eine Absperrung hinweg, hinein in die unruhige Menge von rund hundert Klimastreikenden. Niemand war sich sicher, ob man andächtig zuhören oder lautstark demonstrieren sollte, was ein unübersichtliches Mittelding zur Folge hatte. »Wir machen ja schon«, meinte Merkel weiter. Und murmelte etwas von »Engagement« und darüber, dass sie unseren Slogan »No more Pillepalle« gut fände.

Ich war sprachlos. Ich hatte mit vielem gerechnet, aber damit nicht. Nicht nach sechs Monaten Streiks, nach sechs Monaten politischer Ratlosigkeit über die adäquate Reaktion auf Schüler*innen, die auf einmal Klimaschutz einfordern. Merkel ist Physikerin. Müsste sie da nicht verstehen, was es bedeutet, wenn Klimagraphen in die Höhe rasen? Und dass physikalische Kipppunkte nicht darauf warten, bis sich eine verkrachte Regierung auf Maßnahmen verständigt hat?

Ich habe meine oben zitierte Rede nie so gehalten. Als ich kurz nach Merkel auf die Bühne ging, sagte ich stattdessen: »Wir werden die größten Transformationen initiieren, die die Welt je gesehen hat. Wir werden eine Geschichte schreiben, von einer Generation, die sich nicht hat aufhalten lassen. Ich bezweifle, dass Frau Merkel Teil dieser Geschichte wird. Aber vielleicht ist das dann einfach so. Auch okay. Wir haben keine Zeit mehr, darauf zu warten, dass auch die letzte Kanzlerin verstanden hat, dass es jetzt oder nie losgehen muss.«

Auf dem Heimweg im Zug grübelte ich lange, wer denn nun auf »unserer« Seite stand. Wer »wir« überhaupt waren, und wer nicht. Und wie wir es schaffen würden, herausfordernd und einladend zugleich die Gesellschaft für unsere Sache zu begeistern.

Eine Woche später, beim Kirchentag in Dortmund, lud ich die evangelische Kirche ein, unser Verbündeter zu werden. Die Anwesenden jubelten.

Die großen Fragen begleiten uns, wenn es dann wieder stiller wird, die Demo-Schilder eingepackt werden und Menschen mit kalten Füßen oder sonnenverbrannten Gesichtern den Heimweg antreten. Dann zerstreut sich die Menge, doch die Diskussionen werden in Wohnzimmern fortgeführt, auch in Landtagen, Büros und Eckkneipen.

Man darf diese Gespräche nicht geringschätzen, sie gehören zur Bewegung auf der Straße unverzichtbar dazu.

Es ist leicht, mit Hunderten auf der Straße zu rufen: »Wir sind hier, wir sind laut, weil ihr uns die Zukunft klaut!« Es ist leicht, von »ihr« und »wir« zu sprechen, von Betrüger*innen und Betrogenen, solange man sich im gleichen Lager wähnt. Weniger leicht ist es, diesen Ausruf, in dem so viel Vorwurf und Anklage mitschwingt, in ein Gespräch mit denen, die uns gegenüberstehen, zu übersetzen.

Als Bürger*innen eines der reichsten Länder der Welt wachsen wir in großem Wohlstand auf – wie können wir jungen Menschen es uns herausnehmen, diejenigen des Diebstahls zu bezichtigen, die all das hier erarbeitet haben? Wie können wir diejenigen anklagen, die uns ein Leben voller Wahlmöglichkeiten überhaupt erst verschafft haben?

Dass auf der Straße von »wir« und »ihr« die Rede ist, finden viele überheblich. Wir, die Jungen, hätten ja nichts für das Land und seinen Wohlstand getan. Wir wüssten nicht zu schätzen, was Generationen vor uns geleistet haben. Das ist verständlich. Die Älteren blicken zurück und sehen, was alles erreicht wurde, und wie rasant sich das Land in den letzten dreißig Jahren verändert hat. Sie blicken zurück auf eine beispiellose wirtschaftliche Entwicklung und auch auf viele Bemühungen im Umwelt- und Klimaschutz. Das führt sehr schnell zur Unterstellung, dass junge, laute und geschichtsvergessene Menschen all das vom Tisch wischen wollen. Wobei sie, die Älteren, sich doch so viel Mühe gegeben haben. Sollten wir ihnen dafür nicht ein wenig auf die Schulter klopfen? Stattdessen stehen wir zu Tausenden vor ihren Häusern und Büros und protestieren. Weil wir widersprechen.

Es ist eine Frage der Perspektive: Die Älteren blicken zurück, sie erinnern sich daran, wo wir herkommen. Und sehen, wie weit wir es gebracht haben.

Wir aber blicken nach vorn, dahin, wo wir noch hinmüssen. Und wir sehen, dass dieser Weg, hin zu einer ökologischen Zukunft, hin zu einer Gesellschaft, die innerhalb der ökologischen Grenzen haushaltet und die Pariser Klimaziele einhält, in scheinbar unerreichbarer Ferne liegt.

Es ist wichtig, hier etwas zu differenzieren. Denn der pauschale Vorwurf des Zukunftsklaus trifft verschiedene Akteur*innen auf verschiedene Weise: Wir richten uns kollektiv an die Älteren, an Generationen vor uns, weil sie früher hätten handeln müssen. Als Teile einer Zivilgesellschaft hätten sie wirksamen Klimaschutz fordern und gemeinsam dafür laut werden müssen. Sie haben es verpasst, die sich anbahnende Katastrophe durch öffentlichen Druck und Mobilisierung abzuwenden. Sie haben wissentlich über ihre Verhältnisse gelebt und zugesehen, wie eine überschaubare Gruppe von Akteur*innen die Klimakrise zum persönlichen Nutzen auf die Spitze treiben konnte.

An diese Gruppe richtet sich der zweite Teil des Vorwurfs. Er richtet sich an die Schlüsselakteur*innen in Politik, Finanzwelt und Wirtschaft. Sie sind es, die maßgeblich dazu beigetragen haben, diese Krise auf die Spitze zu treiben. Mit dieser »Gruppe« ist unter anderem die Führungsriege der hundert Konzerne auf der ganzen Welt gemeint, die gemeinsam für über siebzig Prozent der globalen Emissionen seit 1988 verantwortlich sind. Menschen wie Ben van Beurden, der CEO von Shell, der mit einem Jahresgehalt von 9,7 Millionen Euro an der Spitze eines Konzerns steht, der für 1,7 Prozent der Treibhausgase der vergangenen dreißig Jahre verantwortlich ist. Angenommen, diese hundert Unternehmen hätten in diesem Zeitraum alle fünf Jahre ihre CEOs gewechselt – dann würden sämtliche CEOs, die diese hundert Konzerne in diesem Zeitraum geleitet haben, in einen einzigen ICE passen.[14]

Natürlich konnten diese Konzerne nur deshalb so lange florieren, weil es Abnehmer für ihre Produkte gab. Und natürlich sind CEOs nicht alleine für Fragen der strategischen Ausrichtung verantwortlich, die Liste der Stakeholder ist deutlich länger. Doch jede*r einzelne Passagier*in in unserem fiktiven ICE saß im Zentrum der Macht. Jede*r einzelne hätte seiner oder ihrer globalen Verantwortung gerecht werden und dafür sorgen müssen, dass sein oder ihr Unternehmen rechtzeitig einen neuen Kurs einschlägt.

Diese Akteur*innen streichen die Gewinne ein und geben sie an ihre Aktionär*innen weiter, unterstützt von Investor*innen und viel zu vielen Politiker*innen, die nicht eingreifen und so ihre Machtstellung durch verlässliche Beziehungen in die Industrie sichern.

Ja: Es ist leicht, uns als undankbar abzustempeln. Und nachvollziehbar. Mit einem Mal erscheinen wir auf der Straße und beschweren uns, dass all der Wohlstand nichts wert ist, dass all die Mühe, Arbeit, Zeit und Energie, die in den vergangenen dreißig Jahren in die Umwelt- und Klimabewegungen geflossen sind, nicht genug waren. Das kann man so sehen. Nur wird dabei ein entscheidender Aspekt vergessen: Würden wir überhaupt auf die Straße gehen, wenn wir nicht von den Generationen vor uns gelernt hätten? Wenn wir nicht durch die viele Arbeit unserer Vorgänger sensibilisiert worden wären? Wenn wir nicht aus der Geschichte gelernt hätten, dass Massenmobilisierung politische Prozesse beeinflussen kann?

DER ERSTE SCHRITT EINES MARATHONS

Statt die Geschichte zu vergessen, nehmen wir sie unter die Lupe. Wir blicken zurück und stellen fest, dass durch soziale Bewegungen, Aufklärungskampagnen, internationale Zusammenarbeit und Massenproteste in der Vergangenheit unglaubliche Erfolge bewirkt wurden. Soziale Bewegungen haben maßgeblich Entwicklungen befördert, die zuvor völlig utopisch gewirkt hatten.

Man denke nur an den erfolgreichen Kampf gegen das Waldsterben in den Achtzigerjahren oder an die internationalen Anstrengungen gegen den Abbau der Ozonschicht in der Atmosphäre, also des umgangssprachlich sogenannten »Ozonlochs«.

Beide Umweltprobleme stehen historisch beispielhaft für eine effektive Problembewältigung infolge eines ausgeprägten öffentlichen Bewusstseins. Hier haben politische Debatten wirksame Maßnahmen nach sich gezogen. Im Falle des sogenannten »Waldsterbens« wurde mit der Prophezeiung vom Tod des deutschen Waldes die Gesellschaft nachhaltig für die Frage nach Umweltfolgen von Schadstoffen in der Luft sensibilisiert. Das führte dazu, dass eine Mehrheit die

Forderung nach besserer Schadstofffilterung bei Kraftwerken, Ölheizungen und Auspuffen unterstützte. Schon 1983 wurden weitreichende politische Maßnahmen beschlossen. Das war nur zwei Jahre nachdem der Spiegel mit dem Titel »Der Wald stirbt« erstmals massenwirksam und in alarmierender Dringlichkeit die Aufmerksamkeit auf das Thema gelenkt hatte. Nur vier Jahre später, 1987, wurde das Montreal-Protokoll beschlossen, ein internationales Abkommen, das bis heute als Paradebeispiel erfolgreicher globaler Umweltdiplomatie gilt.

Im Jahr 1974 hatten britische Forscher herausgefunden, dass sogenannte FCKWs, Chemikalien, die etwa in Sprühdosen oder Kühlschränken genutzt werden, die Ozonschicht beschädigen, insbesondere über der Antarktis. Man war auf eine extreme Gefahr gestoßen, weil die Ozonschicht so etwas wie die Sonnencreme des Planeten ist. Sie sorgt dafür, dass ein Großteil der eintreffenden UV-Strahlung zurück ins Weltall gestrahlt wird. Die Wissenschaftler*innen fanden heraus, dass entgegen aller wissenschaftlichen Prognosen ein Drittel des Ozons über der Antarktis verschwunden war. Und das innerhalb von zehn Jahren. Durch strenge Beschränkungen der Nutzung und des Handels mit FCKWs, nicht zuletzt vorangetrieben von den USA, deren Industrie ein starkes finanzielles Interesse daran hatte, ihre Alternativmittel auf den Markt zu bringen, konnte das Protokoll von Montreal umgesetzt werden. Der Schwund des Ozons wurde erfolgreich aufgehalten: In der zweiten Hälfte des 21. Jahrhunderts, so schätzen Forscher*innen, wird sich die Ozonschicht wieder vollständig regeneriert haben. Das Beispiel der geretteten Ozonschicht zeigt, dass Klimaschutz nicht die Wirtschaft schädigen muss, sondern dass, ganz im Gegenteil, kreative Lösungen der Unternehmen signifikant zum Klimaschutz beitragen können.

Und es ging weiter. 1995 fand die erste COP, die »Conference of the Parties«, also die Klimakonferenz aller Vertragsstaaten des Weltklimarates, in Berlin statt. Angela Merkel, die damals noch Umweltministerin war, spielte dabei eine tragende Rolle.

Später führte hartnäckiger Widerstand zum Ausstieg aus der Atomenergie, natürlich auch plötzlich motiviert durch die atomare Katastrophe von Fukushima. Das war zwar nicht in den Augen aller ein klimapolitischer Erfolg; zweifelsohne war es aber ein umweltpolitischer.

Historisch betrachtet war es jedenfalls so, dass mit dem finalen Ausstiegsbeschluss aus der Kernenergie der Aufstieg der Solarwirtschaft begann – maßgeblich gestaltet von der deutschen Politik sowie von einer visionären deutschen Energiewirtschaft.

Ja, in den vergangenen Jahrzehnten hat sich viel getan. Viele Menschen haben durch unermüdlichen Einsatz dafür gesorgt, dass die Lage heute nicht *noch* gravierender ist.

Man stelle sich einmal vor, die Herausforderung durch die Klimakrise gliche einem Marathon. Dann wurde in den vergangenen dreißig Jahren ein halber Meter zurückgelegt. Und zwar ein hart erkämpfter halber Meter, weil es zwischendurch auch immer wieder rückwärts ging (die vielen erfolglos abgebrochenen Klimaverhandlungen, die gegen jeden Widerstand ans Netz gegangenen Kohlemeiler, die verlorenen Kämpfe um Schutzgebiete und Rodungsmoratorien). Wir kommen voran – ja. Aber im Kontext des bevorstehenden Marathons noch längst nicht weit genug.

Die Soundboxen, die wir uns ausleihen wollten, hatten über Nacht nicht geladen. Als wir das merkten, war es noch eine halbe Stunde bis zum Beginn des Streiks. Es herrschten Minusgrade in Berlin, niemand außer uns hatte sich auf die Bundestagswiese verirrt, wo wir jetzt, am Morgen des 14. Dezember 2018, ratlos standen und uns fragten, ob das Ganze nicht einfach nur ein riesiges Desaster werden würde. Ein paar Tage vorher hatten wir ein Video vor dem Bundestag gedreht und auf allen Kanälen geteilt, außerdem unzählige Nachrichten durch WhatsApp-Gruppen gejagt. Stundenlang hatten ich, Luisa, und viele andere mit Schüler*innen gesprochen und telefoniert; Schüler*innen, die nicht wussten, wie man Lehrer*innen oder Eltern überzeugt, dass man auf einmal am Freitag nicht in die Schule gehen will, weil da so ein »Friday Dings« stattfinden soll. Niemand wusste, was hier zu erwarten war. Noch nie hatte man *Fridays for Future*-Proteste in Deutschland gesehen oder auch nur davon gehört, was es damit auf sich hat.

Der erste Freitag war also mehr als eine Bewährungsprobe. Und da standen wir nun. Ohne Boxen. Wie beschäftigt man Menschen, die zu einem groß angekündigten Streik kommen (wenn sie denn überhaupt kommen), zwei Stunden lang ohne Musik oder Mikros? Wie treibt man am Freitagmorgen um halb zehn eine kabellose Soundanlage auf, die groß genug ist, um hunderte Menschen zu beschallen? Oder gibt es irgendwo vor dem Bundestag Steckdosen im Boden? So viele Fragen, mit denen ich mich noch nie zuvor beschäftigt hatte, als wir mit etwas unsicheren Blicken und eisigem Atem versuchten, in Berlin eine Bewegung zum Leben zu erwecken. Ein taz-Reporter, der uns an diesem Morgen begleitete, machte sich murmelnd Notizen: »Zehn Minuten bis zum Streik, vier Menschen vor Ort. Technik fehlt.«

Eine Stunde später standen etwas mehr als dreihundert Menschen vor dem Bundestag, laut rufend, singend, klatschend – der erste *Fridays for Future*-Streik in Berlin. Irgendwo hatten Helfer*innen noch einen verrosteten Generator ergattert, um die Soundbox mit Strom zu versorgen. Der dröhnte dann zwar etwa genauso laut wie das Mikro, aber das spielte keine Rolle. Die Luft vibrierte ohnehin. Weil sie sich groß anfühlte, diese eigentlich überschaubare Traube vor dem Bundestag. Nicht weil die Kameras da waren, sondern weil wir da waren. Weil so viele junge Menschen gekommen waren, ohne Erwartung, aber mit der großartigen Bereitschaft, Teil eines Wandels zu werden. Weil Menschen gekommen waren, die fanden, dass es so nicht weitergehen konnte. Die die Überzeugung vereinte, dass diese unerträgliche Klimapolitik ein Ende finden musste.

Ich hatte den allergrößten Respekt vor jeder einzelnen Person, die an diesem Dezembermorgen mit uns vor dem Bundestag gegen Zukunftsklau und Klimazerstörung demonstrierte. Mit kalten Händen und Füßen. Sie alle kamen, ohne zu wissen, worauf das hinauslaufen sollte; auf einen Erfolg oder einfach nur eine verschwendete Fehlstunde und den entsprechenden Stress mit Eltern und Lehrer*innen. Sie kamen, weil sie nicht länger um ihre Zukunft betrogen werden wollten. Diese Menschen kamen, weil sie das Gefühl hatten, dass die Veränderung möglich, machbar ist. Es ist so leicht, Menschen zu unterschätzen.

3

UNS FEHLT EINE UTOPIE

»Ich habe nur eine kurze Frage, ganz schnell.« Ein 13-jähriges Mädchen kommt zur Bühne und tippt mir, Luisa, auf den Arm. Wir sind in München, es ist Sommer. Gerade habe ich 400 Menschen im Publikum erklärt, dass alles eher hoffnungslos aussieht. Jetzt wuseln viele Menschen herum, es ist spät geworden, ich war als letzte Rednerin dran. Diese Momente, wenn das Licht wieder angeht und der Druck abfällt, wenn sich Vortragende und Zuhörer*innen mischen und alle irgendwie zusammengehören, sind bewegende Momente. Auch wenn sie manchmal durch die Müdigkeit getrübt werden, die kommt, wenn das Adrenalin nachlässt. Schnell atmend streicht sich das Mädchen ein paar Strähnen aus dem Gesicht. Zwei ihrer Freundinnen stehen etwas abseits und gucken verlegen zur Seite. »Ich wollte nur von dir wissen, ob du dir überhaupt vorstellen kannst, Kinder zu bekommen?« Ich muss schlucken, obwohl ich die Frage so oft höre. Oft ist sie mir nach Veranstaltungen gestellt worden, vor allem von jungen Mädchen und Frauen. Oft erzählen sie dann davon, dass sie von der sogenannten BirthStrike-Bewegung in England gehört haben. Dass sie das Gefühl haben, es sei unverantwortlich, Kinder in diese Welt zu setzen. Dabei sind sie ja selbst noch welche.

Kinder sind die Zukunft. Wenn man das Gefühl hat, lieber keine Kinder bekommen zu wollen, dann bedeutet das, dass man sich kein positives Bild der Zukunft machen kann. Das gilt nicht nur für die Dreizehnjährigen. Überall, wo man hinschaut: Einfallslosigkeit. Wir fragen uns: Was macht unsere Eltern nur so ratlos? Ihre eigene Jugend war vom Kalten Krieg geprägt, einer Zeit, in der sich zwei Systeme, zwei Gesellschaftsentwürfe unversöhnlich gegenüberstanden. Der Wettstreit zwischen Kapitalismus und Sozialismus war der Wettstreit großer Visionen, die, so oder so, die Verwirklichung einer gesellschaftlichen Utopie versprachen. Hier die klassenlose Gesellschaft ohne Ausbeutung, dort die offene Gesellschaft, in der Menschen ihre Ideen und Produkte auf dem Markt tauschen.

Der Wettbewerb der Systeme trieb beide Seiten an. Der Sozialismus im Osten wurde von der bunten Konsumwelt des Westens dazu angestachelt, seinen Bürger*innen mehr zu bieten und am Ende Reformen einzuleiten, die dann sein Ende beschleunigten. Die westlichen Gesellschaften reagierten auf das Gleichheitsversprechen aus dem Osten mit vorsichtiger Umverteilung. Die Reichen sollten nicht zu reich, die Armen nicht zu arm und die Mittelschicht möglichst groß und wohlhabend sein.

Doch schon 1984, also fünf Jahre vor dem Fall des Eisernen Vorhangs, warnte Jürgen Habermas: »Wenn die utopischen Oasen austrocknen, breitet sich eine Wüste von Banalität und Ratlosigkeit aus.«[1] So kam es dann auch. Nach dem Zusammenbruch des real existierenden Sozialismus vor dreißig Jahren steckt heute auch der Kapitalismus neoliberaler Prägung in einer tiefen Krise. Globale Erwärmung, Umweltzerstörung und wachsende Ungleichheit sind vor allem die Folgen einer entfesselten Wirtschaftsweise, die auf Profit und Quartalszahlen ausgerichtet ist, nicht aber auf das Wohlergehen von Mensch und Natur. Auch der aufflammende Rechtspopulismus ist ein solches Krisensymptom.

Die Welt, in der wir aufwachsen, ist durch eine verblüffende Fantasielosigkeit geprägt. Wo sind die inspirierenden Zukunftsbilder und Erzählungen, die als Leitbild am Horizont einer gesellschaftlichen Transformation stehen? Zwar wissen wir heute, dass wir so nicht weitermachen können. Was aber langfristig an die Stelle der gegenwärtigen Systeme treten soll, ist mehr als unklar. Was kommt nach dem fossilen Kapitalismus[2]? Selbst das Ziel einer Null-Emissionen-Gesellschaft hat einen großen Haken. Es gibt zwar eine Form vor, einen geophysikalischen Rahmen sozusagen. Offen bleibt aber der Inhalt. Die Frage, mit welchen Mitteln wir ans Ziel kommen, bleibt Gegenstand der Verhandlung. Und was die Sache noch schwieriger macht: Die Vorstellung, dass wir eigentlich auf dem richtigen Weg sind, ist noch immer überraschend weitverbreitet.

»Wenn man sich die klimapolitische Bilanz dieses Landes anguckt, gibt es keinen Grund zur Hoffnung, dass wir das Pariser Abkommen einhalten werden, nein: dass wir auch nur irgendetwas erreichen werden, was dem Ausmaß der notwendigen Transformation gerecht wird, die diese Krise von uns verlangt.« Ich, Luisa, höre mir selbst beim Reden zu und runzle die Stirn. Diesen Satz habe ich schon so oft gesagt, immer wieder, in persönlichen Gesprächen, in Talkshows, auf Bühnen und Podien, bei Unternehmen und in Ministerien. Jedes Mal habe ich dabei den Eindruck, dass ich doch eigentlich nur das Offensichtliche auf den Tisch bringe. Jedes Mal gucke ich dann in die Runde, in der Hoffnung, dass mich jemand glaubhaft vom Gegenteil überzeugt.

Manchmal sind die Blicke, die mir begegnen, ratlos, manchmal genervt, verständnislos oder entrüstet. Aber mit wenigen Ausnahmen sagen diese Blicke in verschiedenen Nuancen: »Wir machen doch schon.« Als würde schon alles gut werden, wenn man den eingeschlagenen Pfad nur weitergeht.

Als ich mit Christian Lindner in seinem Berliner Büro spreche, lehnt er sich auf dem Stuhl zurück, formt mit Daumen und Zeigefinger einen Kreis und erklärt, dass noch mehr Innovation, noch mehr Technologieoffenheit und noch mehr »Markt« die Dinge regeln würden.

Peter Altmaier hat den Mund noch voller Rühreibrötchen, als er mir im Spiegel-Streitgespräch wild gestikulierend darlegt, dass ein starkes Wirtschaftswachstum ohnehin die Voraussetzung für alles andere sei. Und weil das gerade so gut laufe, wie übrigens die Kolleg*innen aus den befreundeten Wirtschaftsinstituten bestätigten, müsse man damit eben »weitermachen«. Nur vielleicht noch etwas ambitionierter.

Svenja Schulze schaut in einer Talkshow am Montagabend verständnisvoll, als sie sich weit über den Tisch lehnt und mit sorgenvollem Blick anfügt: »Wir müssen noch mehr machen.« Gerade hatte der Vorstandsvorsitzende von Volkswagen, Herbert Diess, erläutert, dass auch VW jetzt »noch mehr« machen würde. Und zwar? Noch mehr Autos bauen. Elektroautos, die seien nämlich etwas weniger umweltbelastend. Die Herren in der Runde nicken, denn sie sind sich einig: Ja, so kann das was werden mit der Zukunft. Weiter so – nur noch etwas mehr.

Der französische Philosoph Jean-François Lyotard rief 1979 »das Ende der großen Erzählungen« aus.[3] Zehn Jahre später erklärte der US-amerikanische Politikwissenschaftler Francis Fukuyama, das »Ende der Geschichte« sei gekommen. Seine These war, dass die Kombination aus liberaler Demokratie und Marktwirtschaft sich schließlich als bestmögliche Gesellschaftsform durchgesetzt habe; die großen Gegenmodelle dazu, Faschismus und Kommunismus, seien im 20. Jahrhundert gescheitert. Offenbar gelinge es dem modernen Liberalismus besser als seinen historischen Alternativen, an gesellschaftlichen Widersprüchen zu arbeiten und sie zu überwinden. Nachdem sich das Marktprinzip weltweit durchgesetzt habe, werde es daher in Zukunft nur noch um die Lösung technischer Probleme gehen; zu diesen zählte der Politologe Umweltfragen und die Befriedigung von Konsumbedürfnissen.[4]

Fukuyama hat nicht Recht behalten. Aus heutiger Sicht ist das Ende der Geschichte allenfalls als Ende des menschlichen Lebens, wie wir es kennen, zu erwarten. Zumindest dann, wenn wir unsere Lebensweise nicht ändern. Die Klimakrise ist kein technisches Problem. Die Gefahr der globalen Erwärmung hätte Fukuyama 1989, als er seinen Aufsatz schrieb, und 1992, als er ein Buch daraus machte, bekannt sein müssen.

Die westlichen Industrienationen, in denen sich die Kombination von liberaler Demokratie und Marktprinzip herausgebildet und ausgebreitet hat, sind dieselben Länder, die den größten Beitrag zur Klimakrise geleistet haben.[5] Das lässt sich anhand ihrer kumulierten CO_2-Emissionen bemessen – also an der Menge zusätzlicher Treibhausgase, die durch den Menschen in die Atmosphäre gelangt sind. Ursache der Klimakrise ist die Summe der anthropogenen Treibhausgase, die sich seit 1850 in der Atmosphäre angesammelt haben.[6] Die größten Verursacher dieser Gasmengen sind die Vereinigten Staaten, China, die ehemalige Sowjetunion und – bereits auf Platz vier – Deutschland.[7] Die USA und die Staaten der heutigen EU haben zusammengenommen mehr als die Hälfte aller Emissionen ausgestoßen. Allein Deutschland trägt mit 3,8 Prozent dazu bei, und das, obwohl es heute gerade mal 1,1 Prozent der Weltbevölkerung stellt. Das PIK spricht daher von einer »historischen Verantwortung«, die Länder wie die Vereinigten Staaten, Deutschland, aber auch China (13,5 Prozent Anteil am Temperaturanstieg), Indien (7,5 Prozent) und Russland (6 Prozent) haben.[8] Wenn wir über Verantwortung in Zeiten der Klimakrise sprechen, geht es daher nicht nur darum, möglichst schnell auf Netto-Null-Emissionen zu kommen. Die vorigen Generationen hierzulande haben einen größeren Teil zu diesem Desaster beigetragen als die Menschen im Globalen Süden, die jedoch stärker von den Folgen betroffen sind und das auch zukünftig sein werden.[9] Wir tragen daher auch eine größere Verantwortung, uns alle aus dieser Misere herauszuführen.

KEIN PLANET B

Wenn alle Menschen einen Lebensstil pflegten wie der durchschnittliche Deutsche, bräuchten wir drei Planeten.[10] Und es scheint, als sei die Weltgemeinschaft trotzdem auf dem verhängnisvollen Weg dorthin: Die globalen Treibhausgasemissionen sind seit 1990 um über vierzig Prozent gestiegen.[11]

Heute wie damals gibt es keinen Anlass für die optimistische Weiter-so-Haltung, von der Fukuyamas These vom Ende der Geschichte geprägt ist. »There is no Planet B« – der Demo-Slogan bringt es auf den Punkt.

Dabei gibt es keine ernstzunehmende Begründung für die Behauptung, die Gefahren durch steigende Emissionen seien den Entscheidungsträger*innen nicht bekannt gewesen. Der Glaube, die selbstregulierende Kraft des Marktes sei ein effizientes Allheilmittel, hat die Vorstellungskraft offenbar so weit verkümmern lassen, dass Mitglieder der Bundesregierung politische Entscheidungen, die sich der Logik des Marktes beugen, öffentlich als »alternativlos« bezeichnen.[12]

Ganz gleich, ob es um die Reaktion auf die Weltwirtschaftskrise ging, die Rente mit 67 oder den Afghanistan-Einsatz der Bundeswehr: Die Bundesregierung hat diese politische Rechtfertigungsrhetorik übernommen. Zu Recht wurde »alternativlos« im Jahr 2010 zum Unwort des Jahres gekürt; es suggeriere, so die Begründung der Jury, »sachlich unangemessen, dass es bei einem Entscheidungsprozess von vornherein keine Alternativen und damit auch keine Notwendigkeit der Diskussion und Argumentation gebe«.[13]

Genau darum sollte es aber gehen: um die Diskussion von Alternativen und den Austausch von Argumenten. Um Fantasie und maximale Kreativität beim Schmieden neuartiger Pläne.

»Wie konnte es passieren, dass niemand die Krise vorhergesehen hat?«, fragte die Queen die British Academy nach der Weltfinanzkrise. Die Antwort der Wissenschaftler*innen liest sich wie eine Blaupause für den Umgang mit der Klimakrise: Es handle sich um »ein Versagen der kollektiven Vorstellungskraft vieler kluger Menschen, sowohl in diesem Land als auch international, die Risiken für das System im Ganzen zu verstehen«.[14] Es hatten also nicht nur die Gier und Rücksichtslosigkeit einzelner Akteur*innen an den Finanzmärkten in die Krise geführt, sondern auch das Unvermögen, die Folgen dieses Handelns für das gesamte System vorherzusehen.

»Too big to fail«: Man stützt sich auf große Systeme, ohne zu merken, wie langsam der Boden unter den Füßen wegsackt. Ähnliches gilt für die nukleare Havarie in Fukushima. Im März 2011 führte eine von einem Erdbeben ausgelöste Flutwelle zu einer Kernschmelze im Kernkraftwerk Fukushima Daiichi. 18500 Menschen starben durch den Tsunami, es wird geschätzt, dass bis zu 150000 Menschen ihren Wohnort aufgrund der nuklearen Verstrahlung mittel- oder langfristig verlassen mussten.[15]

Auf den ersten Blick sind dies die Opfer einer unerwarteten Flutkatastrophe, die eine Havarie in einem Kernkraftwerk nach sich gezogen hat. Auf den zweiten Blick, so argumentieren die Philosoph*innen Silja Graupe und Harald Schwaetzer, ist diese Katastrophe auch maßgeblich auf die »selbstgefällige und zugleich trügerische Sicherheit« der Ingenieur*innen des Kraftwerks zurückzuführen. Die verantwortlichen Ingenieur*innen seien noch im Moment des Erdbebens, das den Tsunami auslöste, fest davon ausgegangen, dass ihr Kraftwerk und die Atomkraft im Allgemeinen sicher seien, schreiben Graupe und Schwaetzer. »Dieser Glaube wandelte sich beim Aufprall der Flutwelle auf das Gelände des Kraftwerks in absolute Fassungslosigkeit: Die

Personen saßen mit einem Mal im völligen Dunkel eines sonst lichtgefluteten Kontrollraums, im Schein ihrer Taschenlampen sahen sie die Strahlungswerte auf ihren Instrumenten in unbegreifliche Höhen schnellen, bevor diese Instrumente ganz ausfielen und fortan stumm blieben.«[16]

Die verantwortlichen Personen konnten sich schlichtweg nicht vorstellen, was passieren würde, deshalb wiegten sie sich bis zum Eintritt des Ereignisses in Sicherheit. Um eine Katastrophe wie Fukushima gar nicht erst zu ermöglichen (etwa, indem man auf den Bau einer solchen Anlage in unmittelbarer Meeresnähe verzichtet hätte), stellen die beiden Philosoph*innen fest, »hätte es der Fähigkeit bedurft, für diesen Ort und diese Zeit spezifisch bewusst zu entscheiden [...] und das Leid und die Probleme von Mensch und Natur nicht nur in und um Fukushima, sondern für die gesamte Welt und die unzähligen Generationen nach uns tatsächlich zu imaginieren und aufgrund dieser Imagination ins Herstellen zu kommen«.[17]

Es war also kein rein technisches Problem (zu dünne oder niedrige Mauern, mängelbehaftete Sicherheitstechnologie, nicht ausgereifte Frühwarnsysteme) oder die unerwartete Flutwelle, die zur Katastrophe führten. Ursächlich war vielmehr das Fehlen der Fähigkeit, sich die dramatischen Folgen vorzustellen, ihr mögliches Eintreten zu akzeptieren – und auf dieser Grundlage zu handeln.

Was hat das mit der Klimakrise zu tun? Die Folgen der Klimakrise lassen sich nicht durch singuläre Ereignisse wie der Havarie von Fukushima I begreifen – sie drücken sich in einer Vielzahl unterschiedlicher Vorkommnisse aus: Extremwetter, Hitzewellen, Überschwemmungen, Stürme, Gletscherschmelzen, steigender Meeresspiegel, Artensterben und so weiter. Das heißt auch, dass die Zusammenhänge zwischen einer Handlung und ihren konkreten Folgen selten direkt greifbar werden und in ihrem Kausalzusammenhang zu erkennen sind.

Umso dramatischer ist daher der Schluss, den wir für den Umgang mit der Krise ziehen müssen. Es geht darum, eine Fantasie zu trainieren, die die Folgen unseres Handelns für zukünftige Generationen und andere Weltregionen erfassen kann.

Und dann schaltet man den Fernseher ein. Armin Laschet bei Anne Will am Abend der Europawahl im Mai 2019: In einem antiquiert wirkenden Ledersessel sitzend erklärt der stellvertretende Vorsitzende der mächtigsten deutschen Partei besorgt, dass er sich auch nicht erklären könne, warum das Klima so »plötzlich« auf der Agenda gelandet sei. Vielleicht hat er ja einfach nicht mitbekommen, was in den fünf Monaten zuvor um ihn herum passiert ist. Andauernde Klimakrisen hatten die Welt gelähmt; das Jahr 2018 war zu einem der wärmsten seit Beginn der Wetteraufzeichnungen erklärt worden – und zum Jahr mit der höchsten globalen Gesamtemission in der Geschichte der Menschheit. Junge Menschen hatten deswegen in jedem Bundesland für wirksame Maßnahmen gegen die Klimakrise demonstriert.

Einige Monate früher: Verkehrsminister Andreas Scheuer beim Neujahrsempfang des Verbandes der Automobilindustrie. Er freut sich, dass man ja hier »unter Freunden« spreche und lehnt eine Debatte über Tempolimits, über die Gesundheitsrisiken durch Feinstaub oder höhere Spritpreise kategorisch ab. Allerdings müsse man den Fokus auf den Zuwachs von Elektroautos setzen.[18] Zugleich predigt Wirtschaftsminister Peter Altmaier unentwegt, dass Klimaschutz nicht »auf Kosten von Wohlstand und Arbeitsplätzen gehen«[19] dürfe.

Natürlich ist Elektromobilität ein wichtiger Baustein auf dem Weg in eine zukunftsfähige Gesellschaft. Doch um unsere verhängnisvolle Abhängigkeit von fossilen Energieträgern zu überwinden, müssen wir Mobilität in den Städten neu denken, statt das ganze Land mit neuen Elektroautos zu fluten und sonst alles beim Alten zu lassen. Kostenloser Nahverkehr wie in Luxemburg oder eine (nahezu) autofreie Innenstadt, wie sie in Bremen geplant ist, sind erste Schritte in diese Richtung. Und diese Investitionen in den öffentlichen Nah- und Fernverkehr schaffen neue Arbeitsplätze.

Die Laschets, die Scheuers, die Altmaiers dieses Landes – sie stehen exemplarisch für eine politische Führung und für Entscheidungsträger*innen, die Innovationsgeist und Zukunftseuphorie in derart homöopathischer Dosierung versprühen, als hätten wir mit all dem noch ewig Zeit. Unendlich leichter fällt es ihnen, zu betonen, was alles schiefgehen könnte, wenn plötzlich die AfD, die Gelbwesten, die Geringverdiener*innen oder Spitzensteuerzahler*innen, die Eigentümer*innen, Mieter*innen oder die Industrie auf irgendwelche Barrikaden gingen; und wie wichtig es doch daher sei, Maß zu halten.

DER MANGEL AN VORSTELLUNGSKRAFT

»Wir haben verlernt zu träumen«[20], fasst der Sozialpsychologe Harald Welzer die Lage zusammen. Das macht etwas mit einer Gesellschaft, das macht etwas mit einer Generation: Wenn einem nicht vorgelebt wird, zu träumen, groß zu denken, Visionen zu entwickeln und sich loszumachen vom Status quo, woher soll dann der Drang kommen, die Ärmel hochzukrempeln? Müssen wir alles aus unseren eigenen Lebensläufen schöpfen?

Es ist keine Option, die Zukunft rechten Demagog*innen zu überlassen, die sich in völkischen und rassistischen Fantasien eine Welt zurückwünschen, die es nie gegeben hat. Aber auch nicht einer technokratischen Elite, die es sich in der Trutzburg »alternativloser« Politikvorschläge gemütlich gemacht hat. Der Journalist Robert Misik spricht in diesem Zusammenhang von einem *myth gap* der Progressiven, einer »Mythenlücke«, die es zu überwinden gelte. Er zitiert dazu aus einer Diskussion auf der Plattform *open democracy.net*: »Während unsere Instinkte dahin gehen, den Lügen und Verzerrungen mit Fakten und Daten zu begegnen, ist die wirkliche Herausforderung, die Rechten auf dem Feld der Mythenproduktion und des Storytelling zu schlagen.« Misik schließt daraus: »Es braucht also ein Narrativ, in das sich all die Fakten, Daten und Positionen zu Sachfragen einfügen.«[21]

Mythos, Erzählung, Vision, Utopie. Wie auch immer wir es nennen – die Welt von morgen, die Welt, die wir uns erträumen, sollte ein Sehnsuchtsort sein. Wenn uns dieser Ort fehlt, laufen wir Gefahr, im zähen und komplizierten Alltag demokratischer Prozesse das Ziel aus dem Blick zu verlieren. Auch wir können diese Vision nicht aus dem Hut zaubern. Wenn es so einfach wäre, hätten wir das Problem bereits gelöst.

Im September 1962 versprach US-Präsident John F. Kennedy, noch im selben Jahrzehnt einen Menschen auf den Mond zu bringen. Wie das technisch funktionieren sollte, war zu diesem Zeitpunkt noch völlig unklar. Der russische Kosmonaut Juri Gagarin hatte die Erde im selben Jahr zwar bereits umrundet, doch hatte Alan Shepard, der erste Amerikaner im All, damals gerade einmal 15 Minuten im Weltraum verbracht. Das Apollo-Projekt, wie Kennedy seinen Plan zur Mondlandung taufte, war eines der bis dahin größten, teuersten und ehrgeizigsten Vorhaben der Weltgeschichte. 25 Milliarden Dollar flossen bis 1972 in dieses wahnwitzige Anliegen, das entspräche heute etwa 150 Milliarden Dollar. Der Raumfahrtbehörde NASA standen bis zu vier Prozent des US-Haushalts zur Verfügung. Zum Vergleich: Die Ausgaben der Bundesregierung für Klimaschutz betrugen im Jahr 2016 gerade einmal 3,34 Milliarden Euro,[22] der Bundeshaushalt für das gleiche Jahr lag bei 316,9 Milliarden Euro.[23] Nur ungefähr ein Prozent des Bundeshaushalts wird für Klimaschutz ausgegeben. Der Verteidigungshaushalt ist rund zehnmal größer.

In seiner Rede begründete Kennedy das Mammut-Projekt so: »Wir haben uns entschlossen, in diesem Jahrzehnt zum Mond zu fliegen und noch andere Dinge zu unternehmen, nicht weil es leicht ist, sondern weil es schwer ist, weil das Ziel dazu dient, das Beste aus unseren Energien und Fähigkeiten zu organisieren und zu messen, weil die Herausforderung eine ist, der wir uns stellen wollen, die wir nicht verschieben wollen und die wir zu gewinnen beabsichtigen, genau wie die anderen auch.«[24]

Aus guten Gründen wurde das Apollo-Projekt kritisiert. Viele fanden, dass unverhältnismäßig viel Geld in die Mondlandung investiert wurde und erkannten darin vor allem ein egozentrisches Wetteifern mit der sowjetischen Konkurrenz. Gleichzeitig spricht aus diesem Vorhaben eine Zukunftsmotivation und eine Bereitschaft, sich von Sachzwängen zu lösen, die es heute wieder bräuchte.

Wie wäre es also, wenn Angela Merkel in ihrer Neujahrsrede sagen würde: »In Verantwortung für unsere Lebensgrundlagen und das Recht zukünftiger Generationen auf ein würdevolles Leben und im Bewusstsein unserer historischen Verantwortung als Industrienation wollen wir zeigen, dass eine nachhaltige, gerechte und wirtschaftlich stabile Gesellschaft in Zeiten der Klimakrise möglich ist. Deshalb haben wir uns entschlossen, unsere Treibhausgasemissionen in den nächsten 15 Jahren auf Netto-Null zu senken und ein internationales Vorbild für gerechten Klimaschutz zu werden. Nicht weil es leicht ist, sondern weil es schwer ist, weil das Ziel dazu dient, das Beste aus unseren Energien und Fähigkeiten zu organisieren und zu messen, weil die Herausforderung eine ist, der wir uns stellen wollen, die wir nicht verschieben wollen und die wir zu gewinnen beabsichtigen.«

Wir müssen nicht schon heute im Detail wissen, wie die Welt von morgen und übermorgen aussehen wird. Aber wir müssen uns wieder trauen, die großen Herausforderungen anzugehen. Mit großen Visionen und mit großem Mut.

4

DIE KLIMAKRISE IST KEINE INDIVIDUELLE KRISE

- How did humans react to the climate crisis?
- They succeeded thanks to collective enlightenment and the greatest spirit of their leaders to revolutionize their economic system.
- Really?
- No, just kidding. They banned plastic straws and ate organic food once in a while.
- And?
- That's it. They went extinct.

(Ein Twitteruser)

Podiumsdiskussion in Hamburg. Ich, Luisa, bin übermüdet. Ich sitze auf einem durchgesessenen Sofa und beantworte Fragen zur Zukunft der Klimabewegung. Auf der Zugfahrt zur Veranstaltung habe ich versucht, noch ein bisschen zu schlafen, war aber von meinem Sitznachbarn erkannt worden. Für ihn war das die Gelegenheit, mir anderthalb Stunden lang zu erklären, warum die Beschäftigung mit potentiell gesundheitsschädlichen 5G-Netzen das Gebot der Stunde sei. Höflich hatte ich ihm zu signalisieren versucht, dass ich zu tun hätte. Erfolglos.

Jetzt ist es dunkel im Saal; so dunkel, dass man fast einschläft, bevor auch nur der erste Satz gesagt ist. Zweieinhalb Wochen vor der Europawahl ist der Terminkalender immer voller geworden und die Nächte waren immer kürzer. Es gibt keinen Kaffee. Zum Glück sitzt eine Wissenschaftlerin mit mir auf dem Podium. Sie kann in einer Art und Weise von der Klimakatastrophe erzählen, wie man es selten hört. Ich bin tief beeindruckt von dieser Mischung aus Kenntnisreichtum, Drastik und Betroffenheit – und außerdem dankbar, dass es eine Frau ist, die hier so redet. Von ihr, Friederike Otto, wird man noch viel hören.

Wie in fast jedem Interview und auf den allermeisten Podien und in Talkrunden kommt natürlich kurz vor Schluss eine Frage, die mittlerweile längst zum Muss einer jeden Klimadiskussion geworden ist: »Und was machst du persönlich im Alltag für das Klima, worauf verzichtest du – was kann jede*r Einzelne tun?« Bevor mir das Mikro in die Hand gedrückt wird, haben die drei anderen auf dem Podium schon erzählt, wie sehr sie es empfehlen könnten, mit dem Fahrrad zur Arbeit zu fahren (mit Helm natürlich) und einen fleischfreien Tag in der Woche einzulegen, und dass man, na klar, auch wählen gehen müsse. Ich aber sitze da, blinzele ins Publikum und frage mich, ob ich eigentlich die Einzige bin, die diese Situation absurd findet.

Da sitzen wir fast zwei Stunden und besprechen die größte und wohl komplexeste Krise der Menschheitsgeschichte. Wir betonen, wie wichtig es ist, an den großen Stellschrauben zu drehen, systemische Fragen zu stellen, einen strukturellen Wandel einzuleiten, weil wir nur noch so wenig Zeit haben, den ganzen Laden zu dekarbonisieren. Womit die Menschen aber aus Diskussionen wie dieser entlassen werden, ist die völlig erwartbare Antwort auf die Klimaschutz-im-Alltag-Frage. Das soll der letzte Gedanke sein, der formuliert wird? Das soll hängenbleiben? Mehr Fahrrad fahren und Tofu braten, damit wir uns gut fühlen? Ein komplexes Problemfeld, auf das wir sehr schnell mit einer grundlegenden Veränderung unserer Wirtschafts- und Lebensweise antworten müssen, wird so in ein, zwei Sätzen auf eine individuelle Konsumfrage reduziert.

Ich nehme das Mikro und entgegne, dazu in der Form nichts sagen zu wollen. Ich bin generell eher kritisch gegenüber Fragen, die in meinen Augen recht undifferenziert sind. Aber erst auf diesem Podium fällt mir auf, wie fatal dieses Gesprächsmuster ist. Allein die Tatsache, dass kaum ein Interview ohne diese Frage auskommt, spricht Bände. Bände darüber, wie überfordert wir sind. Seit diesem Abend habe ich nie wieder uneingeschränkt auf diese Frage geantwortet. Meine Antwort lautet nun: »Ja, ein ökologisches Leben kann großartig sein, bereichern und Spaß machen. Ich ermutige alle, die die Möglichkeit haben, es auszuprobieren. Aber entscheidend ist, dass gemeinsam Druck aufgebaut wird, die Strukturen zu verändern.«

In der Theorie der politischen Ökonomie kann die Klimakrise als »Tragedy of the Commons« bezeichnet werden, was sich im Deutschen als »Tragik der Allmende« übersetzen lässt. Der Begriff wurde bereits im Jahr 1833 durch den britischen Wirtschaftswissenschaftler William Forster Lloyd geprägt, um ein Problem zu beschreiben, das entsteht, wenn eine offen zugängliche Ressource von verschiedenen Akteur*innen geteilt wird: Ein Brunnen oder eine Allmendweide, auf der alle Dorfbewohner*innen ihre Tiere grasen lassen dürfen. Wenn jede*r aus Eigeninteresse mehr von dieser Ressource nutzt, als er oder sie sollte, sprich mehr Tiere auf der Weide grasen lässt, als Gras nachwachsen kann, resultiert daraus eine Übernutzung. Die wiederum schadet allen, und die Gemeinschaft aller Nutzer*innen steht vor einem Problem. Alle würden gern mehr vom Allgemeingut haben. Wenn sich jedoch jede*r zu viel davon nimmt, bleibt schlimmstenfalls am Ende für niemanden mehr etwas übrig. Im Jahr 1968 machte der Ökologe Garrett Hardin den Ausdruck »Tragedy of the Commons« mit einem Aufsatz berühmt. An Beispielen wie der Übernutzung von Nationalparks, der Umweltverschmutzung und der steigenden Weltbevölkerung zeigte Hardin, warum es in einer Welt mit endlichen Ressourcen kein unendliches Wachstum geben kann.[1]

Im Falle der Klimakrise ist das geteilte Gut, »the common«, die Summe der globalen CO_2-Senken.[2] Als »Senken« werden die Orte bezeichnet, die CO_2 aufnehmen, sprich speichern. Das sind vor allem Meere, Wälder, Böden und zuletzt natürlich die Atmosphäre. In diesen Senken lagert das CO_2, das von Menschen zusätzlich dem Kohlenstoffkreislauf zugeführt wird – in erster Linie durch das Verbrennen der fossilen Energieträger Kohle, Öl und Gas.[3]

Die 1331 Tonnen CO_2, die dem Kohlenstoffkreislauf in jeder Sekunde durch menschliche Aktivitäten hinzugefügt werden, müssen irgendwohin. Die Höhe der globalen Emissionen übersteigt aber die Kapazität, die zusätzlichen Einträge ohne größere Katastrophen aufzunehmen.

Deshalb richten sie enorme Schäden an: Zunächst durch die beispiellose Belastung der Atmosphäre mit CO_2, was den Treibhauseffekt so sehr verstärkt und zur globalen Erwärmung führt. Aber auch in den Meeren, wo das CO_2 zusammen mit dem Wasser zu Kohlensäure reagiert. Dies senkt den pH-Wert des Wassers, führt dadurch zur Versauerung der Ozeane und belastet Lebewesen und Pflanzen. Der Kalk in den Schalen von Muscheln und Schnecken z.B. wird gelöst. Der übermäßige Ausstoß von CO_2 führt aber auch dazu, dass die grundsätzliche CO_2-Aufnahmekapazität der Ozeane maßgeblich sinkt und dementsprechend mehr CO_2 in die Atmosphäre gelangt, was die globale Erwärmung weiter beschleunigt.

Kurzum: Menschengemachte Prozesse setzen weltweit die unvorstellbare Menge von über 40 Gigatonnen CO_2 im Jahr frei. Dieses klimazerstörende Gas überreizt die großen Senken, was in einer komplexen Dynamik zu einer Vielzahl kleiner und großer Katastrophen führt. Würde von allen weniger CO_2 ausgestoßen werden, könnten die Senken den menschengemachten Input abfedern. Doch weil das Gegenteil der Fall ist, steht das ganze System vor dem Kollaps.

Die verhängnisvolle Tendenz zur Übernutzung der Allmende ist jedoch kein Naturgesetz. Die Ökonomin Elinor Ostrom hat gezeigt, wie es dem Menschen bei anderer Gelegenheit immer wieder gelungen ist, das gemeinsame Gut so zu nutzen, dass es für alle dauerhaft erhalten blieb. Sie hat Hunderte Beispiele gesammelt, bei denen Ressourcen auf regionaler Ebene nachhaltig genutzt wurden, sodass gemeinsame Spielregeln der Kooperation bis heute die Zukunft der Allmende sichern.[4]

Im Idealfall würden sich jetzt alle, die zur Übernutzung des Systems beitragen, zusammentun. Sie würden dann entscheiden, was getan werden müsste, damit sie alle weiterhin die geteilte Ressource nutzen können, ohne Schaden anzurichten. Das wurde bereits versucht: Entsprechende Maßnahmen sind im Kyoto-Protokoll und später im Pariser Abkommen vereinbart worden – nur bisher ohne der Krise ein Ende zu setzen.

Entscheidend ist nämlich, dass nicht alle Beteiligten gleichermaßen zu dieser Tragödie beitragen, und dass sie durch ihr jeweiliges Handeln nicht im selben Maß profitieren oder zu Schaden kommen. Die hundert Firmen, die für 71 Prozent der Treibhausgase der vergangenen 30 Jahre verantwortlich sind, schicken – um bei der Metapher der Allmendweide zu bleiben – ihre Tiere in riesiger Zahl auf die Weide, erfreuen sich am zusätzlichen Einkommen und werden von den langfristigen Schäden an der Weide zunächst nicht tangiert. Die Manager*innen dieser Unternehmen, also die bereits erwähnte fossile Elite, könnten sich neue Spielregeln für ihre Arbeit geben. Sie könnten ihren Unternehmen durchaus vorschreiben, sukzessiv immer weniger fossile Rohstoffe auszugraben – also die Anzahl der Tiere auf der Allmendweide Stück für Stück zu reduzieren. Aber warum sollten sie?

Weder die führenden Unternehmen des fossilen Systems, noch die Menschen, die in den CO_2-schweren Staaten leben, bekommen diese Überlastung der Senken derzeit zu spüren. Andere haben zwar viele Gründe, Veränderungen zu befürworten, die die Übernutzung der Senken stoppen, aber nicht die Macht, sie einzuleiten. Sie selbst haben nur wenige Tiere auf der Weide und können nicht mitreden.

Was könnte der Anreiz für Entscheidungsträger*innen sein, die Strukturen, die für die fatale Emission von 37 Gigatonnen im Jahr verantwortlich sind, aufzubrechen? Welcher Appell müsste an wen gerichtet werden, um unser CO_2-basiertes Wirtschaftssystem zu transformieren? Energieinfrastrukturen, die Landwirtschaft, der Verkehr und weltumspannende Transportsysteme müssten rechtzeitig so ausgelegt werden, dass sie die Menge der globalen Emissionen deutlich senken.

Es gibt Akteur*innen, die das verstanden haben und mit gutem Beispiel vorangehen: große Unternehmen wie Bosch, die sich zur CO_2-Neutralität bekennen.[5] Länder wie Costa Rica[6], dessen Stromerzeugung fast vollständig auf erneuerbare Energieträger ausgerichtet ist. Politische Vertreter*innen, die sich entschlossen im Kampf gegen die Klimakrise einbringen, wie Helen Clark, die ehemalige Premierministerin Neuseelands, die vorhatte, das Land bis 2025 klimaneutral zu machen. Doch das reicht nicht. Wir müssen feststellen, dass all diese Initiativen nicht genug bewirkt haben. Auch nicht diejenigen aus der Bevölkerung selbst, die ja durchaus bereit sind, ihren Lebensstil zu ändern.

Im Jahr nach meinem Abitur entschied ich, Luisa, mich, eine Weile auf dem Land zu leben. Nachdem ich fast mein gesamtes Leben in Hamburg verbracht hatte, fand ich, es sei an der Zeit, zumindest ansatzweise zu lernen, wie Landwirtschaft funktioniert. Nachdem ich mich kurzzeitig auf eine kleine Schafsfarm verirrt hatte, zog ich schließlich in eine südenglische Community. Zwanzig Freiwillige aus der ganzen Welt experimentierten dort mit verschiedenen Wohn- und Lebensmodellen.

Ich verbrachte knapp zwei Monate dort und lernte vermutlich mehr als in den letzten beiden Schuljahren zusammen. Wir hatten uns vorgenommen, so bewusst im Einklang mit der Umwelt und ihren natürlichen Ressourcen zu leben wie nur möglich. Nicht mehr als einmal in der Woche fuhren wir zu einem Supermarkt, um das zu kaufen, was wir nicht selbst anbauten. Die Räume wurden funktional aufgeteilt. Kaputtes wurde repariert, Messer geschmiedet, Alkohol aus Holunderblüten gebraut, kompostiert wurde anhand eines Ordnungssystems mit zwanzig verschiedenen Behältern. Auf diese Weise hatten wir ein eigenes Mikro-Energiesystem entwickelt und haushalteten mit dem, was wir zur Verfügung hatten. Der einzige regelmäßige Konsum war das Bier, das wir Freitagabend tranken, während wir Dart spielten im Pub die Straße runter.

Wir hatten uns viele Gedanken darüber gemacht, wie das funktionieren kann: ein Leben zu führen, das unsere »Lebensgrundlage« erhält. Leicht war es nicht, ganz im Gegenteil. So viele Male fand ich es nervig und undankbar, mich wesentlich länger mit der Verwertung von Kartoffelschalen zu beschäftigen als mit dem Verzehr der Kartoffeln selbst. Oder stundenlang das Sortiment kleiner Läden abzusuchen, um auch noch die letzte Plastikverpackung zu vermeiden. Es kostet viel Energie, so weit wie möglich dem chaotischen Tempo einer Welt Einhalt zu gebieten, in der es darum geht, von allem immer mehr zu bekommen. Es im Kleinen zu wagen, die große Sinnfrage zu stellen. Am letzten Abend in meiner Kommune fragte ich mich, ob es das nun wohl war, das gute Leben?

Ich hatte meine Gummistiefel noch in der Hand, als ich einen Tag später auf der Londoner Oxford Street stand. Und ich werde ihn nie vergessen, diesen Moment, als mich der plastikverpackte Wahnsinn der Postmoderne überrollte. Diese Menschenmassen, die da an mir vorbeirauschten, rechts und links, dicht an dicht, hektisch schwitzend, zwischen dröhnenden Bussen und hupenden Autos. Rein in die Geschäfte, schwer beladen, immer weiter – Summer Special, Super Sale. Und alles in Plastik, voll beladene Regale bis zur Decke.

Ich erinnerte mich an die vielen Male, bei denen wir noch den letzten Rest des Essens verwertet, Klamotten genäht und getauscht – und dabei das schöne Gefühl hatten, einen Unterschied zu machen. Weil ja jede Vermeidung von Plastikmüll und unnötigem Konsum einen Unterschied macht. Oder etwa nicht? Wie ich da so stand, inmitten dieser hyperventilierenden Menschenmenge, da war es, als wollte mir die Welt sagen: »Nice try, honey.« Im ersten Moment dachte ich, die Welt hätte sich vergessen. Dann fiel mir auf, dass ich die Welt vergessen hatte.

DER LUXUS, FAHRRAD ZU FAHREN

Wir brauchen keine panisch geführte Verzichtsdebatte, aber eine Debatte über das gute ökologische Leben. Ein Leben, in dem die positive Klimabilanz mit Genuss und Luxus assoziiert wird. Ein maßvoller Konsum, der im Einklang mit ökologischen Kreisläufen und der Rücksicht auf menschenrechtliche Standards ist, kann entscheidend zu einer besseren Zukunft beitragen. Das beste Beispiel dafür ist das Fahrrad. Ist es einmal produziert (wobei die Energiebilanz der Produktion noch verbesserungsfähig ist), ist es dafür geschaffen, lange zu halten. Es hat im Gebrauch die beste Energiebilanz und ist der Gesundheit förderlich. Und es hat einen vielfach unterschätzten Effekt der Selbstermächtigung: Wer Fahrrad fährt, verfügt über wahre Bewegungsfreiheit. Das einzige, was ein Fahrrad braucht, ist – von einem bisschen Kettenfett abgesehen – die Zeit, die man sich nimmt, damit zu fahren. Aber: Auch Fahrräder machen einen nicht schneller, wenn man mehrere davon besitzt.

Der Luxus eines intakten und guten Fahrrads steht stellvertretend für einen Lebensstil, dessen Kern kein blinder Konsum zu Lasten des Planeten (und oftmals auch der eigenen Gesundheit) ist – sondern ein Leben, das sich bewusst der wertvollsten Ressource überhaupt bedient: der Zeit.

Es bedarf dazu nur der passenden Infrastruktur. Ja, es liegt in der Hand jedes Einzelnen, sich ein schnelles Fahrrad oder eben keines anzuschaffen, eines zu fahren oder eben nicht. Es liegt aber außerhalb der individuellen Macht, die Fahrradinfrastruktur so auszustatten, dass sie gefahrlos zu nutzen ist, zum Beispiel für Kinder. Außerdem liegt es nicht in der Macht des Individuums, flächendeckend Orte zu schaffen, wo Fahrräder abgestellt werden können, ohne dass sie geklaut werden. Oder Verkehrsnetze so auszugestalten, dass Fahrräder annähernd mit anderen Verkehrsmitteln konkurrieren können. Niemand wird jeden Morgen mit einem Fahrrad, und sei es noch so schön, zur Arbeit fahren, wenn die Fahrt nicht nur als lebensbedrohlich erscheint, sondern auch eine Odyssee ist durch eine von Emissionen belastete Innenstadt ist.

Die Freiheit des oder der Einzelnen, sich klimafreundlich zu verhalten oder eben nicht, erscheint, in einer vom fossilen Kapitalismus befeuerten Welt, allzu oft als eine Scheinfreiheit. Jedenfalls, solange der Einsatz des Individuums kaum einen messbaren Effekt auf die klimaschädliche Gesamtbilanz hat. Solange, wie unklar ist, welcher ökologische Preis durch jedes einzelne Produkt gezahlt wird und wie ökologische Kosten in den Konsum eingepreist werden.

DAS GRÜNE SCHULDGEFÜHL

Als »Green Guilt«, grüne Schuld, bezeichnen Wissenschaftler*innen das Gefühl, das auftritt, wenn der Versuch, »alles richtig zu machen«, chronisch scheitert. Wenn das eigene Bemühen, Teil der Antwort zu sein, den lähmenden Beigeschmack offensichtlicher Wirkungslosigkeit hat. Wenn man nach Jahren des fleißigen Mülltrennens feststellt, dass in den Entsorgungssystemen doch wieder alles zusammengekippt wird; wenn man feststellt, dass »Fair« gar nicht immer fair bedeutet; wenn niemand mehr weiß, warum eigentlich der Regenwald abgeholzt wird, sich aber alle irgendwie schuldig fühlen, die einmal ein Stück Tofu gegessen haben.

Nebenbei führt die grüne Schuld zu einem absurden gegenseitigen Beäugen. Wer bekommt es am besten hin, sich in diesem Wahnsinn möglichst umweltfreundlich und klimaschonend zurechtzufinden? Dabei wissen doch alle, dass man niemals alles richtig machen kann.

Grüne Schuld ist der Schlag ins Gesicht einer Gesellschaft, die sich den Dialog wünscht, die von den wirklich entscheidenden Gesprächspartner*innen aber nicht zum Gespräch zugelassen wird. Und die dann, statt wütend die Tür einzutreten, ein Zero-Waste-Picknick im Park veranstaltet. Ein Picknick, das, für sich genommen, wunderbar ist und Spaß machen kann. Das aber trotzdem keine Antwort gibt auf die Frage, wie wir unsere Welt so schnell wie möglich so umgestalten, wie es nötig wäre.

Unterdessen macht die Industrie ganz ungestört weiter und nutzt das gewachsene Umweltbewusstsein für neue Absatzmärkte von Produkten, die handgemacht aussehen oder mit Chiasamen dekoriert sind. »Bei sich selbst anfangen«, das wird nun als Ultima Ratio der individuellen Handlungsfreiheit missverstanden, als könne jede*r etwas zur Lösung der Krise beitragen, wenn nur der Wille da ist. So wird eine Krise, die eine gesamtgesellschaftliche oder vielmehr globale ist, ins Private verschoben.

Wenn am Ende jeder Diskussion über das Klima die Frage

»Was kann jeder Einzelne tun?« gestellt wird, zeigt sich, dass sich unsere Gesellschaft nicht mehr als Gesellschaft versteht, sondern als Ansammlung Einzelner, deren politischer Einfluss sich auf ihren Einkaufszettel beschränkt. Die privatisierte und individualisierte Klimakrise erscheint so als ein Problem, das von Einzelnen ausgelöst wurde und folglich von Einzelnen auch wieder behoben werden kann.

DIE BASELINE VERSCHIEBEN

Und jetzt? Man könnte denken, dass da eben nichts zu machen ist, im Großen und Ganzen. Das ist nachvollziehbar. Man zieht sich also zurück, weg von dieser überwältigenden Krise, man konzentriert sich auf das eigene Leben und akzeptiert die eigene Machtlosigkeit. Im Großen entsteht so eine buchstäblich ohnmächtige Gesellschaft. Dass das aber nicht alle so sehen, macht die Sache spannend. Es gibt bereits eine kritische Masse, die sagt: »Ich will was machen.« Eine Masse von Menschen, die Teil der Antwort sein wollen und mitmischen im Team der Macher*innen. Immer mehr Menschen halten diese Aussicht für erstrebenswert. Zu Recht.

Bis wir so weit sind, dass ein Lebensstil mit minimalem ökologischen Fußabdruck in den Alltag eines Normalbürgers integrierbar ist, muss sich noch viel ändern. Sehr viel sogar. Denn am Ende muss die klimafreundliche Konsumentscheidung stets auch die intuitive, günstige und bequeme sein. In seinem Buch *Ökoroutine*[7] beschreibt der Umweltwissenschaftler Michael Kopatz diesen Zustand als Umkehrung der herrschenden Verhältnisse: Heute geht es in der Regel mit einem Mehraufwand einher, sich ökologisch zu verhalten, zu konsumieren und sich zu bewegen; es ist eine Frage des Geldes, sich umweltfreundliche Alternativen überhaupt leisten zu können und ein Privileg, sein Leben danach auszurichten.

Am Ende muss die sogenannte Baseline, also der große gesellschaftliche und wirtschaftliche Rahmen, eine ökologische sein. Auch dann noch wäre es jedem Einzelnen möglich, sich umweltschädlich zu verhalten; das würde aber zum Sonderfall. Und zwar ein Sonderfall, für den der oder die Betreffende dann auch die gesellschaftlichen Mehrkosten tragen muss. Wer rauchen möchte, kann das ja nach wie vor tun, nur ist es nicht intuitiv, dass es günstiger oder bequemer ist, zu rauchen, als darauf zu verzichten.

Die Tatsache, dass einkommensschwächere Haushalte durchschnittlich einen geringeren ökologischen Fußabdruck hinterlassen, lässt sich weniger auf bewussten ökologischen Konsum zurückführen als auf erzwungene Sparsamkeit. Das ist nicht die Lösung, die wir wollen. Absurderweise sind aber gerade die Haushalte, die über sich selbst angeben, umweltbewusst zu wirtschaften, auch diejenigen mit dem höheren CO_2-Fußabdruck.

Solange die Rahmenbedingungen also nicht grundlegend verändert werden, ist Konsumkritik allein wirkungslos, denn sie verspricht keine nachhaltige Antwort auf die großen Fragen. Wenn der Wandel bewirkt werden soll, kann Konsumkritik nicht mehr sein als ein Anfang.

Man stelle sich vor, es würden nur noch Produkte zugelassen werden, bei denen der Hersteller einen geschlossen Ressourcenkreislauf garantieren kann. Es müsste doch eigentlich selbstverständlich sein, dass man einen Markt nicht mit Gütern fluten darf, bei denen es kein Konzept dafür gibt, was mit ihnen passiert, wenn sie alt, kaputt oder nicht mehr in Gebrauch sind. Dieses Problem stellt sich, in einer immer stärker digitalisierten Welt, zum Beispiel bei fast allen elektronischen Geräten. Es ist löblich, sein Handy selbständig zum Recyclinghof zu bringen. An den großen Stellschrauben muss trotzdem anderswo gedreht werden. Und dazu braucht es eine Masse, die sich organisiert. Indem sie bestimmte Produkte boykottiert. Oder, besser noch, indem sie Druck auf der Straße ausübt, in Institutionen und an der Wahlurne. Es reicht einfach nicht, ab und zu mal veganen Käse zu kaufen.

»Das Thema globale Erwärmung ist aus meiner Sicht eines der wichtigsten umweltpolitischen Themen, das wir behandeln müssen. Und deshalb werde ich mit allem Nachdruck versuchen, möglichst viele Erfolge in Berlin zu erreichen, auch wenn der Prozess auch mir oft zu langsam geht.«

»Gretchenfrage zum Schluss an Sie, Frau Merkel, was tun Sie privat? Trennen Sie ihren Hausmüll, benutzen Sie privat Bus und Bahn, stellen Sie beim Zähneputzen das Wasser ab?«

Frau Merkel trennte Müll, zumindest zur Zeit dieses Fernsehinterviews aus dem Jahr 1995. Da war sie noch Umweltministerin.[8]

5

DIE KLIMAKRISE IST EINE VERANTWORTUNGSKRISE

Seit meiner Teenagerzeit beschäftige ich, Luisa, mich mit der Klimakrise. Ein einziges Mal habe ich in all diesen Jahren in Erwägung gezogen, aufzugeben. Die Klimakrise einfach Krise sein zu lassen und mich anderen Dingen zuzuwenden. Dieser Moment kam nachts, drei Monate bevor dieses Buch veröffentlicht wurde.

Ich saß in meiner WG in Göttingen am Schreibtisch und versuchte, wie so oft, zu verstehen, warum wir nicht längst etwas getan hatten. Meine produktivsten Stunden waren in der Regel die nach 12 Uhr nachts, wenn mein Handy stiller wurde und in meinem Kopf etwas Ruhe einkehrte, um die Gedanken kreisen zu lassen.

Die Fenster standen in solchen Nächten weit offen, manchmal wehte eine leichte Brise. Meine Wohnung liegt mitten in der Altstadt, die Geräuschkulisse des Göttinger Nachtlebens hallt bis in mein Zimmer hinein. Sie ist das Einzige, was neben dem Klicken auf der Tastatur und dem gelegentlichen Rascheln meiner Notizblätter zu hören ist. Auf meinem Schreibtisch türmten sich Bücher von klugen Menschen, die über so vieles von dem, was mich in diesen Monaten beschäftigte, geschrieben hatten. Schon vor Jahrzehnten hatten diese Menschen vor der Klimakatastrophe gewarnt. Was hatten sie übersehen?

Ein paar Stunden davor hatte ich mit einem Kumpel darüber gescherzt, ob wir wohl immer noch so viel Mate trinken würden, wenn wir mal Eltern sein sollten. Ob wir es uns vorstellen konnten, einmal in die Gegenden zurückzuziehen, in denen wir aufgewachsen waren. Wir hatten überlegt, ob wir in Deutschland alt werden wollten, und ob wir wohl den Tag erleben würden, an dem wir unseren Kindern von den alten Zeiten erzählen könnten, als Menschen sich noch in Autos fortbewegt hatten. Von den alten Zeiten, bevor Elektroshuttles, Flugtaxen oder Ganzkörperbeamer diese Probleme für uns gelöst hatten.

Nun war es spät geworden. Ich las von Ken Caldeira, dem Klimawissenschaftler, der am Anfang jedes Semesters seine Student*innen fragte, welches der größte klimaphysikalische Durchbruch seit den Achtzigern war. Das war eine Fangfrage – denn die Antwort lautet: Es gibt keinen.[1] Seit Wissenschaftler*innen wie James Hansen erkannt hatten, was mit dem Planeten passiert, waren die Daten zwar immer präziser geworden, grundsätzlich hatte sich aber erschreckend wenig verändert.

Ich las von den vielen Momenten in der Geschichte, als es fast so schien, als würden die Staaten rechtzeitig handeln. Und von den Wissenschaftler*innen, die, lange bevor ich geboren wurde, vor dem Kongress der Vereinigten Staaten als Zeug*innen über den Klimawandel aussagten. Ich las von der ersten UN-Klimakonferenz in Berlin, 1995, ein Jahr bevor ich geboren wurde. Aber keine der vielen Konferenzen hatte den Anstieg des CO_2 in der Atmosphäre stoppen können. Es schien, dass es vor allem eine Lehre aus den vergangenen dreißig Jahren gab – nämlich die, dass die Klimakrise zu groß und zu komplex für die Menschheit war. Dass dies vielleicht der Kampf war, den wir verlieren würden.

Ich halte mich für eine recht positive Person. Ich bin lebenslustig, ich mag Herausforderungen und ich bin überzeugt, dass Menschen grundsätzlich nichts Böses wollen. Und ich glaube schon, dass am Ende alles gut wird. Aber das Wissen um so viele vergebliche Bemühungen in der Vergangenheit, das Wissen um den Zustand der Welt, und um den fehlenden politischen Willen, ihn zu ändern, brachte mich in dieser Nacht an die Grenzen meiner Zuversicht. Die Chancen, dass wir noch genug würden ausrichten können, um die Katastrophe abzuwenden, waren einfach zu gering. Verschwindend gering.

Nun, in einem Moment, der friedlicher nicht hätte sein können, überrollte mich diese Ungerechtigkeit. Sie kam mit Wucht, sie schnürte mir die Luft ab. Es war halb zwei Uhr nachts, draußen auf der Straße zerbrach eine Flasche.

Ich erinnerte mich, wie ich kurz zuvor recht unbeschwert darüber gesprochen hatte, wie mein Leben in Zukunft wohl aussehen würde. Das musste ein Moment der Gutgläubigkeit gewesen sein; ein Moment, in dem ich vergessen hatte, dass es diese Zukunft so niemals geben würde. Weil ja alles zur Disposition stand: befreit und mündig älter und erwachsen zu werden, Erfahrungen zu sammeln, Mutter oder sogar Großmutter zu werden.

Was für mich mein Leben war, war für die Mächtigen dieser Welt eine bloße Last im Alltagsgeschäft, eine unbequeme offene Rechnung, die niemand zahlen wollte. Der unwillkommene Gast, das Detail, das am liebsten ignoriert wurde. Eine Verantwortung, der niemand gerecht werden wollte. Alle hatten Wichtigeres zu tun.

Wir würden heute nicht in dieser Krise stecken, wenn die Frage nach der Verantwortung nicht so vielschichtig wäre. Und wir werden diese Krise auch nicht ansatzweise überwinden, solange diese Frage nicht geklärt ist.

Das mit der Verantwortung für die künftigen Generationen haben wir uns nicht selbst ausgedacht. Wir haben es aus dem Grundgesetz. Da steht seit dem 27. Oktober 1994, der Staat schütze »auch in Verantwortung für die künftigen Generationen die natürlichen Lebensgrundlagen und die Tiere im Rahmen der verfassungsmäßigen Ordnung durch die Gesetzgebung und nach Maßgabe von Gesetz und Recht durch die vollziehende Gewalt und die Rechtsprechung«. Artikel 20a unserer Verfassung. Seit 25 Jahren ist Naturschutz also nicht nur eine moralische Verpflichtung für die Politik, sondern auch offizielles Staatsziel. Fürs Protokoll: Es geht bei diesem Staatsziel nicht nur um den Umwelt- und den Tierschutz; es sollen »in Verantwortung für die künftigen Generationen die natürlichen Lebensgrundlagen« geschützt werden.[2]

In vielen osteuropäischen und auch den Verfassungen der fünf neuen deutschen Bundesländer ist von den Rechten von Menschen die Rede, die heute noch nicht geboren sind. In der Verfassung Polens vom 2. April 1997 heißt es: »Der Staat verfolgt eine Politik, die die ökologische Sicherheit heutiger und zukünftiger Generationen sichert.«[3] Schon in der Präambel der Verfassung Thüringens von 1993 ist die Rede von der »Verantwortung für zukünftige Generationen«.[4] In der ein Jahr zuvor verabschiedeten sächsischen Verfassung wird die Norm formuliert: »Der Schutz der Umwelt als Lebensgrundlage ist, auch in Verantwortung für kommende Generationen, Pflicht des Landes und Verpflichtung aller im Land.«[5,6]

Warum beharren wir so sehr auf der Verantwortung der Politik? Es ist nicht bloß Idealismus, wenn wir Jungen die Mächtigen anklagen, ihrer Verantwortung gegenüber der Umwelt und den zukünftigen Generationen nicht gerecht zu werden. Wir können uns dabei auf unsere Verfassung berufen. Es ist die Politik, die jetzt dringend handeln muss.

Wenn wir über Verantwortung reden, sprechen wir vor allem über das Nichthandeln einer ganzen Generation, die im Freudentaumel nach dem Ende des Ost-West-Konfliktes die Zukunft ihrer Kinder und Kindeskinder vergaß.

Warum konnte all das so lange ignoriert werden? Die Umwelt und die künftigen, noch nicht geborenen Generationen sind ohne Stimme in unserem politischen System. Sie können nicht wählen gehen und nicht protestieren.

Beim Artikel 20a geht es nicht um Wohltaten, sondern um die Existenzgrundlagen menschlichen Lebens auf dieser Erde. Mit seiner Einführung wurde das sogenannte Vorsorgeprinzip im Grundgesetz verankert. Dieses Prinzip besagt im Grunde: Mache nichts kaputt, wenn andere das nachher ausbaden müssen. Und wenn du nicht sicher bist, wie groß der Schaden einer Handlung sein wird, dann vermeide sie lieber. Etwas eleganter formuliert es der Philosoph Hans Jonas in seinem Buch *Das Prinzip Verantwortung*. Er nennt es »die Vorschrift, dass der Unheilsprophezeiung mehr Gehör zu geben ist als der Heilsprophezeiung«.[7]

Im Sinne des Vorsorgeprinzips ist die klimapolitische Bilanz der Bundesrepublik bisher katastrophal. Das, was wir täglich mit unseren Mobilitäts-, Energie- und Konsumgewohnheiten kaputtmachen, müssen Menschen, die in anderen Teilen der Welt leben oder künftigen Generationen angehören, ausbaden. Deshalb müssen wir jetzt etwas ändern, auch wenn wir die Folgen davon selbst gar nicht oder erst viel später spüren werden.

Hans Jonas nennt so ein Handeln »Zukunftsverantwortung«. Wir haben Jonas viel zu verdanken, wenn wir heute über das Vorsorgeprinzip, die Rechte zukünftiger Generationen und die der Umwelt sprechen. Schon 1979, als *Das Prinzip Verantwortung* erschien, problematisierte er das technische Vermögen, die Bedingungen der Natur und künftiger Generationen dauerhaft zu verändern. Die »Verheißung der modernen Technik«, schrieb Jonas, sei »in Drohung umgeschlagen«, weil der übermäßige Erfolg von Wissenschaft und Technik uns in die Lage versetzt hätte, die physischen Grundlagen der Menschheit zu zerstören.[8]

In einer Welt, wo unser Handeln Auswirkungen auf die Menschen am anderen Ende der Welt oder am Ende des Jahrhunderts hat, muss verantwortungsvolles Handeln über den Tellerrand der eigenen zeiträumlichen Umgebung schauen. Dabei tragen wir alle Verantwortung, aber nicht alle gleichermaßen.

Nach Jonas entsteht die Macht politischer Entscheidungsträger*innen nämlich erst durch den Entschluss der Person, die Verantwortung zu übernehmen (etwa, indem sie sich zur Wahl gestellt und ein Amt angetreten hat). Die Art der Verantwortung, die mit der Macht einhergehe, beziehe sich hier nicht auf das Getane, sondern auf etwas »Zu-Tuendes«. Zum Amt von Politiker*innen gehört also eine »Pflicht der Macht«, die sie im Sinne des Gemeinwohls mit dem Schutz des ihnen anvertrauten Verantwortungsbereichs beauftragt. Wer sich wählen lässt, muss dafür sorgen, dass auch in Zukunft noch Menschen hier leben können, die wählen gehen.[9]

Jonas vergleicht die politische Verantwortung mit jener von Eltern für ihre Kinder. Das Kind ist nach Jonas der »Urgegenstand der Verantwortung«.[10] In der elterlichen Fürsorge für das Kind drückt sich die natürliche Verantwortung aus, welche durch die Urheberschaft der Eltern unwiderruflich entstanden ist. Diese Form von Verantwortung ist unkündbar, global und permanent. Sie kann nicht abgelegt werden.

Und so wie die Eltern verantwortlich für das Wohl und Überleben des Kindes sind, besteht die selbstgewählte Verantwortung der Politiker*innen darin, für das Wohl und Überleben der Gesellschaft zu sorgen. Anders als die elterliche Verantwortung kann die politische Verantwortung zum Ende einer Amtszeit zwar wieder abgelegt werden, doch solange Merkel & Co. im Parlament sitzen oder gar die Regierungsgeschäfte führen, ist ihr Handeln daran zu messen, wie erfolgreich sie diese Aufgabe erfüllen.

Aber was machen wir, wenn Politiker*innen ihre Pflicht partout nicht erfüllen? Wie kann man sich wehren gegen die Verantwortungslosigkeit der Verantwortlichen? Wenn Menschen ihrer selbst gewählten Verantwortung nicht nachkommen, entsteht ein Vakuum, ein Raum der Verantwortungslosigkeit, ein Raum der Fahrlässigkeit. Wir nennen das »Verantwortungskrise«. Denn wenn diejenigen, die Verantwortung tragen, ihr nicht gerecht werden und kein anderer der Verantwortung nachkommt, öffnet sich eine Leere, die denjenigen, welche die Beschädigung von Naturräumen, Lebensgrundlagen und gesellschaftlichem Frieden vorantreiben, freie Bahn lässt. Die Klimakrise werden wir nicht lösen, wenn die Verantwortungsverteilung nicht reformiert, oder sogar revolutioniert wird.

An dieser Stelle fällt der Blick auf all die, die sich dieser Verantwortungskrise bewusst sind:

Es liegt an ihnen, an uns allen, dazu beizutragen, die Ausgangslage so zu verändern, dass die Verantwortungsübernahme im Sinne von Artikel 20a gelöst werden kann. Wir sehen zwei Möglichkeiten, wie die Verantwortungskrise angegangen werden kann.

ZUKUNFTSVERANTWORTUNG EINFORDERN

Eine Möglichkeit besteht darin, die Übernahme der Verantwortung durch den Staat einzufordern. Das geht durch Klagen, was aber gar nicht so leicht ist.

Bei legaler Verantwortung geht es nicht um etwas Zu-Tuendes, sondern um die kausale Zurechnung von Verantwortung für begangene Taten. Der verursachte Schaden soll so weit wie möglich behoben werden. Die Frage, die sich dabei stellt, ist: Wer ist schuldig?

Mit Blick auf die Klimakrise scheint die Frage der Schuldzuweisung zunächst kaum anwendbar, da die kausale Verbindung von konkreten Handlungen oder Nicht-Handlungen zu ihren klimatischen Folgen schwer nachzuweisen ist. Die Komplexität von Zusammenhängen, von Ursachen und Wirkungen der globalen Erwärmung erschweren die Zuweisung von Verantwortung enorm. Wie bereits erwähnt, tragen wir alle mit unserem Konsumverhalten und unseren Transportmitteln zur Verschärfung der Klimakrise bei – doch es wird schwer sein, zu beweisen, dass gerade mein Flug nach Neuseeland den Hitzesommer in Mitteleuropa ausgelöst hat.

Es gibt trotzdem zahlreiche Versuche, die legale Verantwortung von Regierungen, Unternehmen und Einzelpersonen vor Gericht geltend zu machen. Ein Beispiel aus Deutschland ist die Klage, die die Juristin Roda Verheyen zusammen mit Greenpeace derzeit mit drei Familien gegen die Bundesregierung führt. Die Familien verklagen die deutsche Regierung für das Verfehlen der deutschen Klimaschutzziele für das Jahr 2020. So soll die Regierung auf dem Rechtsweg dazu verpflicht werden, die Bemühungen für die Einhaltung der Ziele zu verstärken und dazu beitragen, die bedrohten Lebensgrundlagen der landwirtschaftlich tätigen Familien zu schützen. Die Kläger berufen sich dabei auf Artikel 20a des Grundgesetzes.[11] Eine ähnliche Klage hatte die Staatsregierung in den Niederlanden im Oktober 2018 in zweiter Instanz zu mehr Klimaschutz verpflichtet. Das Gericht stellte fest, dass die niederländische Regierung ihre Fürsorgepflicht verletzt hat.[12]

In der Schweiz verklagt eine Gruppe von Frauen über 65 Jahren mit dem großartigen Namen »Die KlimaSeniorinnen« die Regierung, weil die Reduktionsziele zu niedrig sind, um die Pariser Klimaziele einzuhalten.[13] In Pakistan wiederum verklagt der siebenjährige Ali den Staat, weil dieser neue Kohlefördergebiete genehmigt hat.[14] In den Vereinigten Staaten klagen 21 Jugendliche gegen die Regierung, weil die klimaschädliche Politik ihr Recht auf Leben, Freiheit und Eigentum verletzt.[15] Auch die Europäische Union wird gerade verklagt: von zehn Familien aus Portugal, Frankreich, Italien, Griechenland, Deutschland, Rumänien, Fidschi und Kenia; sie wollen gerichtlich feststellen lassen, dass die Klimaziele für 2030 zu niedrig sind, um die Grundrechte zu garantieren und internationale

Verträge wie die UN-Klimarahmenvereinbarung einzuhalten.[16]

Sind diese Klagen erfolgreich, könnte die Zukunftsverantwortung, wie wir sie mit Jonas fordern, zunehmend zu einer legalen Verantwortung werden. Das würde vermutlich auch einen fundamentalen Wandel in der Setzung politischer Prioritäten nach sich ziehen: Fortan könnten Entscheidungs- und Verantwortungsträger*innen die unbequemen Fragen rund um die Rechte von jungen und zukünftigen Generationen nicht mehr abtun, aussitzen oder als »jugendlichen Idealismus« herunterspielen. Sie müssten sich diesen Fragen stellen, oder würden Gefahr laufen, sich vor Gericht dafür verantworten zu müssen.

Die wenigsten Menschen und Interessengruppen, ob jung oder alt, haben die Möglichkeit, zu klagen. Es ist teuer, kompliziert und langwierig, vor Gericht die eigenen Rechte geltend zu machen. Aber politische Verantwortungsübernahme kann auch jenseits der Gerichtssäle eingefordert werden – etwa durch Proteste und kreative Formen, die öffentliche Aufmerksamkeit zu gewinnen.

DIE PARABEL VON DER BEWEINTEN ZUKUNFT

»Als Noah von seinem hundertsten Warnungsgang nach Hause zurückgekehrt war, da konnte er sich nicht mehr verhehlen, dass so weiterzumachen, wie er es nun, niemals beraten von seinem Gotte und jedes Mal auf eigene Faust hundert Male getan, wirklich keinen Sinn mehr hatte. Denn auch diesmal war es ihm nicht gelungen, auch nur einen einzigen seiner Mitbürger zum Bau seiner Archen anzuwerben, auch diesmal waren die Wenigen, denen er sich hatte aufdrängen können, auf nichts anderes gierig gewesen, als auf das gerade Allerneueste; und auch diese hatten sich sofort beiseitegedrückt, wenn er ihnen mit der Flutwarnung gekommen war (mit ›seiner Flut‹, wie sie es nannten), weil sie von dieser ja gestern schon gehört hatten und vorgestern und vorvorgestern.«[17]

Mit diesen etwas altertümlich klingenden Worten beginnt die Parabel des Philosophen Günther Anders über die »beweinte Zukunft«. Noah, der seine Mitbürger*innen angesichts der drohenden Sintflut zum Bau mehrerer Archen bewegen möchte, verzweifelt zunächst an deren Ignoranz. Da sie nur »gierig auf das gerade Allerneueste« sind, beachten sie seine Flutwarnungen nicht. Was Noah daraufhin tut, ist ein krasser Bruch mit den Konventionen seiner Zeit: Er kleidet sich in Sack und Asche, in ein Trauergewand also, und beweint öffentlich die Toten von morgen, also die, die durch die Flut umgekommen sein werden. (Ja, genau: Futur II. Er beweint die Vergangenheit der Zukunft.) Von Neugier getrieben, hören die Menschen ihm endlich zu, sie sind empört und gelähmt, als er den Totengesang anstimmt. Endlich stößt Noahs Botschaft auf offene Ohren. Es gelingt ihm, seine Mitmenschen zum Bau der Arche zu bewegen. So rettet er die Schöpfung. Sein aufrüttelndes Schauspiel rettet das Überleben der Geschöpfe auf Erden. Ende der Erzählung.

Günther Anders schrieb seine Parabel 1961, im Angesicht des drohenden Atomkrieges. Sie scheint aber heute aktueller denn je. Die Klimakrise ist da, und mancherorts ist die Situation nicht nur sinnbildlich, sondern ganz buchstäblich von der Gefahr gezeichnet, vor der Noah seine Mitmenschen warnte: Fluten, Überschwemmungen und der steigende Meeresspiegel gefährden nicht nur Küstenstaaten wie Bangladesch und Inselstaaten wie die Marshallinseln, sondern beispielweise auch die Niederlande, Norddeutschland und die Regionen rund um die großen Flüsse in den USA. Sie drohen zu Teilen im Meer zu versinken, wenn die weltweit steigende Durchschnittstemperatur nicht stabilisiert wird.[18]

Wie könnte es Noah heute gelingen, die Einsicht seiner Mitmenschen zu erzwingen? Wer sind die Noahs des 21. Jahrhunderts, die sie mit unkonventionellen Methoden zum Handeln bewegen? Ist Greta Thunberg eine solche Figur?

Bei ihrer Rede, die sie im Dezember 2018 beim Klimagipfel der Vereinten Nationen in Kattowitz gehalten hat, beklagt sie, wie Noah in der Parabel, ein großes Scheitern: In den vergangenen 25 Jahren sei es den Menschen nicht gelungen, ihre Regierungen dazu zu bringen, gegen die drohende Katastrophe vorzugehen. Auch Greta versucht es nicht mehr länger mit Bitten. Stattdessen verweist sie auf das Versagen der politischen Führungskräfte und wirft ihnen Verantwortungslosigkeit vor: »Wir sind nicht hierher gekommen, um die führenden Politiker der Welt zu bitten, sich um unsere Zukunft zu sorgen. Sie haben uns in der Vergangenheit ignoriert, und sie werden es wieder tun. Wir sind hierher gekommen, um sie wissen zu lassen, dass der Wandel kommen wird – ob sie wollen oder nicht. Die Menschen werden sich der Herausforderung stellen. Und weil sich unsere Politiker wie Kinder benehmen, müssen wir die Verantwortung übernehmen, die sie schon längst hätten übernehmen müssen.«[19]

Als Greta im August 2018 damit begann, sich statt in die Schule vor das schwedische Parlament zu setzen, widersetzte sie sich der vielleicht einzigen Erwartung, die eine Gesellschaft an ihre Schüler*innen hat. Der Schulstreik rüttelte die Leute auf wie Noahs Totengesang. Dabei erzählt Greta nur das, was seit vierzig Jahren wissenschaftlich weitgehend erforscht ist. Was sie angefangen hat und wir gemeinsam mit Millionen von Schüler*innen und Studierenden weltweit aufgegriffen haben, ist vielleicht der notwendige Weckruf, der die Menschen zum Bau der Arche bewegt.

Noah war steinalt, als er für das Leben seiner Nachkommen kämpfte. Das ist der Unterschied zur Parabel: Heute ist es die Jugend selbst, die sich gegen die Entscheidungsträger*innen wendet. Als junge Menschen beklagen wir das Leid, das wir und unsere Nachkommen zukünftig erleben werden. So braucht es keinen Noah mehr, der die Zeit umdreht und die Zukunft beweint, um den Menschen die drohende Apokalypse vor Augen zu führen.

Das geschieht bei *Fridays for Future*, und nichts anderes ist mit #actnow gemeint: Hey Leute, ihr habt freiwillig für euer Amt kandidiert. Ihr habt euch zur Wahl gestellt. Jetzt tragt ihr die Verantwortung für unsere Zukunft. Werdet euch dieser Verantwortung bewusst, und handelt endlich!

ZUKUNFTSVERANTWORTUNG INSTITUTIONALISIEREN

Hier kommen wir zur zweiten Möglichkeit, die Verantwortungskrise zu bewältigen: Wenn die Verantwortung für die künftigen Generationen so groß ist, ihr aber so wenige Verantwortliche nachkommen wollen, muss ein institutioneller

Rahmen geschaffen werden, diese Verantwortung auf mehr Schultern zu verteilen. Was wäre, wenn man Gremien einführen würde, die diese Verantwortung verlässlich umsetzen? Etwa in Form eines Beirats für Bundes-, Landes- und Kommunalregierungen, der sich für Belange der Umwelt und der zukünftigen Generationen einsetzt? Man könnte mit Veto-Rechten oder anderen Instrumenten sicherstellen, dass ein solches Gremium nicht einfach überhört wird. Solch ein Beirat könnte auch als Instanz dienen, die die Gesetze auf ihre Zukunftsfähigkeit, sprich auf deren Implikation für zukünftige Generationen überprüft – und bei Bedarf eigene Gesetzesvorschläge einbringt.

Das ungarische Parlament wählt in diesem Sinn seit 2011 eine Ombudsperson für die Rechte zukünftiger Generationen. Sie ist wiederum Stellvertreterin der oder des Beauftragten für Grundrechte, der seinerseits für die Rechte von Kindern, nationalen Minderheiten, gefährdeten Gruppen und die Interessen zukünftiger Generationen verantwortlich ist. Solche Vertreter*innen für die Rechte zukünftiger Generationen tragen dem kategorischen Imperativ unserer Gegenwart Rechnung. Und zwar so, wie ihn der Philosoph Hans Jonas in Anlehnung an Immanuel Kants kategorischen Imperativ formuliert hat: »Handle so, daß die Wirkungen deiner Handlung verträglich sind mit der Permanenz echten menschlichen Lebens auf Erden.«[20]

6

DIE KLIMAKRISE IST EINE KOMMUNIKATIONSKRISE

Es wird dunkel im Saal, langsam erstirbt das Stimmengewirr. Zweitausend Menschen blicken auf die Bühne des Friedrichstadtpalastes, man hört Kameras summen, einige zücken ihre Smartphones. Ein Techniker richtet mein Mikrofon. Meine Vorbereitungszeit war sportlich, letztendlich dauerte sie so lange wie die Fahrradfahrt hierher. Eine Woche zuvor hatten wir mit fast zwei Millionen Menschen weltweit gestreikt und direkt im Anschluss für 24 Stunden das Europaparlament besetzt. Kurz darauf hatten die Grünen bei der Europawahl einen erdrutschartigen Sieg errungen. Einiges los also, mir fehlte die Zeit zum Redenschreiben. Unruhig wippe ich von einem Bein auf das andere.

Der Scheinwerfer geht an, die Veranstaltung beginnt: »Ich freue mich, Luisa Neubauer begrüßen zu dürfen, eine der jungen Klimaschützer von *Fridays for Future*. Diese jungen Menschen sind laut, sie wollen nicht warten, sie retten für uns das Klima. Ein herzliches Willkommen.« Noch während ich auf die Bühne gehe, frage ich mich, wann wir endlich anfangen, eine Sprache zu finden, die der Klimawirklichkeit entspricht. Wann wir anfangen, das Klimaretternarrativ zu überwinden. Oder zumindest mit Leben zu füllen. Ich atme durch. »Hi, ich bin Luisa.

Danke für die Einladung.« Wir haben noch so viel vor uns. Mit der Sprache fängt es an.

Es klingt ja süß. »Die Klimaretter.« Die Menschen mit dem großen Herz, die Beschützer*innen. Die, die sich vor den Planeten stellen und ihn vor bösen Mächten bewahren; vor welchen genau, das weiß man allerdings schon nicht mehr so genau, im Zweifel vermutlich vor Donald Trump. Aber egal. Ein bisschen auf die Schultern klopfen, das kann hier nicht schaden. Tierschützer*innen beschützen Tiere, Flüchtlingshelfer*innen helfen Geflüchteten, und die Klimaretter*innen, die retten eben das Klima. Wir sind es, die gegen ansteigende Klimagraphen kämpfen, die Atmosphäre retten und die Eisbären – und, wie manche meinen, irgendwie überhaupt die Umwelt. Zum Kern der Krise dringen solche Vorstellungen aber nicht vor. Denn eigentlich geht es vor allem um die Menschen und ihren Umgang mit ihren Lebensgrundlagen.

DAS IST AUCH DEINE KRISE

Ja, wir erleben eine Krise des Klimas, das seine gewohnten Bahnen verlässt, sich von einem Extrem zum nächsten hochjazzt und dabei alles vergessen macht, was Menschen jemals erlebt haben. Doch im Kern ist dies längst keine Krise des Klimas mehr – sondern eine Krise der Menschheit. Es geht nicht mehr »nur« darum, ob Ökosysteme langfristig intakt bleiben, während sie den Strapazen eines ausufernden fossilen Kapitalismus ausgesetzt sind, der in immer größerer Aggressivität Natur und Klimasysteme zerstört. Es geht auch nicht mehr »nur« darum, welche, in Politikersprache gesagt, »systemrelevanten« Arten noch rechtzeitig vor dem endgültigen Aussterben geschützt werden können, um damit (wie im Falle von Krill, den Krebstieren im Meer, die als Nahrungsgrundlage vieler mariner Arten gelten, oder der Bienen an Land) die Ernährung des Menschen langfristig sicherzustellen. Es geht nicht mehr »nur« darum, dass der Meeresspiegel jährlich um 3,3 Millimeter[1] steigt, was im Jahr 2050 über 800 Millionen Menschen, die an den Küsten leben, gefährden wird.[2]

Wir sind bereits an einem Punkt angekommen, an dem es darum geht, ob die Menschheit diese Krise überhaupt überleben wird. Der Planet wird weiterexistieren, wenn auch unter stark veränderten Dynamiken, ihn muss man nicht in erster Instanz beschützen. Was geschützt werden muss, ist die Menschheit, und zwar vor sich selbst, vor ihrer eigenen Willkür und ihrer blinden Selbstzerstörung.

Was aber, wenn diese Nachrichten nicht bei den Menschen ankommen?

Wenn diese Botschaften ignoriert, relativiert und unter den Teppich gekehrt werden? So wird es möglich, dass eine Gesellschaft über Jahrzehnte die Augen vor den Konsequenzen verschließt, die unausweichlich sind, wenn man am Ast sägt, auf dem man selbst sitzt.

Von den Notschlachtungen hörte ich, Luisa, das erste Mal im Sommer 2018. Es waren die Tage, an denen das ganze Land über den ausgetrockneten Rhein, über Ernteausfälle und die verheerenden Waldbrände in Griechenland redete. Man diskutierte auch über die Entschädigungen, die von den Landwirt*innen gefordert wurden. Worüber man nicht sprach, waren die

Details. Zum Beispiel darüber, dass zehntausende Kälber und Rinder an diesen heißen Tagen geschlachtet wurden, weil die Landwirt*innen kein Futter mehr für sie auftreiben konnten.

Die Tatsache, dass die Massentierhaltung dank staatlicher Anreize in Deutschland derart dominant geworden war, war in meinen Augen ohnehin schon ein Skandal. Die Vorstellung aber, dass nun Tiere massenhaft »entsorgt« wurden, weil das System an seine Grenzen geriet, das war kaum auszuhalten. Weil ich wollte, dass mehr Menschen davon erfuhren, nahm ich Kontakt zu einem betroffenen Landwirt auf, um über die Schlachtungen zu berichten.

Nachdem wir endlich einen Moment gefunden hatten, in dem der Traktor stillstand, erzählte mir der Familienvater, den ich in meinem Bericht Dirk nannte, von seinem Alltag. Von seinem Hof in Nordhessen, von seiner Frau und seinen zwei Kindern. Er erzählte mir, wie er dreimal im Jahr mit dem Traktor losfuhr, um Heu zu ernten. Nach jeder Ernte presste er 450 Heuballen.

In diesem Sommer, der später zum zweiten Jahrhundertsommer innerhalb von nur 15 Jahren erklärt wurde, fuhr er nur einmal auf die Weiden. Er erzählte, wie das war, auf den Feldern zu stehen, die schon sein Großvater bewirtet hatte. Dieselben Felder, über die sich einst satte grüne Weiden erstreckt hatten, die aber jetzt bräunlich und verdorrt waren. In diesem Jahr erntete er gerade genug Heu für zweieinhalb Ballen. Davon wird kein Kalb satt. Er berichtete, wie er Menschen entlassen musste, mit denen er dreißig Jahre lang zusammengearbeitet hatte.

Menschen, die auch eine Familie ernähren müssen. Früher hatten sich die Landwirte aus der Gegend jeden Donnerstagabend in der Kneipe getroffen, auf zwei Runden Bier und Korn, und sich dabei erzählt, wie sie zurechtkamen. Seit diesem Sommer war der Stammtisch jeden Monat spärlicher besetzt. Die Landwirte mussten aufgeben, einer nach dem anderen. Die großen Agrarunternehmen warteten schon vor den Hoftoren und sammelten Familienbetrieb um Familienbetrieb ein.

Das Problem erschien Dirk aber nicht als ein politisches. Sein Problem war dieser Sommer, der sich einreihte in eine Reihe von Ausnahmejahreszeiten. Es war einfach kein Verlass mehr darauf, dass im Sommer einfach nur Sommer war. Das war früher anders, erzählte er. Zumindest, solange er sich erinnerte. Auch sein Sohn würde den Hof wohl nicht mehr übernehmen können. Es rechnete sich nicht, wie sie es auch drehten und wendeten.

Zwei Stunden lang hörte ich einem Vater, Ehemann und Landwirt zu, der wusste, dass er sein Lebenswerk eines Tages würde verkaufen müssen. Nicht, weil er nicht gut gearbeitet hatte, oder weil es keine Nachfrage für seine Erträge mehr gab. Sondern weil sich das Wetter geändert hatte.

Ich seufzte, und murmelte etwas von: »So krass, dieser Klimawandel.« Da stimmte mir Dirk energisch zu: »Ja, das mit dem Klimawandel, das ist auch schlimm, da hört man ja immer mehr.« Ich antwortete, dass ich das im Hinblick auf ihn und seine Situation gemeint hatte. »Nein, nein, die armen Menschen, die da auf den Inseln wohnen im Pazifik. Das ist übel«, antwortete er. Ich fragte ihn, was er damit meinte? »Das sind die Opfer vom Klimawandel. Ich habe letztens gehört, die Inseln gehen unter. Oder nicht?«

Ich beendete mein Gespräch mit Dirk. Einem Landwirt und mitteldeutschen »Opfer« der Klimakrise. Nur, dass er diese Verbindung nicht machte.

Wenn die geophysikalische Wirklichkeit die Grenzen der Vorstellungskraft sprengt, dann braucht es eine Sprache, die dieser Wirklichkeit gerecht werden kann, und zwar der heutigen und zukünftigen. Wir brauchen Klimaübersetzer*innen, die die Erkenntnisse der Wissenschaft so formulieren, dass sie anschlussfähig sind an die Lebenswelten der Menschen. Es muss plastisch werden, was 1,5 oder 2 oder 3 Grad mittlerer Klimaerwärmung im Alltag bedeuten.

Stattdessen prägen Hollywood-Produzent*innen, Populist*innen und schlecht informierte, aber lautstarke Medienmacher*innen Erzählungen, die unhinterfragt wieder und wieder reproduziert werden. Kaum etwas steht dafür so exemplarisch wie die Erzählung der untergehenden Insel.

Es stimmt natürlich: Die überflutete Insel ist ein durchaus realistisches Szenario, das uns zu denken geben sollte. Die Botschaft, die es transportiert, ist trotzdem fatal: Die Klimakrise erscheint hier als Problem einer kleinen Zahl wehrloser Menschen am anderen Ende der Welt. So rückt sie von uns weg, in eine weite Ferne. Wir haben Glück, dass wir kein pazifischer Inselstaat sind. Und trotzdem sollen wir uns gegen die Klimakrise engagieren? Nun gut – das wäre dann aber höchstens ein wohltätiger Akt.

EIN ANSCHAULICHKEITSPROBLEM?

Noch nie war es leichter als heute, sich zu informieren. Immerhin tragen wir das gesammelte Wissen der Menschheit in unserer Hosentasche mit uns herum. Klingt verheißungsvoll. Funktioniert aber nicht. Denn diese eigentlich befreiende Möglichkeit wird von einem Gefühl der Überforderung begleitet. Immer schneller verliert man sich im Nebel der Information, immer schlechter kann man Falsch- und Nichtinformationen als solche erkennen. Fake News haben die Hoheit des Wissens an sich ins Wanken gebracht. Wer wagt es noch, sich felsenfest auf eine Wahrheit zu verlassen, wenn Wahrheiten plötzlich überall und andauernd infrage gestellt werden?

Die Klimakrise ist nicht nur, aber auch eine Kommunikationskrise. Das fängt mit der Sprache an. Wie können Entwicklungen, die es so noch nie gab, und die teilweise jenseits des Vorstellungsvermögens liegen, sprachlich gefasst werden? Wir haben es mit einem partiell apokalyptischen Befund zu tun, der einer höchst komplexen wissenschaftlichen Analyse bedarf. Worüber hier gesprochen wird, ist mikroskopisch klein oder von makroskopischer Riesenhaftigkeit, außerdem zumeist unsichtbar und schon allein deshalb schwer zu begreifen. Die Darstellung der Klimakrise hat ein Anschaulichkeitsproblem. Hinzu kommt, dass wissenschaftliche Literatur in einer Fachsprache verfasst und nicht auf Allgemeinverständlichkeit ausgelegt ist. Wie löst man dieses Problem, wie macht man die Klimakrise einem Massenpublikum verständlich?

Zu diesem Zweck hat sich in den vergangenen 15 Jahren ein ganzer Wissenschaftszweig entwickelt: die Klimakommunikation. Das war dringend nötig. Denn es gibt wohl kaum ein aktuelles wissenschaftliches Feld, auf dem sich die überwältigende Mehrheit der Wissenschaftler*innen über einen wesentlichen Befund (der Klimawandel ist real und menschengemacht) so einig sind wie auf diesem – und das trotzdem derart aggressiv angezweifelt wird. Die Klimakrise wird zu einer Glaubensfrage erklärt – ganz so, als gebe es keine objektiv gültigen Erkenntnisse über sie. Es ist absurd: Wir leben in einer Zeit, in der es so viel gesicherte Information gibt wie nie zuvor, und trotzdem bekundet ein signifikanter Teil der deutschen und globalen Öffentlichkeit, dass es sich ausgerechnet bei den geophysikalischen Tatsachen um uns herum um Ansichtssache handele.

Denjenigen, die solche Zweifel befördern, spielt ein psychologischer Sachverhalt in die Karten: Wissenschaftliche Fakten werden von Menschen nicht ohne weiteres als Wahrheit hingenommen. Sie werden gefiltert. Entsprechen sie dem eigenen Werteverständnis und Weltbild, dann akzeptiert man sie ohne weiteres. Wenn nicht, dann nicht.

FRAMES STATT FAKTEN

Auch für politische Entscheidungen sind Fakten nicht immer ausschlaggebend. Der in den vergangenen Jahren viel zitierten Kognitionswissenschaftlerin Elisabeth Wehling zufolge sind es sogenannte Frames, sprich Deutungsrahmen, die in politischen Debatten den Unterschied machen.[3] Der Ansatz befasst sich damit, wie bewusst oder unbewusst wir Dinge erleben und wie diese Eindrücke unser Handeln prägen. Frames, so betont Wehling, spielen dabei eine zentrale Rolle. Sie beruhen auf unseren körperlichen, sprachlichen und kulturellen Erfahrungen und verleihen »einzelnen Worten Bedeutung, indem sie diese in einen Zusammenhang mit unserem Weltwissen stellen«[4].

Daher wurde zu Recht darüber gestritten, inwiefern es richtig ist, bei den Migrationsbewegungen im Jahr 2015 von »Flüchtlingswellen« zu sprechen. Wer dieses Sprachbild benutzt, ruft Bilder von Menschen hervor, die in großer Zahl das Land »fluten« – wie es eben Wellen tun. Ältere Menschen werden bei »Flüchtlingswellen« auch unwillkürlich an die »Asylantenflut« denken. Mit diesem Kampfbegriff wurde vor dreißig Jahren die Angst vor fremden Menschenmassen, die unkontrolliert ins Land kämen, geschürt. Solche aufgeladenen Begriffe tragen stark dazu bei, wie sich eine Debatte entwickelt, und in welchem Deutungsrahmen in diesem Fall die Migrationsbewegungen diskutiert werden.

Der Wissenschaftler George Lakoff, Wehlings Doktorvater an der Universität in Berkeley, zeigt noch einen weiteren entscheidenden Punkt bei der Frame-Forschung auf: Frames sind mit dem emotionalen Zentrum des Gehirns verknüpft. Jeder einmal aktivierte Frame löst laut Lakoff daher auf unbewusste Weise bestimmte Emotionen aus.[5] Ist also vom »Klimawandel« die Rede, hat man nicht nur Bilder im Kopf, man fühlt bei diesen Bildern auch etwas. Viele sind vielleicht betrübt oder deprimiert, andere reagieren entnervt oder misstrauisch. Je häufiger ein Frame aufgerufen wird, desto stärker verfestigt er sich im gängigen Sprachgebrauch und im Denken.

Wenn diese Theorie zutrifft, so ist sie für die Analyse politischer Meinungsbildung und politischen Handelns von weitreichender Bedeutung. In der Politik, sagt Wehling, funktionieren Frames in der Regel »ideologisch selektiv«.[6] Sie fokussieren die Aufmerksamkeit auf bestimmte Tatsachen und lassen zugleich andere außer Acht. Daher sind in der Politik eben nicht nur Fakten handlungsleitend, sondern auch die sinnstiftenden Frames.

Folgt man der Argumentation von Wehling und Lakoff, dann verdankt sich politischer Einfluss maßgeblich der Fähigkeit, gesellschaftlich dominante Frames zu prägen. Mit ihnen rücken bestimmte Handlungsoptionen in den Vordergrund, während andere an Bedeutung verlieren: Das ist ein entscheidender Faktor für die Wortwahl einer erfolgversprechenden Klimakommunikation.

Wir sprechen von einer Krise, weil die Begriffe »Klimawandel« und »globale Erwärmung« ungeeignet sind, die Tragweite der gegenwärtigen Situation zu vermitteln. Und wir sind mit dieser Wortwahl nicht allein. Auch der Generalsekretär der Vereinten Nationen, António Guterres, und der frühere Direktor des PIK, Hans Joachim Schellnhuber, sprechen von der Klimakrise. Im Mai 2019 erklärte die englische Tageszeitung The Guardian, dass sie deshalb ihre Redaktionsrichtlinien anpasse. Statt vom »Klimawandel« (climate change) solle nun vom Klimanotstand (climate emergency), von der Klimakrise (climate crisis) oder vom Klimazusammenbruch (climate breakdown) gesprochen werden. Der Begriff »globale Erhitzung« sei der »globalen Erwärmung« vorzuziehen. Notstand und Krise sind den Fakten angemessene Begriffe, auch von Zusammenbruch zu sprechen, scheint angesichts kollabierender Ökosysteme eine korrekte Beschreibung.

Auch in unseren politischen Arenen wird langsam angefangen zu debattieren, welche Sprache der gegenwärtigen Situation angemessen ist. Dabei geht es um nichts anderes als die Deutungshoheit über die Krise mittels der Begriffe, die benutzt, und mittels der Bilder und Gefühle, die aktiviert werden. Während einige noch damit beschäftigt sind, die Existenz der Krise zu leugnen (AfD) oder herunterzuspielen (CDU/CSU) und andere das »Apokalypsegeraune« (Harald Welzer) oder den »Totalpessimismus« (Bernhard

Pörksen) der Debatte beklagen, betont Elisabeth Wehling (ganz im Sinne des Guardian und anderer), dass der Begriff »Klimawandel« ungeeignet sei, die dramatische Bedrohung des weltweiten Temperaturanstiegs zu erfassen. Der abstrakte Begriff »Klima« rücke das Problem »gedanklich in weite Ferne von unserem Alltag«, der Begriff »Wandel« erlaube sogar eine neutrale Lesart – ganz so, als ob noch unklar sei, ob sich die Situation künftig verbessere oder verschlechtere. Außerdem lasse die reflexive Konstruktion des Begriffs »Wandel« (wie es der Ausdruck »sich wandeln« zeigt) das Klima als einzigen Akteur erscheinen. Dass das Klima durch Eingriffe von außen, also durch die Aktivitäten von uns Menschen bedroht ist, werde sprachlich nicht gefasst.

Noch dramatischer sind laut Wehling die Folgen des Frames »globale Erwärmung«. Wärme sei positiv besetzt und der alltagssprachliche Begriff der »Erwärmung« sei auf emotionaler Ebene mit positiven Gefühlen (»sich für etwas erwärmen«) verknüpft. Der Begriff komme daher einer »kognitiven Glückspille« gleich.[7]

Deswegen sprechen wir von Krise. Das altgriechische Wort *krisis* bedeutet »Entscheidung«, manchmal auch »Zuspitzung«. Wir sind in einer Krise, weil sich in den nächsten Jahren entscheidet, in welcher Welt wir in Zukunft leben werden. Wenn uns für das Erreichen des 1,5-Grad-Ziels noch rund elf Jahre bleiben, um die globalen Emissionen zu halbieren, stehen die politischen Entscheidungsträger*innen heute an einem Scheideweg. Sie können, nein, sie müssen eine Ära prägen, wie es Abraham Lincoln, Franklin D. Roosevelt oder Willy Brandt getan haben. Eine Ära des politischen Richtungswechsels. Nichts weniger braucht unsere

Zukunft. Und das kann nur mit Begriffen und Bildern funktionieren, die diesen Spirit transportieren.

DIE KALKULIERTE UNGEWISSHEIT

Wir haben darüber gesprochen, dass in den vergangenen fünfzig Jahren eine Debatte über die Klimakrise entflammt ist, die an einen Glaubenskrieg erinnert. Das ist kein Zufall, sondern Kalkül. Das Kalkül in der Kommunikation.

Es ist ein offenes Geheimnis, dass Energieriesen wie Exxon (heute Exxon-Mobil, einer der größten Ölkonzerne der Welt) seit den Siebzigerjahren des vergangenen Jahrhunderts über die desaströsen Folgen der CO_2-Emissionen Bescheid wussten. Sie waren nicht nur die ersten, die davon erfuhren – Exxon hat sogar selbst Klimamodelle entwickelt, mit dem Supertanker Esso Atlantic wurden seit 1979 umfangreiche Daten über die CO_2-Konzentration in den Meeren gesammelt und einige der besten Fachkräfte auf dem Gebiet beschäftigt.

Nach der öffentlichkeitswirksamen Aussage des Klimawissenschaftlers James Hansen vor dem US-Kongress im Juni 1988 machte man sich bei Exxon Sorgen. Daher schloss man sich mit weiteren Öl- und Gaskonzernen, Stromanbietern und der Kohle- und Autoindustrie zusammen, um über die sogenannte *Global Climate Coalition* jahrelang bewusst Zweifel und Falschinformationen über die globale Erwärmung zu verbreiten. Sogar die US-Handelskammer war zeitweise Mitglied dieser Lobbyorganisation. Mit denselben Strategien, die der Tabakindustrie jahrzehntelang erfolgreich dazu gedient hatten, den Zusammenhang von Zigarettenkonsum und Krebs zu vertuschen, hat sie es geschafft, dass sich die Rede von der »uncertainty«, also der Unsicherheit über die Faktenlage, im politischen, medialen und öffentlichen Mainstream verankert hat. Zu betonen, wie unklar die Lage ist, ist seitdem gang und gäbe.[8]

Es ist gut erforscht, wie verhängnisvoll die Forderung in den Vereinigten Staaten war, dass die Massenmedien »ausgewogen« über die Klimakrise berichten sollten, womit gemeint war, dass in der Berichterstattung über die Krise auch immer abweichende Meinungen zu Wort kommen sollten.

Die Wissenschaftshistorikerin Naomi Oreskes untersuchte die zwischen 1993 und 2003 veröffentlichten wissenschaftlichen Aufsätze zum Klimawandel. Sie hat unter den 928 Studien keine einzige gefunden, die einen menschlichen Einfluss auf die globale Erwärmung infrage stellt. Keine einzige![9] Deshalb spricht Oreskes auch von einem »wissenschaftlichen Konsens zum Klimawandel«. Eine im Jahr 2003 angestellte Untersuchung zur Berichterstattung großer US-amerikanischer Zeitungen – New York Times, Wall Street Journal, Washington Post, Los Angeles Times – zeigte hingegen, dass in fast 53 Prozent der Artikel jeweils Vertreter*innen »beider« Seiten zitiert wurden. In weiteren 35 Prozent der Texte wurde zwar der menschliche Einfluss auf das Klima hervorgehoben, aber auch die sogenannten Skeptiker*innen kamen zu Wort.[10] Seit den Neunzigerjahren wurde so die öffentliche Wahrnehmung des wissenschaftlichen Kenntnisstands verzerrt.

Woher kamen die Stimmen, die zu dieser Zeit Zweifel am wissenschaftlichen Grundkonsens säten? Zu diesen Expert*innen gehörte etwa Frederick Seitz, der am Bau der Atombombe beteiligt gewesen ist und Präsident der US-Akademie der Wissenschaften war. William Nierenberg wiederum hatte sich zuvor als Physiker durch die Beteiligung am Bau der Atombombe und als Direktor eines renommierten Meeresforschungs-Instituts einen Namen gemacht. Der Astrophysiker Robert Jastrow schließlich hatte eine Leitungsfunktion bei der NASA inne und war dort unter anderem zuständig für das US-amerikanische Weltraumprogramm. Allesamt waren sie hoch angesehene Physiker, die es während des Kalten Krieges zu einiger Berühmtheit gebracht hatten.

Diese drei, Jastrow, Seitz und Nierenberg, waren es auch, die 1984 das George C. Marshall Institute gründeten, um das Raketenabwehrprogramm der Reagan-Regierung zu unterstützen. Schon vor Ende des Kalten Krieges begannen sie im Schulterschluss mit anderen Denkfabriken, Lobbygruppen und politischen Hardlinern systematisch gegen unliebsame Forschungsergebnisse vorzugehen. Sie attackierten Studien zum Krebsrisiko des Rauchens, zur Asbestgefahr, zum sauren Regen, zum sogenannten Ozonloch – und zur globalen Erwärmung. Es funktionierte hervorragend. Durch zahlreiche Gerichtsprozesse, vor allem gegen die Tabakindustrie, sind die Strategien und Vorgehensweisen dieses »Netzwerks des Leugnens«[11] heute bestens belegt. Das gilt auch für ihren Einfluss auf die Klimawissenschaft, wie Naomi Oreskes und ihr Historikerkollege Erik Conway beschreiben. Die professionellen Leugner zogen die wesentlichen Ergebnisse der Klimaforschung wie die Erderwärmung systematisch in Zweifel: »Anfangs behaupteten sie, es gebe sie nicht, später sollte es sich nur um natürliche Schwankungen handeln. Schließlich befanden sie, auch wenn es die Klimaerwärmung gebe, sei sie nicht so schlimm, und man könne sich ihr einfach anpassen.«[12]

Die Verwirrung, die durch diese fatale »Balance« in der Berichterstattung entstanden ist, wird bis heute am Leben gehalten. Die Kampagne #ExxonKnew macht seit langem darauf aufmerksam, wie groß der Einfluss dieser Interessengruppen auf unsere Wahrnehmung und Bewertung der Klimakrise ist. Bis heute investieren Institutionen wie das US-amerikanische Heartland Institute weltweit Millionenbeträge, um ihre Brisanz herunterzuspielen. Dieses Netzwerk ist keineswegs ein Einzelfall, sondern wurde im Laufe der Jahre als Geschäftsmodell in allen möglichen wissenschaftlichen Teilbereichen übernommen.[13]

Auch Deutschland kennt Institutionen, die sich bewusst in die Klimadebatte einmischen, um die Agenda ihrer Geldgeber durchzusetzen, zum Beispiel die *Initiative Neue Soziale Marktwirtschaft.* Diese von den Arbeitgeberverbänden der Metall- und Elektroindustrie finanzierte Lobbygesellschaft versucht die öffentliche Wahrnehmung durch Veröffentlichungen und Werbeaktionen zu beeinflussen. Der Grundtenor ihrer aktuellen Kampagne: Ja, »der Klimawandel ist die derzeit größte Herausforderung der Menschheit«, doch Anstrengungen auf nationaler Ebene sind nicht wirksam genug, zu teuer, schaden dem Wirtschaftsstandort Deutschland und gefährden Arbeitsplätze. Wirksamer Klimaschutz gelinge erst durch die Innovationen der Industrie, durch den Ausbau des Emissionshandels, durch die Entkopplung von Wirtschaftswachstum und Ressourcenverbrauch.[14]

Im Zusammenspiel rechtspopulistischer und konservativer Politiker*innen, Meinungsmacher*innen und interessengeleiteter Netzwerke werden politische Gegner und ihre Umwelt- und Klimaagenden systematisch in Zweifel gezogen. Dadurch ist es zu einer Situation gekommen, die absurder nicht sein könnte: Ausgerechnet diejenigen, die auch nur ansatzweise die Drastik der Lage begreifen und daraus die Notwendigkeit politischer Maßnahmen ableiten, werden als irrationale Ideolog*innen bezeichnet, als Hysteriker*innen oder Klimafanatiker*innen. Deshalb sprechen wir von einer Kommunikationskrise, wenn wir von der Klimakrise sprechen. Die Frage, ob man sich der Realität der Klimakrise stellt oder nicht, hängt heute nicht mehr vom jeweiligen Informationsstand ab, zumindest nicht nur. Sie ist zu einer Frage des politischen Framings geworden.

JENSEITS DES VORSTELLUNGSVERMÖGENS

Ein weiteres Kommunikationsproblem hat mit dem Ausmaß der Krise zu tun: Die Klimakrise ist zu krass. Die Wahrheit über das bisherige Versagen der Menschheit, die Wahrheit über das Ausmaß der schon jetzt zu beklagenden Zerstörungen und die Wahrheit über die Gefahren, die erst noch bevorstehen – all das ist schwer zu fassen und kaum zu verarbeiten. Wie reagiert der Mensch auf derart überfordernde Botschaften? Er kämpft gegen sie an oder wendet sich ab. In der Psychologie wird dieses Verhalten in Stresssituationen als Kampf-oder-Flucht-Reaktion bezeichnet.

Die Kämpfer gehen in die Offensive: Sie stellen entweder die Botschaft (»Klimawandel ist eine Lüge«) oder zumindest den oder die Überbringer*in der Botschaft infrage (»Greta hat keine Ahnung«, »Luisa ist doch auch schon mal geflogen«); sie leugnen den Klimawandel (AfD) oder spielen herunter, wie schlimm er ist (CDU/CSU). Die Flüchtenden wenden sich ab und überlassen die Debatte anderen. Im Gefühl, selbst ohnehin nichts ausrichten zu können.

Das ist das Problem: Es fällt schwer, über diese Krise zu sprechen. Einerseits aufgrund einer jahrzehntelangen gezielten Desinformationskampagne, der es gelungen ist, die Krise als wissenschaftlich umstrittenes Nischenphänomen erscheinen zu lassen. Andererseits, weil die schiere Unverdaulichkeit der Wahrheit häufig ein Gefühl der Ohnmacht und Resignation hervorruft.

Es gibt Momente, in denen sich alles sinnlos anfühlt. In denen der Kampf verloren scheint, bevor wir ihn erst so richtig begonnen haben. Das nennt man wohl Weltschmerz, im wahrsten Sinne des Wortes. Der 18. Juni 2019 war einer dieser Tage. Ich, Luisa, kochte Kaffee und scrollte währenddessen auf dem Handy über den Guardian. Und konnte einfach nicht glauben, was ich da las.

Ziemlich genau drei Jahre davor, im zweiten Semester des Geografiestudiums, hatte ich das erste Mal etwas über die sogenannten Tipping Points gelernt. Tipping Points, auf Deutsch Kipppunkte, sind die wissenschaftlich definierten Punkte, an denen unaufhaltsame, irreversible Kettenreaktionen ausgelöst werden. In der Klimawissenschaft galt als Umschlagspunkt, wenn etwa die Oberfläche des Grönlandeisgletschers schmilzt oder der nordische Permafrostboden auftaut. Von diesen Momenten an können wir die Erwärmung schlimmstenfalls nicht mehr aufhalten. Sie verselbständigt sich, nimmt an Fahrt auf und verwandelt die Erde zu etwas, was Wissenschaftler*innen als »Hot House« bezeichnen. Eine planetare Sauna.

Die Botschaft aus dem zweiten Semester war eindeutig: Die

Kipppunkte sind der Anfang vom Ende. Sie müssen um jeden Preis vermieden werden. In fast jedem Vortrag, den ich seitdem gehalten habe, erzählte ich von diesen fatalen Schwellen.

Nun stand ich also morgens in der Küche und las die Titelgeschichte des Guardian: »Wissenschaftler sind schockiert. Der arktische Permafrostboden taut siebzig Jahre früher als berechnet auf.«[15] Eine Entwicklung, die frühestens für das Jahr 2090 erwartet worden war, ließ sich also schon jetzt nachweisen. Damit war wahrscheinlich ein Umschlagspunkt erreicht. Ein anderer Artikel zum Auftauen des Permafrosts sprach gar von einer »katastrophalen Fehleinschätzung«[16] seitens der Wissenschaft. Sie hatte die Gefahr zwar schon lange erkannt und dieses Ereignis vorhergesehen, wurde nun aber selbst vom Tempo und der Heftigkeit der Krise überrascht.

Vielen erscheint die Klimakrise als ein entferntes und abstraktes Phänomen. Bei mir ist das anders. Die Klimakrise ist Teil meines Lebens, ich sehe sie in jedem Aspekt des gesellschaftlichen Alltags. Und niemals zuvor hat sie sich bedrohlicher angefühlt als an diesem Morgen. Jahrelang war ich vor diesem Ereignis gewarnt worden. Einem Ereignis, das nun plötzlich da war. Es war, als wäre die Klimakrise plötzlich mitten in meiner Küche angekommen. Als hätte sie sich auf meine Schultern gesetzt, ohne sich je wieder abschütteln zu lassen. Die Nachricht vom auftauenden Permafrost machte mich fassungslos. Und fassungslos machte mich auch, dass keine weiteren Schlagzeilen folgten. Es gab keine Krisensitzung, keine Eilmeldung, keine Sondersendung. Der Tag ging vorbei. So wie der nächste. Und der übernächste. Als wäre nichts Besonderes passiert.

Es ist leicht, die Relevanz von Kipppunkten zu unterschätzen. Doch in einer Zeit, in der die Krise zur Normalität ge-

worden ist, besteht die zentrale Herausforderung darin, Dringlichkeit deutlich zu machen, ohne Resignation auszulösen, und hierbei ist es entscheidend, die Kipppunkte zum Thema zu machen. Sie müssen verstanden werden. Denn sie erzählen von einem Klimasystem, das eben nicht graduell kaputter und dysfunktionaler wird. Nicht Stück für Stück, langsam und gemächlich, bis wir es schaffen, dem Einhalt zu gebieten. Die Kipppunkte machen uns klar, dass die Klimazerstörung in Teilen irreversibel sein kann. Das Wissen darum fordert uns auf, die menschliche Überheblichkeit abzulegen, mit der wir uns in biblischer Manier einbilden, über die Schöpfung »walten« zu können. Wir müssen uns auf die Erkenntnis einlassen, dass wir das Klima nicht bedingungslos »reparieren« können. Die planetaren Rehabilitierungspotentiale haben ihre Grenzen. Es ist wie bei einem Kajak. Bis zu einem bestimmten Neigungswinkel wirkt eine Kraft, die es aufrichtet, ab einem bestimmten Winkel aber sorgt dieselbe Kraft dafür, dass es kentert. Kipppunkte sind die Deadline der Menschheit, zynischerweise nicht nur im metaphorischen Sinn. Es lässt sich im Groben voraussagen, wann diese Kipppunkte einsetzen, Forscher*innen wie Johan Rockström vom PIK haben zu dieser Frage viel herausfinden können. Doch der tauende Permafrostboden hat gezeigt, dass auch alles viel schneller gehen kann. Und dass es unter keinen Umständen dazu kommen darf.

Für die Klimakommunikation ist der Arbeitsauftrag klar: Fangt an, über Zeitlichkeit und Dringlichkeit zu sprechen. Denn langsamer Klimaschutz ist vergebens – mit dem Eintreten der Kipppunkte kentert das Kajak. Folglich muss sich Kommunikation auch mit der Zeitachse befassen. Wie oft wird erzählt, dass Klimaschutz ökologische Anforderungen mit dem Sozialen und dem Ökonomischen in Einklang bringen muss. Dieser Dreiklang ist unvollständig, er braucht eine vierte Dimension – die Zeit. Denn auch die besten Klimaschutzvorhaben werden vergebens sein, wenn nicht in dem zeitlichen Rahmen gehandelt wird, den die Geophysik vorgibt. Sie ist schwer auszuhalten, diese physikalische Wahrheit. Sie ist erdrückend. Doch sie muss erzählt werden. Sachlich, akkurat, und angemessen laut. Klimakommunikation muss fordern und herausfordern. Viele fragen uns: »Braucht es Angst? Braucht es Panik?« Was für Fragen! Wer sich die Daten ansieht und ernst nimmt, bekommt natürlich Angst. Was sonst, das ist mehr als menschlich. Die Frage ist nur: Was machen wir daraus? Die Vermittlung der Klimakrise muss einen konstruktiven Rahmen schaffen für das Unzumutbare: Für die Auseinandersetzung mit Nachrichten, die allen, und insbesondere denjenigen, die noch so viel von ihrem Leben vor sich haben, den Blick in die Zukunft erschweren.

DAS KLIMA DER MEDIEN

Als wir anfingen, an diesem Buch zu arbeiten, schien es uns absurd, auf welche Weise die Debatte geführt wurde. In den Medien wurde die Klimakrise meist wie eine Düngemittelverordnung behandelt – sie war ein Nischenthema, über das irgendwo hinten auf den Wissenschaftsseiten der Zeitungen geschrieben wurde. Nach dem Motto: »Kann man mal drüber sprechen, wird allerdings auch schnell langweilig.« Zwei Jahre später hat sich das zumindest ein wenig verändert. Mittlerweile macht das Klima immerhin Schlagzeilen.

Und dass die Klimaproteste in den Medien immer präsenter geworden sind, hat etwas bewirkt. Immer häufiger werden Klimaaktivist*innen oder Wissenschaftler*innen eingeladen, für das Politikressort oder die Meinungsseiten zu schreiben oder bei Wirtschaftskonferenzen zu sprechen. Sie bleiben aber noch immer ein exotischer Gast, sie werden nicht als Expert*innen für ein Problem präsentiert, das die Menschen umtreibt. Eine Ursache unserer gegenwärtigen Kommunikationskrise ist, dass sich ein großer Teil der Journalist*innen zu lange aus der Affäre gezogen hat. Es wird berichtet, wenn etwas Spektakuläres passiert; möglichst erhitzte Kontroversen regen auf und steigern die Klickzahlen. Indessen müssten gerade die Medienhäuser die Verantwortung übernehmen, die desinformierte Öffentlichkeit auch durch guten Klimajournalismus aufzuklären.

Noch immer fehlt ein Verständnis dafür, dass das Klima kein Thema ist wie jedes andere. Medien, die öfter berichten und die Klimafrage in den Fokus rücken, werden schnell als »aktionistisch« bezeichnet – weil es anscheinend ein Skandal ist, eine existenziell bedeutende Frage auch dann zu thematisieren, wenn gerade kein politischer Schlagabtausch zum Thema stattfindet. Die Klimakrise verlangt nach anderen medialen Darstellungsformen. Es reicht nicht, darauf zu warten, dass ein großes Unglück passiert, damit »Nachrichtenwert« generiert wird. Die Klimakrise passiert jeden Tag, auf der ganzen Welt. Sie ist eine permanente Bedrohung. Würde jeder schmelzende Gletscher, jeder brennende Wald, jede ausgestorbene Art behandelt werden wie ein Attentat, dann wären die Nachrichten voll davon. Das nämlich sind die vielen kleinen Katastrophen, die zusammengenommen die Klimakrise ausmachen: Attentate auf die Menschheit.

Wenn aber doch Schlagzeilen produziert werden, dann viel zu oft von politischen Journalist*innen ohne wissenschaftliche Expertise oder auch nur Grundlagenwissen. So bekommt die Klimaignoranz politischer Entscheidungsträger*innen zumindest indirekt Rückendeckung: dadurch, dass das kritische Hinterfragen der aktuellen Klimakonzepte und die Bloßstellung früheren klimapolitischen Versagens ausbleibt.

Das (konservative) politische Establishment profitiert enorm davon, dass die Berichterstattung der Klimakrise oft so lapidar ausfällt. Es fehlen Stimmen, die Politiker*innen herausfordern, die ihre Tatenlosigkeit anprangern, ihre fatale Planlosigkeit bloßstellen. Bis *Fridays for Future* auf die Straße ging, gab es fast gar keine Konfrontation. Diese Bewegung prallte mit voller Wucht auf eine Politik, die sich schockierend ahnungslos gab. Wo fängt man an, wenn Abgeordnete, Minister*innen, Bürgermeister*innen – überwiegend Männer übrigens – mit einem Schulterzucken auf die zentrale Frage des Jahrhunderts reagieren? Wenn sie vielleicht wirklich kaum wissen, wie das Pariser Abkommen politisch umzusetzen wäre? Wenn sie nicht erklären können, welche Konsequenzen die Überschreitung des 1,5-Grad-Ziels konkret hätte? Und was zu tun wäre, um dieses Ziel einzuhalten?

Eine neue Studie, die im August 2019 veröffentlicht wurde, verdeutlicht eine weitere beunruhigende Entwicklung: Beim Vergleich der medialen Präsenz von Klimaleugner*innen und Wissenschaftler*innen zeigte sich, dass die Leugner*innen vierzig Prozent öfter in den Medien erwähnt wurden als die Expert*innen.[17] Dabei ist entscheidend welche Formate untersucht werden. Bezieht man sich allerdings auf die traditionellen Medien, beträgt die Differenz nur noch ein Prozent. Denn die überwiegende Masse der haltlosen Aussagen ist in neuen Medienformaten zu finden, deren große Präsenz die Gefahr birgt, den seriösen Journalismus zu verdrängen – und mit ihm die sachliche Berichterstattung über die Klimakrise.

Es liegt auch an der Wissenschaft, die Entscheidungsträger*innen zu schulen. Wissenschaftler*innen werden aber zu selten zum Thema befragt, dafür fehlte es zu lange an gesellschaftlichem Nachdruck. Außerdem sind Wissenschaftler*innen von sich aus keine Kommunikationsexpert*innen und haben kaum das Budget für eine wirksame Öffentlichkeitsarbeit. Ausnahmen bestätigen dabei die Regel: In Deutschland füllt der Wissenschaftliche Beirat der Bundesregierung Globale Umweltveränderungen (WBGU) die Lücke zumindest in Bruchteilen. Wer aber sorgt dafür, dass die Vorschläge der Wissenschaft auch befolgt werden? Auch dies ist eine Frage des öffentlichen und wirtschaftlichen Drucks. Woher dieser kommen soll, bleibt aber ungewiss, solange die politischen und medialen Akteur*innen den Ernst der Lage nicht vermitteln.

Mit welchen Mitteln setzt man etwas auf die mediale Agenda, das uns betrifft, weil es unsere Zivilisation auf beispiellose Weise bedroht? Und zwar auch dann, wenn die hässlichsten Bilder, die die Klimakrise produziert, bislang noch von fernen Orten stammen? Unsere Journalist*innen haben ihre Hausaufgaben noch lange nicht gemacht.

Wer handelt, wenn niemand spricht? Wer handelt, wenn zwar gesprochen wird, aber niemand zuhört? Hier dreht sich die Klimakommunikation im Kreis. Zurück bleibt eine un- oder sogar desinformierte und manchmal resignierte

Öffentlichkeit, eine abgelenkte Politik und eine Medienwelt, die jedem Fußballspiel größere Aufmerksamkeit schenkt als unseren reihenweise kollabierenden Ökosystemen.

WIE KOMMEN WIR DA RAUS?

Indem wir die Wahrheit sagen. Und zwar in einer angemessenen Sprache. Indem wir Geschichten erzählen, die Menschen erreichen. Wir brauchen eine Sprache, welche die Krise im Alltag begreifbar macht, nicht auf eine lähmende, sondern auf aktivierende Weise. Wollen wir damit Angst machen? Wir können es nicht ändern: Die Realität der Krise ist nun einmal angsteinflößend. Wir wollen aber, dass die Angst konstruktiv wirkt. Dass sie das Verantwortungsbewusstsein und die Handlungsbereitschaft jedes Einzelnen weckt. Ganz im Sinne von Günther Anders, der, unter dem Eindruck eines möglichen Atomkrieges, den »Mut zur Angst« gefordert hat. Wir bräuchten, so formulierte es der Philosoph: »1. Eine furchtlose Angst, da sie jede Angst vor denen, die uns als Angsthasen verhöhnen könnten, ausschließt. 2. Eine belebende Angst, da sie uns statt in die Stubenecken hinein in die Straßen hinaustreiben soll. 3. Eine liebende Angst, die sich um die Welt ängstigen soll, nicht nur vor dem, was uns zustoßen könnte.«[18]

Furchtlos, belebend, liebend. Vielleicht sind es diese Eigenschaften, die die Klimakrise und die zu ihr gehörende Kommunikationskrise heute von uns erfordert.

7

DIE KLIMAKRISE IST EINE KRISE DES FOSSILEN KAPITALISMUS

Schon unseren Eltern wurde erklärt, dass Nachhaltigkeit mit wirtschaftlichem Wachstum vereinbar sein müsse. Denn die Kräfte des Marktes, so lautete das Credo, seien der Garant einer grünen und prosperierenden Zukunft. Daran hat sich auch Jahrzehnte später kaum etwas verändert. Wie unseren Eltern wird auch uns offenbart, dass Ökologie, Ökonomie und das Soziale die drei Säulen einer zukunftsgerichteten Politik seien. Das klingt stimmig, eine schöne Erzählung. Nur geht sie in der Realität nicht auf. Nach Jahrzehnten des Wachstums, der Einführung marktbasierter Instrumente, freiwilliger Selbstverpflichtungen der Wirtschaft und öffentlich finanzierter Anreize für Unternehmen steuert die »marktkonforme Demokratie«, wie sie Angela Merkel 2011 in einer Rede genannt hat, geradewegs in den Klimakollaps.

Immer dringlicher stellt sich die Frage, wie lange wir noch darauf hoffen sollen, dass die unsichtbare Hand des Marktes die Klimakrise in den Griff bekommt und einen CO_2-Preis aus dem Hut zaubert, der so hoch ist, dass die tatsächlichen Kosten einer jeden Tonne CO_2 gedeckt werden. Dass der Markt für die Einhaltung der Klimaziele von Paris sorgt.

Dass der Markt die eine geniale Erfindung ausspuckt, die uns vor der Klimakrise rettet.

Die Chancen stehen hoch, dass all das nicht rechtzeitig eintreten wird, solange wir uns darauf verlassen, dass das »der Markt« für uns regelt. Die vergangenen Jahrzehnte haben gezeigt, dass freiwillige Selbstverpflichtungen nicht ausreichen, wenn die Lebensgrundlagen für die zukünftigen Generationen erhalten werden sollen. Warum sollte man also darauf warten? Wir wissen doch längst, dass unsere Art zu wirtschaften, zu produzieren und zu konsumieren die planetaren Grenzen sprengt.

Genau genommen sind das neun Grenzen, die Johan Rockström, Direktor des PIK, wie folgt definiert: Den Klimawandel, die Versauerung der Meere, den Abbau der Ozonschicht, den Phosphor- und Stickstoffzyklus, den globalen Frischwasserverbrauch, die Veränderungen in der Landnutzung, den Verlust der biologischen Vielfalt, die atmosphärische Aerosoldichte und die chemische Verschmutzung.[1] In den letzten 10 000 Jahren waren diese Systeme weitgehend stabil, nun sind sie aus dem Gleichgewicht geraten. Am dramatischsten ist laut Rockström das Artensterben. Laut Weltbiodiversitätsrat der Vereinten Nationen ist heute fast ein Viertel der Landflächen ökologisch heruntergewirtschaftet und nicht mehr nutzbar. 85 Prozent der Feuchtgebiete sind bereits zerstört, neun Prozent aller Nutztierrassen sind ausgestorben. Eine Million Arten sind in den nächsten Jahren und Jahrzehnten vom Aussterben bedroht. Die Rate des Artensterbens ist damit mindestens zehnmal höher als im Durchschnitt der letzten zehn Millionen Jahre. Die Tendenz ist steigend.[2] Auch der Stickstoffzyklus und der Klimawandel sind laut Rockström bereits in einem Ausmaß schädigend, dass sie die Existenzgrundlagen der Tierwelt und der Menschheit gefährden.

Es ist eigentlich offensichtlich. Wenn ein Verständnis von der Existenz planetarer ökologischer Grenzen nicht ausreicht, muss ihrer Überschreitung juristisch Einhalt geboten werden; wenn der massive Einsatz von Stickstoff und Phosphor in der industriellen Landwirtschaft die Fruchtbarkeit der Böden zerstört, müssen wir ihren Einsatz begrenzen; wenn das Kohlendioxid die Erde aufheizt, dann müssen wir die größten CO_2-Emittenten vom Netz nehmen und von den Straßen und aus der Luft verbannen; wenn Methan einen ähnlichen Effekt hat, dann müssen wir die Fleischproduktion einschränken; wenn Emissionen in Innenstädten Kinder und alte Menschen krank machen, dann müssen sie reduziert werden; wenn exorbitanter Einsatz von Nitrat unser Trinkwasser verseucht, dann muss diese Praxis reguliert werden.

Nichts davon ist Selbstzweck oder gar Ausdruck einer »Hypermoral«, wie Öko-Profis wie Christian Lindner erklären. Es geht schlicht darum, Konsequenzen aus der Feststellung zu ziehen, dass wir eine historische Zäsur erreicht haben: Die Erzählung von Win-Win-Situationen hat sich als Mythos entpuppt, sie hat in eine Sackgasse geführt. Um innerhalb der planetaren Grenzen und im Rahmen des Pariser Abkommens zu bleiben, braucht es einen energischen Umbau von Infrastrukturen, und der wird nicht ohne Einschnitte in unsere klimaschädlichen Gewohnheiten zu haben sein: sei es für den Verkehr, die Energiegewinnung, die Industrie oder die Landwirtschaft. Das wird nicht »freiwillig« passieren oder gar vom »Markt« bewerkstelligt werden, sondern muss mit ordnungsrechtlichen Maßnahmen, Regulierungen, Verboten und Anreizen durchgesetzt werden.

Es ist ein weitverbreitetes Missverständnis, dass Verbote immer radikal sind, dass sie immer linker Politik entspringen und dass sie zwangsläufig Menschen etwas wegnehmen. Konservative und Liberale beeilen sich daher unentwegt, sich davon zu distanzieren, auch Angela Merkel betont regelmäßig, »nicht über Verbote und Gebote« regieren zu wollen, sondern auf »Innovation« zu setzen.[3]

Die zum Teil hysterischen Reaktionen auf Vorschläge zu staatlichen Regulierungen und Verboten zeigen deutlich, wie dominant hierzulande der Glaube an die heilsamen Kräfte des Marktes ist. Die kategorische Ablehnung von verbindlichen Sektorzielen für Emissionen, für Tempolimits auf Autobahnen oder Fahrverboten in den Innenstädten ist ein Symptom der tiefen Verwurzelung des neoliberalen Denkens in unserem politischen System. Was ist radikal daran, umwelt-, klima- und gesundheitsschädliche Geschäftspraktiken zu verbieten? Radikal ist es, sie nicht zu regulieren. Radikal ist es, stattdessen Anreize zu schaffen, die Unternehmen, die Umwelt, Klima und Gesundheit schädigen, steuerlich zu entlasten. Radikal ist es, einen anhaltenden ökologischen Wahnsinn im Namen der Freiheit zu verteidigen. Radikal, auf die denkbar destruktivste Weise.

Friedrich August von Hayek, eine zentrale Gründungsfigur des Neoliberalismus, bezeichnete es einst als »verhängnisvolle Anmaßung« des Menschen, volkswirtschaftliche Prozesse besser steuern zu wollen, als es das Prinzip von Angebot und Nachfrage vermag.[4] Hayek hielt die Marktwirtschaft für die höchste Stufe einer kulturellen Entwicklung, die sich durch die Weitergabe von kulturell und genetisch übermittelten Verhaltensweisen ergeben habe. Als Resultat dieser Quasi-Evolution sei der Markt ein Ordnungsprinzip, das anderen vernunftbasierten Formen der gesellschaftlichen Ordnung überlegen sei. Daher, forderte Hayek, sollten wir uns von der unsichtbaren Hand des Marktes führen lassen und fest darauf vertrauen, dass es kein vernünftigeres Prinzip gebe, die Volkswirtschaft zu organisieren.

Heute leben wir in einer Gesellschaft, die viele politische Entscheidungen auf Grundlage dieses Glaubens trifft. Zu oft wird »der Markt« blind verteidigt, zu selten die Frage aufgeworfen, was dieser »Markt« eigentlich ist.

Wer »Markt« hört, denkt vielleicht an den Wochenmarkt um die Ecke; einen Ort, an dem Menschen Obst, Gemüse, Käse und so weiter zum Verkauf anbieten. Je nachdem, wie viele Menschen hier ihre Äpfel oder Avocados kaufen wollen, je nachdem auch, wie die Preise am Nachbarstand sind, gestalten die Verkäufer*innen den Preis ihres Angebots, so lautet die Lehre vom Markt. Je niedriger der Preis oder je knapper ein begehrtes Gut, desto größer sei relativ dazu die Nachfrage. Und umgekehrt. So schwanken die Preise fortlaufend, auf dass sich schließlich eine natürliche Balance von Angebot und Nachfrage einstelle. Dieses Idealbild stimmt aber schon beim simplen Beispiel des Wochenmarkts nicht. Jedes Kilo Kartoffeln, jeder Bund Radieschen ist in Europa staatlich subventioniert. Und könnte es sein, dass nicht nur die unsichtbare Hand des Markts, sondern auch stille Übereinkünfte der Händler*innen dafür sorgen, dass der Preis für einen Kopfsalat eine bestimmte Summe nicht unterschreitet?

Das Idealbild des Marktes macht es den Vertreter*innen des sogenannten Marktfundamentalismus leicht, die Theorie des sich selbst regulierenden Systems von Angebot und Nachfrage auch im politischen Diskurs zu etablieren. Wir sprechen hier von Marktfundamentalismus, weil das der Fluchtpunkt eines jeden Vorschlags aus dieser Richtung ist: Je mehr Markt, desto besser. Vor allem in der Wirtschaftspolitik und der Sozialpolitik, aber eben auch in der Klimapolitik genießt »der Markt« ein meist unhinterfragtes Ansehen als sprudelnde Quelle scheinbar effizienter und wirtschaftsverträglicher Politikansätze: Fundamentalismus at its best.[5]

Der Glaube an den Markt als höchstes, aber undefiniertes Gut nimmt Formen an, die absurder nicht sein könnten. Der Ökonom Stephan Pühringer hat Angela Merkels Reden aus den Jahren 2008 und 2014 analysiert. Er zeigt, dass sie wiederholt von »dem Markt« spricht, als sei er eine Person, die nicht »beunruhigt« werden darf oder von politischen Ideen »überzeugt« werden muss. Eine Person mit vitalen »Kräften«, die von der Politik geschützt werden muss, da die Politik keinesfalls in die selbstregulierenden Mechanismen des Marktes eingreifen darf.

Dabei verhält sich der Markt wie ein Stück Seife: Sobald

man versucht, ihn zu greifen, flutscht er aus der Hand. Wie der Ökonom und Kulturhistoriker Walter Ötsch erklärt, ist der Begriff mit verschiedenen, teils widersprüchlichen Bedeutungen aufgeladen und kann, je nach politischem Anliegen, flexibel verwendet werden. Mal wird er als *reales Phänomen* verstanden, das sich in Institutionen oder Gesetzmäßigkeiten äußert, mal als *Norm*, der es zu folgen gilt, mal als *Fiktion*, *Potentialität* oder *Utopie*, also als etwas Erstrebenswertes, das seiner Verwirklichung aber erst noch entgegensieht[6]. Praktischerweise immunisiert diese vielfältige Verwendungsweise gegen Kritik: Je nach Bedarf kann auf einen jeweils anderen Bedeutungsgehalt verwiesen werden.

Was dabei zumeist unterschlagen wird: Der Urvater der Volkswirtschaftslehre, Adam Smith, hat nie von »dem Markt« als einem singulären, abstrakten Prinzip gesprochen; er meinte, wenn er von Märkten sprach, immer konkrete Orte des Handelns und Tauschens. Das Konzept des Marktes, wie wir es heute verwenden, wurde in den Zwanzigerjahren von dem liberalen Ökonom Ludwig von Mises entwickelt. Sein Schüler von Hayek führte dieses Anliegen weiter. Zeit seines Lebens versuchte von Hayek, dem Marktprinzip eine philosophische Begründung zu geben.

Während Adam Smith den Markt immer als etwas Konkretes verstand, haben ihn von Mises, von Hayek und ihre Nachfolger zu einem generellen Ordnungsprinzip erhoben, das als Argument gegen fast jede Form staatlicher Regulierung ins Feld geführt wird. Dabei ist der Markt unentwegt mit positiven Begriffen wie Freiheit, Vernunft und Fortschritt konnotiert, der Staat aber mit negativen Aspekten wie Zwang, Belastung und Wettbewerbsverzerrung.

Zum Teil lässt sich dieses dichotomische Denken aus dem historischen Kontext der Zwanziger- und Dreißigerjahre erklären, der stark durch den Wettstreit der Systeme geprägt war. Unter dem Eindruck Lenins und des sozialistisch geprägten »roten Wiens«, in dem von Mises lebte, schrieb dieser im Jahr 1929: »Es gibt eben keine andere Wahl als die: entweder von isolierten Eingriffen in das Spiel des Marktes abzusehen oder aber die gesamte Leitung der Produktion und der Verteilung an die Obrigkeit zu übertragen. Entweder Kapitalismus oder Sozialismus; ein Mittelding gibt es eben nicht.«[7]

Heute, neunzig Jahre später, ist die Welt eine andere, und vielleicht würde sie auch von Mises anders beurteilen. Doch wirkt das Denken, das von Hayek und er über die Rolle »des Marktes« für die wirtschaftliche Entwicklung entscheidend geprägt haben, noch immer fort.

Es gibt eine Art von Gesprächen, die sich in ihrem Aufbau und Verlauf so ähneln, dass man Abhandlungen darüber schreiben könnte. Ich, Luisa, war Teil von vielen solcher Gespräche. Ob auf kleinen, mit Leder bezogenen Drehstühlen im Studio der Talkshow *Hart aber Fair*, ob in wuseligen Zeitungsredaktionen in Berlin-Kreuzberg, ob auf Podien unter schummrigem Scheinwerferlicht, ob in Cafés bei »Hinterzimmergesprächen«, ob zwischen Tür und Angel auf einem Empfang. Unsere Gespräche – mit uns sind diejenigen gemeint, die das Klima auf die Agenda setzen wollen – mit denjenigen, die diese Agenda in den letzten Jahrzehnten bestimmt haben, also Redakteur*innen, Politiker*innen und Unternehmer*innen, in der Regel sind es Männer in Anzügen, folgen dem immergleichen Muster.

In der Regel stand die Klimakrise in der Vergangenheit eher nicht auf der Agenda dieser Leute. Im besten Falle gesteht man inzwischen halbherzig zu, dass man »angesichts des Klimas was tun müsse«. (Eilt aber nicht.) Nun aber sind sie auf einmal gefragt, doch eine Meinung zu dem Thema zu haben. Jetzt, wo sie auf einmal von *Fridays for Future* herausgefordert worden sind.

Diese Gespräche lassen sich in drei Phasen einteilen. Sie beginnen oft mit Zuspruch oder Anerkennung. Sehr höflich und respektvoll, natürlich. Dann folgen ein paar Minuten, in denen man »Man müsste« sagt: Man müsste sich noch mehr anstrengen, man müsste mal ein ernstes Wort mit China sprechen, man müsste auch viel mehr auf Afrika schauen. Und dann, nachdem bekundet wurde, dass Klimaschutz sehr wichtig ist, dann folgt das große Aber. Ein Aber, an dem kein Weg vorbeiführt, ein Totschlag-Aber: Aber der Markt wird das ja regeln. Denn der Markt kann das. Die unsichtbare Hand des Marktes wird die Probleme für uns anpacken, sie wird die besten Mittel suchen und finden. Der Markt wird uns den Weg zum Erreichen der Klimaziele aufzeigen und uns dabei unseren »Wohlstand«, unser »Wachstum«, unsere Industrie und unsere Arbeitsplätze lassen.

Das meint Herbert Diess, der Vorstandsvorsitzende von VW, wenn er in Talkshows begeistert von der Markteinführung der Elektroautos erzählt, das meint Christian Lindner, wenn er, wohin er auch kommt, von Innovationen und Marktmacht spricht, das meinen die Leitartikel in der Welt und der Frankfurter Allgemeinen Zeitung, wenn sie »Verbote« undifferenziert verteufeln und vor Bevormundung und einer Rezession warnen. Sie alle sind Agenda-Setter. Sie malen das paradoxe Bild eines Marktes, der einerseits als Superheld porträtiert wird, der einzig unser Klima retten kann, aber andererseits ein fragiles und reizbares Männlein zu sein scheint, das man nicht ärgern oder gar ins Wanken bringen darf.

Bevor man also auf die Idee kommt, das menschengemachte System »des Marktes« verändern zu wollen, verändert man halt lieber das natürliche System des Weltklimas. Als hätte man mehr Angst um das Wohlergehen des Marktes als um die Zukunft unserer Zivilisation. Das Ende der Klimakrise, denke ich am Ende dieser Gespräche, wird unerreichbar bleiben, wenn wir diese Angst nicht ergründen.

In weiten Teilen der Welt hat sich der fossile Kapitalismus neoliberaler Prägung als vorherrschendes Prinzip durchgesetzt. An vielen Orten gefährdet er durch den exzessiven Ressourcenverbrauch die Existenzgrundlagen menschlichen Lebens. Ironischerweise gelten sogenannte »marktbasierte Instrumente« auf nationaler und internationaler Ebene bislang dennoch als die einzig erfolgversprechende Antwort auf diese Bedrohung.

Seit den Achtzigerjahren, also parallel zum Aufstieg des Neoliberalismus, der in den Vereinigten Staaten unter Ronald Reagan und in Großbritannien unter Margaret Thatcher zum systemischen Shootingstar wurde, gewann auch der sogenannte marktbasierte Umweltschutz eine immer größere Bedeutung. Im Zeichen von zunehmender Deregulierung, geschwächten Regierungen, Privatisierungen und staatlichen Budgetkürzungen wurde es den Märkten überlassen, die Natur zu beschützen und zu verwalten. Im Zentrum dieses Ansatzes stand die Zuteilung individueller Besitztitel an Land, Wasser, Wäldern und Fischerei und der privatwirtschaftliche Handel mit diesen Ressourcen. Man ging davon aus, dass der »freie Markt« durch hohe Preise von selbst Anreize für ihre nachhaltige Bewirtschaftung und Nutzung hervorbringen würde und damit effizienter zum Umweltschutz beitrüge als der staatliche Zugriff auf natürliche Ressourcen.

Spätestens in den Neunzigerjahren wurde dieser Ansatz auch für den Umgang mit der Klimakrise relevant. Der Handel mit CO_2-Zertifikaten und anderen »Verschmutzungsrechten« ist seit dem Kyoto-Protokoll von 1997 weltweit der zentrale Handlungsansatz zur Reduktion von Treibhausgasen. Mit dem »Emissions Trading Scheme« der Europäischen Union wurde nach dem Vorbild des Kyoto-Protokolls der größte Emissionsmarkt der Welt geschaffen. China bereitet gerade die Einführung eines eigenen Handelssystems vor, das der EU im Jahr 2020 den Rang als weltgrößte Verschmutzungsbörse ablaufen wird. Zwanzig solcher Handelssysteme sind weltweit bereits etabliert, Länder wie Mexiko, Kolumbien und Chile diskutieren oder testen gerade ihre Einführung. Aktuell werden jedoch nur rund acht Prozent der globalen Treibhausgase an solchen Börsen gehandelt, mit China soll der Wert auf 14 Prozent steigen.

EIN PREISSCHILD AUF DER NATUR SOLL UNS RETTEN. ERNSTHAFT?

Die stetige Ausweitung des Emissionshandels offenbart, wie paradox die Lage ist: Einerseits wird dieses Instrument von vielen Verantwortlichen in Politik und Wirtschaft noch immer als der beste klimapolitische Ansatz betrachtet. Denn in der Theorie soll diese Herangehensweise extrem effizient sein. Andererseits ist seine Wirksamkeit bis heute erstaunlich gering. Die globalen Emissionen sind auch in den letzten zwei Jahrzehnten stetig gestiegen, was nicht nur am chinesischen Kohle-Boom liegt. Und dass es in den vergangenen Jahren einen leichten Rückgang der Emissionen auf Ebene der Europäischen Union zu verzeichnen gibt, ist vor allem dem Ausbau erneuerbarer Energien[8] zu verdanken und nur in Teilen dem Handel mit Verschmutzungsrechten.

Grund für die mäßigen Ergebnisse des Emissionshandels sind nicht die Wirkungslosigkeit des Prinzips an sich, eher war der viel zu niedrige Preis der Zertifikate verantwortlich, weshalb zuletzt immer mehr Regulierungen und verstärkte Eingriffe in die Märkte zu beobachten sind. Durch die Ausweitung des Emissionshandels einerseits und seine stärkere Steuerung andererseits soll seine Wirksamkeit verbessert werden.

Was jedoch deutlich wird: Es gibt kaum Grund zur Annahme, unsere Zukunft sei beim Markt und seinem Instrument des Emissionshandels in guten Händen, im Gegenteil, es wäre töricht, ihm unser Schicksal anzuvertrauen. Wir müssen feststellen, dass wir uns nach Jahrzehnten der Fokussierung auf marktbasierte Klimaschutzmaßnahmen mit großen Schritten auf irreversible Kipppunkte unseres globalen Ökosystems zubewegen. Uns rennt die Zeit davon.

Das ist nicht alles. Denn es ist zweifelhaft, ob das Marktprinzip als solches zur Lösung der Klimakrise taugt. Für den Wirtschaftshistoriker Karl Polanyi, der im Wien der Zwanzigerjahre eine Art Gegenspieler von von Mises und von Hayek war, lag die Ursache dafür in der Marktwirtschaft selbst begründet.

Vom Beginn der im 19. Jahrhundert einsetzenden Industrialisierung an beobachtete Polanyi, wie immer größere gesellschaftliche Felder der Logik des Marktprinzips unterworfen wurden, bis diese Logik vollends zur »Matrix« des gesellschaftlichen Systems wurde. Die gesamte Gesellschaft ist nunmehr nichts anderes als ein Anhängsel des Marktes.

»Eine solche Institution konnte über längere Zeiträume nicht bestehen, ohne die menschliche und natürliche Substanz der Gesellschaft zu vernichten; sie hätte den Menschen physisch zerstört und seine Umwelt in eine Wildnis verwandelt«,[9] warnte Polanyi 1944 in seinem Buch *The Great Transformation*. Er skizzierte darin die Entstehungsgeschichte der Marktwirtschaft und warnte vor ihren zerstörerischen Folgen.

Polanyi hat früh begriffen, was noch heute gilt: Da Märkte nicht ohne Waren und Preise funktionieren, wird allmählich ein immer größerer Teil unserer sozialen Wirklichkeit zum handelbaren Gut. Eine Absurdität, die uns vielleicht nur deshalb kaum noch auffällt, weil sie allzu normal geworden ist. So verständnislos, wie wir heute auf die Sklavenmärkte des 18. Jahrhunderts zurückblicken, werden unsere Nachfahren unter Umständen einmal auf unser Treiben von heute schauen: Auf alles, was uns umgibt, kleben wir ein Preisschild. Wir handeln nicht nur mit Rohstoffen und den daraus erzeugten Gütern, mit Tieren, Immobilien, Finanzprodukten, Wetten auf Schwankungen an den Aktienmärkten und Versicherungen für und gegen alles und jedes – wir handeln auch mit einem Recht, das wir selbst erst erfunden haben: dem Recht, unseren Planeten, die Atmosphäre und unsere Mitmenschen zu verpesten.

Die Umwandlung der Natur in eine »fiktive Ware«, wie Polanyi das nannte, war für ihn »das vielleicht absurdeste

Unterfangen unserer Vorfahren«.[10] Grund und Boden waren und blieben für ihn immer Natur, die untrennbar mit den Lebensumständen der Menschen verwoben ist. Der Boden »verleiht dem Leben des Menschen Stetigkeit, er ist der Ort seiner Behausung, er ist eine Bedingung für seine physische Sicherheit, er bedeutet Landschaft und Jahreszeiten«.[11]

Woran Polanyi uns erinnert, ist der schlichte Umstand, dass wir nur zu Gast auf diesem Planeten sind. Und so, wie wir zurzeit mit unserem Gastgeber umgehen, ist es kaum verwunderlich, dass er uns das Leben schwer macht. Der Weg in den Untergang ist, wie es scheint, mit gut gemeinten, marktbasierten Instrumenten gepflastert.

Als ich, Alex, 14 war, schenkte mir ein Freund meines Vaters ein Buch des Architekten und Futuristen Buckminster Fuller. Das Buch fiel schon auseinander, doch mit seinen vergilbten Seiten übte es eine eigenartige Faszination auf mich aus. Es war eine Sammlung von Vorträgen aus den Sechzigerjahren, in denen Fuller über die Gefahren und Chancen damaliger Technologien für das zukünftige Leben auf dem Planeten sprach. Er warnte eindringlich davor, auf fossile Brennstoffe als Energiequelle zu setzen. Womit, so seine Sorge, solle die Generation seiner Enkel denn die Maschinen betreiben, wenn die Vorräte an Kohle und Öl irgendwann aufgebraucht sind?

Mit der »Generation seiner Enkel«, das verstand ich sofort, war ich gemeint. Doch heute, über fünfzig Jahre nach Fullers Überlegungen, haben wir andere Sorgen. Wenn wir die Vorräte an fossilen Brennstoffen aufgebraucht haben werden, wird dieser Planet für die meisten Menschen unbewohnbar sein. Fullers Weitsicht ist für mich aus heutiger Sicht verblüffend, selbst wenn die Notwendigkeit für einen Übergang ins postfossile

Zeitalter mittlerweile die Vermeidung des Klimakollaps ist, nicht die Sorge um ein Ende fossiler Ressourcen.

Worum ich Fuller beneide, ist die Zuversicht, mit der er die technologische Entwicklung als Motor für Wohlstand und Fortschritt verstand. Fuller war überzeugt, dass die technologische Entwicklung der Schlüssel ist, um die drohenden Gefahren durch Krieg und Ressourcenknappheit abzuwenden. Nicht die Politik oder irgendeine Ideologie könne uns retten, sondern nur eine wissenschaftliche Design-Revolution, wie er es nannte. Die Technik, so Fullers Hoffnung, könne zu einer Steigerung der weltweiten Lebensqualität führen und so die Utopie eines Lebens in Wohlstand und Frieden für alle Wirklichkeit werden lassen.

Mich beeindruckt die Kraft, mit der Fuller über die Zukunft sprach. Sie manifestierte sich in seiner Arbeit: Seine futuristischen Stadtentwürfe sind legendär. Eine riesige Kuppel über Manhattan, die für saubere Luft und angenehmes Klima sorgt. Schwimmende Städte in den Buchten vor San Francisco oder Tokio, seetüchtig und geformt wie Tetraeder. In all dem steckt ein visionärer Blick auf die Welt von morgen, die den bevorstehenden Gefahren mit technologischer Raffinesse entgegentritt, immer in dem Vertrauen, der Natur einen Schritt vorauseilen zu können. Dieses Vertrauen ist heute mehr denn je erschüttert. Der Größenwahn von Menschen wie Buckminster Fuller, wie er auch heute noch im Silicon Valley oder in vielen Ansätzen des Geo-Engineering zu finden ist, hat uns mit in die Krise geritten, deren Anfänge wir derzeit erleben. So sehr mich die Weitsicht Fullers damals faszinierte, so sehr erschreckt mich heute der überhebliche Glaube daran, der Natur durch technologische Entwicklung ein Schnippchen schlagen zu können, statt auf die Erhaltung natürlicher Gleichgewichte und Kreisläufe zu achten.

DAS EINE MAL ALS TRAGÖDIE, DAS ANDERE MAL ALS FARCE

Anfang der Achtzigerjahre war die Klimakrise in den Vereinigten Staaten ein heiß diskutiertes Thema. Es herrschte weitgehendes Einverständnis darüber, dass der Treibhauseffekt eine Bedrohung für die künftigen Generationen darstelle. Man malte Szenarien einer eisfreien Arktis und versunkener Hafenstädte aus und spekulierte über Handelskriege und politische Unruhen, ausgelöst durch die klimatischen Veränderungen.

Es war schließlich der »Changing Climate«-Report von 1983, ein Bericht, an dem führende Wissenschaftler*innen wie der Klimatologe Roger Revelle und der Ökonom William Nordhaus beteiligt waren, der sich als Ventil für den stetig gewachsenen politischen Handlungsdruck herausstellte. Roger Revelle hatte als einer der ersten den Treibhauseffekt beschrieben. Schon 1957 kam er, zusammen mit dem Chemiker Hans Suess, in einem Aufsatz zu einer Schlussfolgerung, die heute zu den meistzitierten Aussagen in der Geschichte der Klimaforschung gehört: »Die Menschheit hat ein groß angelegtes geophysikalisches Experiment begonnen, das es in dieser Form weder in der Vergangenheit gab, noch in der Zukunft ein zweites Mal geben wird.«[12]

Doch nun, 26 Jahre später, rieten auf einmal dieselben Wissenschaftler*innen, die bis dato vor der globalen Erwärmung gewarnt hatten, dazu, nur nicht in Panik zu verfallen. Zwar wiederholten sie in ihrem Bericht ihre tiefe Besorgnis angesichts der Klimaveränderungen. Sie plädierten auch für einen beschleunigten Übergang zu erneuerbaren Energien. Aber ihre Schlussfolgerung war beruhigend: Vorsicht sei zwar geboten und weitere Forschung nötig, mehr aber auch nicht. Statt der Politik die Dringlichkeit vorbeugender Maßnahmen klarzumachen, übermittelten die Wissenschaftler*innen den Rat, auf die Genialität der nächsten Generationen zu hoffen, die sich schon selbst aus dem drohenden Desaster befreien würden.

Heute sind die technologischen Lösungsansätze meist nicht mehr als größenwahnsinnige Fantasien von Forscher*innen, die Aerosole in die Stratosphäre pusten, die globale Ozeanzirkulation beschleunigen oder die Meere düngen wollen. Die Forschung zum »Geo-Engineering«, wie diese Ansätze zusammenfassend genannt werden, ist zwar wichtig, um Wege zur Linderung des Treibhauseffektes und seiner Folgen zu erkunden. Aktuell gibt es aber keine Aussicht auf Technologien, die auch nur ansatzweise und in dem Ausmaß, das notwendig wäre, zu einer merklichen und kontrollierten Abschwächung der globalen Erwärmung beitragen können und finanzierbar wären.

Und die Atomkraft? Wäre das nicht eine einfache und erprobte Alternative der Energiegewinnung? Daran scheiden sich die Geister, insbesondere in Deutschland. Hier gab es eine besonders lebhafte Anti-Atom-Bewegung, aber auch ein langes Ringen um den Ausstieg aus der Atomenergie. Die extremen Gefahren für Menschen und Umwelt, die durch technologische Entwicklungen nie zufriedenstellend gemindert werden konnten, stehen den Vorteilen einer zwar kostenintensiven, aber relativ CO_2-armen Energiequelle gegenüber.

Im zweiten Kapitel des 2018 erschienenen 1,5-Grad-Sonderberichts des IPCC (im Deutschen oft als »Weltklimarat« bezeichnet)[13], wird die Sachlage sinngemäß so bewertet: Es gibt Szenarien für die Erreichung des 1,5 Grad-Zieles, bei denen die Kernkraft entgegen des derzeitigen Trends ausgebaut wird. Es ist aber auch möglich, den 1,5-Grad-Pfad ohne diesen Ausbau zu beschreiten. Der IPCC betont dabei die großen Risiken der Technologie sowie die Tatsache, dass Investitionen in die Kernenergie derzeit nicht profitabel sind[14]. Entscheidend dafür, ob der Anteil der Kernenergie an der globalen Energieerzeugung weiterhin sinken oder sich der Trend umkehren wird, ist die Art und Weise, wie in der Öffentlichkeit über diese Energiewende diskutiert wird und zum anderen die Bereitschaft, in den Ausbau und die Entwicklung erneuerbarer Energien zu investieren. Darüber hinaus steht fest: Deutschland kann die eigenen Klimaziele und auch die im Pariser Abkommen vereinbarten Ziele ohne Atomkraft erreichen.

Einzelne Aspekte marktbasierter Ansätze können sicherlich Teil einer Lösung sein. Aber die zentrale Frage ist doch: Wer leitet die zentralen Veränderungen ein, die innerhalb weniger Jahre notwendig sind, um das Schlimmste zu verhindern? Jeder IPCC-Bericht der vergangenen Jahre weist auf die Notwendigkeit enormer struktureller Veränderungen hin, auf einen Umbau unserer Energiesysteme, der Infrastrukturen, der Landnutzung, der Nahrungsmittelproduktion und der Art und Weise, wie sich Menschen und Waren von A nach B bewegen. Ein solcher Umbau der Gesellschaft muss geplant, koordiniert, begleitet und mit Nachdruck verfolgt werden. Keine unsichtbare Hand kann uns das abnehmen. Man denke an das Apollo-Projekt: Die Vereinigten Staaten sind nicht deshalb als Erste auf dem Mond gelandet, weil sie Preisanreize für Unternehmen geschaffen haben, Raketen zu bauen. Sie haben vielmehr ein klares Ziel formuliert und die erforderlichen Mittel bereitgestellt, um dieses Ziel zu erreichen. Auch wenn dieser Vergleich ein wenig hinkt: Wir brauchen auch von der Bundesregierung in der Klimakrise eine Handlungsbereitschaft, wie sie die Regierung der Vereinigten Staaten damals gezeigt hat.

Es ist eine Frage des politischen Willens. So wie es eine Entscheidung ist, das Wirtschaftswachstum über die Rechte zukünftiger Generationen zu stellen, kann die Entscheidung auch dahin gehen, konsequenten Klimaschutz im Sinne der Generationengerechtigkeit durchzusetzen.

Das Hoffen darauf, dass der Markt oder die Technologie uns aus dieser existentiellen Krise befreien werden, erinnert an das, was Karl Marx über den Verlauf der Geschichte gesagt hat: »Hegel bemerkte irgendwo, dass alle großen weltgeschichtlichen Tatsachen und Personen sich sozusagen zweimal ereignen. Er hat vergessen, hinzuzufügen: das eine Mal als Tragödie, das andere Mal als Farce.«[15] Mag die »Vorsicht, aber keine Panik«-Haltung des »Changing Climate«-Berichts im Jahr 1983 rückblickend vielleicht noch als tragischer Irrtum durchgehen, so ist die zaghafte Klimapolitik auf nationaler und internationaler Ebene angesichts der überwältigenden Evidenz des Problems heute in vielerlei Hinsicht eine Farce.

Es geht auch anders. Denn der Markt muss nicht bis in alle Ewigkeit als die Instanz gelten, die unsere Zukunft buchstäblich »in der Hand hat«. Im Mai 2019 verabschiedete sich Neuseelands Premierministerin Jacinda Ardern von Wachstum und Produktivität als Messgrößen für Regierungserfolg. Sie verkündete, dass alle neuen Ausgaben des Staates einen Beitrag zu folgenden fünf Prioritäten leisten müssen:

Verbesserung der psychischen Gesundheit, Reduktion von Kinderarmut, Bekämpfung der Ungleichheit von Maori und indigener Bevölkerung auf den pazifischen Inseln, die Entwicklung des digitalen Zeitalters und der Übergang zu einer nachhaltigen Wirtschaft mit geringen Emissionen.[16] Zwei Wochen zuvor hatte die Regierung außerdem einen Gesetzesentwurf mit dem Ziel vorgelegt, die Kohlendioxid-Emissionen Neuseelands bis 2050 auf Netto-Null zu senken.[17]

Es wird nicht das eine Prinzip geben, das uns aus der Misere befreit. Uns geht es auch nicht darum, pauschal Ansätze zu verteufeln, die Handlungsanreize für Unternehmen, Organisationen, Behörden und Einzelpersonen schaffen, ihre Arbeit nachhaltig zu gestalten. Gerade wir in Deutschland haben erlebt, wie die Einführung der EEG-Umlage im Jahr 2010 den Strommarkt der erneuerbaren Energien zeitweilig revolutioniert hat. Wir wissen auch, dass ein radikaler Umbau gesellschaftlicher Strukturen immer Schritt für Schritt erfolgen muss. Und dass er stets da beginnen muss, wo wir uns gerade befinden. Doch sollten wir uns nicht blenden lassen von vorgeschobenen Sachzwängen und den Versuchen der Parteien, das immer gleiche Programm als Zukunftskonzept zu vermitteln, nur hier und dort durch den Begriff »Klima« ergänzt.

Markt und Technologie werden uns nicht retten, das müssen wir schon selbst tun. Die Überwindung der Marktabhängigkeit wäre nicht die Überwindung von demokratischen Entscheidungsmechanismen, wie so oft befürchtet. Sondern vielmehr eine demokratische Prioritätensetzung, die sich am Wohl von Gesellschaft und Umwelt orientiert und die von Menschen gemachte Systeme wie »den Markt« menschengerecht gestaltet.

8

DIE KLIMAKRISE IST EINE WOHLSTANDSKRISE

In dem Augenblick, als mich, Luisa, ein wildfremder Mensch anrief und mir erklärte, ich solle nach unserem Gespräch sofort mein Handy ausmachen und mir eine neue SIM-Karte kaufen, lief ich aus Versehen vor einen Bus. Da der Busfahrer aufmerksamer war als ich und schnell genug bremste, konnte ich noch erleben, wie es sich anfühlt, wenn man ins Zentrum eines Shitstorms gerät.

Ich erfuhr, dass der Anrufer für eine politische Stiftung arbeitete und Social-Media-Kampagnen aus dem rechtspopulistischen Spektrum verfolgte. Einige Stunden zuvor hatte ein Kolumnist, der unter anderem für eines der größten Medienhäuser des Landes schrieb, Links zu zwanzig Fotos von meinem Instagram-Account bei Twitter hochgeladen und zusammen mit kurzen Texten seinen über zwanzigtausend Followern präsentiert. Jetzt warnte mich der Anrufer, dass die nächsten Stunden vermutlich etwas unangenehm werden würden. Auf den Fotos war ich im Ausland zu sehen, zu einigen der Orte war ich geflogen. Die Idee, mittels dieser Fotos mein Flugverhalten zu thematisieren, funktionierte hervorragend. Nur wenige Stunden später war mein Feed geflutet mit Kritik und Hassnachrichten: Doppelmoral, Wasser und Wein und Scheinheiligkeit. Zwei Tage später lud jemand einen Videozusammenschnitt hoch, man hatte ihn sogar mit Musik untermalt. Auch das ging auf.

Eine Klimaaktivistin, die schon mehrmals geflogen ist: Das gehe nicht. Zehntausende Mal wurde das Video geklickt, Medien griffen das Thema auf, bei Wikipedia wurde der Beitrag über mich um den Abschnitt »Kontroverse« ergänzt.

Schließlich wurde ein Dokument mit meiner Telefonnummer auf einem Twitter-Account verlinkt.

Als ich das erste Mal von einem Mann angerufen wurde, der meine Nummer offensichtlich von Twitter hatte, ekelte ich mich danach beinahe vor meinem Handy. Eine halbe Stunde später saß ich live in einer Fernsehsendung und versuchte, klare Wort zu finden.

Es fühlte sich zu diesem Zeitpunkt schwer an, gut gelaunt Leute zum Streiken zu motivieren. Ich hatte das Gefühl, als würde ich sie damit ganz bewusst dem Hass gegen Klimaaktivist*innen aussetzen. Ich selbst fühlte mich entblößt, weil die Hasser auf meinem Handydisplay einige Tage lang keine Ruhe gaben und sie nie ganz auszublenden waren. Es war merkwürdig zu sehen, dass unter jedem Beitrag über mich dutzende, manchmal hunderte Menschen darüber redeten, wie wenig sie von mir hielten. Und es war fast unerträglich, dass Menschen, die zu mir hielten, die sich für mich aussprachen, ebenfalls ein Ziel von Hass und Hetze im Netz wurden. Aber ich machte weiter. Vielleicht sogar noch etwas lauter.

Vieles an dieser Debatte fand ich absurd. Egal, was man an mir und meinem Lebensstil auszusetzen hatte, inwiefern ist davon die Plausibilität meiner Forderungen betroffen? Es ist nachvollziehbar, dass Leute auf die Idee kommen, überprüfen zu wollen, wie klimafreundlich mein Konsumverhalten ist. Doch darum ging es nie. In erster Instanz ging es um einen Angriff auf mich als Person, in der Hoffnung, damit eine Bewegung zu schwächen. Aber mich beschäftigte in diesen Tagen am meisten, was in den Vorwürfen gegen mich zusätzlich mitschwang. Die Frage, ob ein Leben in gut situierten Verhältnissen mit dem Anspruch vereinbar war, Verantwortung zu übernehmen und nach Auswegen aus der Krise zu suchen.

Bis zu dem Zeitpunkt, als dieser Shitstorm losging, hatte ich mich nie offensiv zur Flugfrage geäußert. Trotzdem wurden nun von allen Seiten Stimmen laut, die mir vorwarfen, ich würde ein Leben leben, das ich anderen verbieten würde. Es schien in den Augen vieler eine logische Schlussfolgerung zu sein: Klimaschutz heißt, Menschen etwas wegzunehmen. Was genau, schien dabei fast zweitrangig. Es ging darum, dass das, was viele unter »Wohlstand« verstehen, angeblich auf einmal gefährdet wurde – von Menschen wie mir.

Inmitten dieser Erfahrung, die ich niemandem wünsche, faszinierte mich diese Frage am meisten: Was bedeutet es für eine Wohlstandsgesellschaft, wenn ihr Wohlstand immer unvereinbarer wird mit einem verantwortungsvollen Umgang der Menschen mit dem Planeten und den nachfolgenden Generationen? Was passiert, wenn sie sich dessen bewusst wird?

Ja, die Klimakrise ist eine Wohlstandskrise. Eine Wohlstandskrise und eine Gerechtigkeitskrise, die alle betrifft. Darüber müssen wir reden.

ABER ES GEHT UNS DOCH SO GUT! ODER?

Auf den ersten Blick scheint es uns nie besser gegangen zu sein: Die extreme Armut hat sich weltweit in den letzten zwei Jahrzehnten halbiert, die globale Lebenserwartung liegt mit über 72 Jahren so hoch wie nie, achtzig Prozent der einjährigen Kinder sind heute gegen gefährliche Krankheiten geimpft und achtzig Prozent der Menschen haben Zugang zu Elektrizität.[1] Das sind großartige Errungenschaften. Der relative Wohlstand der Welt lässt sich auch bemessen – klassischerweise in Form des globalen Bruttoinlandsprodukts (BIP). Das war noch nie höher als heute, laut des Internationalen Währungsfonds betrug es 2018 mehr als 84 Billionen US-Dollar.[2] Für die Wirtschaftspolitiker*innen auf der ganzen Welt, für die Investor*innen und Unternehmen ist das globale BIP der Pulsmesser der Weltwirtschaft. Wächst das BIP, ist die Wirtschaftskraft hoch, und den Menschen geht es gut.

Laut Hans Rosling, ehemals Professor für globale Gesundheit in Stockholm, wird die Welt jedes Jahr, Stück für Stück, sogar noch ein bisschen besser.[3] Dennoch hätten die meisten Menschen den Eindruck, dass sich Dinge zum Schlechteren verändern. Rosling, eine Art Missionar einer faktenbasierten Weltsicht, nannte das den »Negativitäts-Instinkt«.[4] Er warnte uns davor, Extreme oder Durchschnittswerte zu vergleichen, gegenwärtige Trends gedanklich in die Zukunft zu verlängern, große Zahlen ohne Vergleichswerte zu verwenden oder Dinge unnötig zu verallgemeinern. Nur dann könnten wir Entwicklungen, die tatsächlich besorgniserregend sind, besser identifizieren und Gegenmaßnahmen ergreifen.

Die globalen Treibhausgasemissionen, das schmelzende Eis und der steigende Meeresspiegel gehören laut Rosling zu solch besorgniserregenden Entwicklungen. Die Dramatik der gegenwärtigen Situation wird besonders dann deutlich, wenn man etwas genauer hinschaut, was das globale BIP wachsen lässt: 87 Prozent der weltweiten Energie wurden 2016 aus Öl, Kohle und Gas gewonnen.[5] Und obwohl die Gefahren des CO_2 in der Atmosphäre seit Jahrzehnten bekannt sind, verdienten sechs der zehn umsatzstärksten Unternehmen der Welt im Jahr 2015 ihr Geld mit dem Abbau oder Verkauf von Öl, Kohle und Gas.[6] Die anderen vier – Walmart, Toyota, Volkswagen und Apple – sind Symbole für den entfesselten Individualkonsum unserer Tage und den Statusgewinn, der damit einhergeht. Noch nie wurde so günstig so viel eingekauft wie heute, noch nie waren so viele Autos unterwegs und so viele Smartphones im Umlauf.

Wer von materiellem Wohlstand spricht, spricht nicht nur von einer nie dagewesenen Verfügbarkeit von Konsumgütern, von einer einzigartigen Vielfalt an Produkten und einer westlichen Welt, die Knappheit kaum noch kennt. Dieser Wohlstand beruht auf fossilen Energieträgern und auf Massenkonsum. Er verheißt eine Welt ewiger Verfügbarkeit und endloser Möglichkeiten. Sein Motto: You only live once. Du lebst nur einmal.

Dem Wirtschaftswissenschaftler Martin Kolmar zufolge definiert sich diese Art des Wohlstands dadurch, dass er nicht mehr der Befriedigung von Grundbedürfnissen dient, sondern in erster Linie der Befriedigung von Bedürfnissen nach Selbstverwirklichung und Status. Diese aber sind nicht nur nie zu befriedigen, sie erschaffen vielmehr stets neue Bedürfnisse. So wird Luxus zur Massenware. Wir sind gefangen in einer »Ressourcenverbrennungsmaschine«. Dennoch gilt diese Art des Wohlstands als Inbegriff vom guten Leben.

Aber Wohlstand ist nicht gleich Wohlstand. Denn statt von einem Wohlstand zu sprechen, der in den Kategorien Zufriedenheit, Glück, Gesundheit oder Freiheit gemessen wird, definiert die Wirtschaftspolitik Wohlstand in erster Linie durch das BIP. Schon von »Wohlstand« zu sprechen, irritiert – der Begriff suggeriert ein allgemeines Wohlergehen –, so als sei eine bestimmte Form des Wirtschaftens identisch mit einer guten gesellschaftlichen Gemütsverfassung.

Das war mal anders. Als nach dem Zweiten Weltkrieg die Messkategorie des BIPs eingeführt wurde, lag dem folgende Theorie zugrunde: Steigt das BIP, also die Gesamtproduktion von Waren und Dienstleistungen, steigt auch das Gesamtwohl der Gesellschaft. Je größer die Kaufkraft, desto höher die Steuereinnahmen – und desto höher auch die Investitionen in Bildung, Soziales und Arbeitsplätze. Mit einer größer werdenden Mittelschicht würde es den meisten besser gehen. So lautete die Verheißung.

Sie hat nur zwei Haken.

Der eine: Die Hoffnung auf einen flächendeckend wachsenden Wohlstand hat sich nicht erfüllt, zumindest nicht dauerhaft. Nach der Zeit des sogenannten Wirtschaftswunders, die für weite Teile der Gesellschaft hierzulande mit einer Verbesserung des Lebensstandards einherging, ist in den vergangenen Jahrzehnten in vielen Ländern und Regionen wieder eine wachsende Ungleichheit zu beobachten. Während das BIP steigt, verteilt sich der Reichtum auf immer weniger Menschen: Im Jahr 2015 besaßen die reichsten ein Prozent der Weltbevölkerung mehr als die restlichen 99 Prozent zusammen.[7] Hält diese Entwicklung an, so warnt Kolmar, verwandeln sich Staaten mehr und mehr in De-facto-Oligarchien, deren demokratische Grundordnungen von Finanzkonzentrationen zermürbt werden.[8] Gleichzeitig wächst in Deutschland die Diskrepanz zwischen dem Wachstum des BIPs und dem Wachstum des Wohlfahrtsniveaus. Letzteres befindet sich immer noch auf dem Niveau der Neunzigerjahre, während das BIP seitdem um vierzig Prozent gewachsen ist, wie in einer Studie der Hans-Böckler-Stiftung aus dem Jahr 2018 zu lesen ist.[9] All das macht Menschen unglücklich.

Parallel dazu gewannen multinationale Megakonzerne in den letzten Jahrzehnten zunehmenden Einfluss. Von den hundert größten ökonomischen Akteuren der Welt (gemessen an ihrem Einkommen im Jahr 2017) sind mittlerweile 69 multinationale Konzerne.[10] Staaten geraten schnell in eine Abhängigkeit von diesen Playern, die Folgen sind Wettrennen um Standortvorteile, die sich etwa in niedrigen Steuern für Unternehmen ausdrücken. Die Ersten, die dadurch belastet werden, sind die Bürger*innen. Noch einmal zusammengefasst: Die Wohlstandsversprechen wurden in den vergangenen Jahrzehnten nicht eingelöst.[11]

WIR LEBEN AUF KOSTEN ANDERER

Der zweite Haken: Dieser Wohlstand, der den Globalen Norden praktisch definiert, erhält sich nicht selbst, er ist vielmehr auf Ausbeutung begründet: Der Ausbeutung sozialer und ökologischer Ressourcen. Die Politikwissenschaftler Ulrich Brand und Markus Wissen bezeichnen diesen Wohlstand daher als »imperiale Lebensweise«.[12] Sie meinen damit die Gewohnheiten und Strukturen des globalen Kapitalismus, durch die sich die westlichen Industrienationen die Ressourcen des Globalen Südens und der zukünftigen Generationen zu eigen machen. Der Begriff verweist zudem darauf, dass unser Alltagshandeln eng verwoben ist mit den gesellschaftlichen Strukturen, in denen wir uns bewegen.

Das wirft unbequeme Fragen zu unserer Lebensweise auf: Wer näht unsere Klamotten? Wie viel verdienen Menschen dabei? Wer kümmert sich um die ökologischen Folgekosten der mit Pestiziden bearbeiteten Baumwoll-Monokulturen oder der durch Chemikalien belasteten Gewässer rund um die Fabriken, in denen Jeans und T-Shirts gefärbt werden? Wer pflückt unsere Mangos, und welche Auswirkungen hat ihr Anbau auf die lokalen Ökosysteme? Was passiert mit unserem alten Handy, wenn wir uns ein neues zugelegt haben? Wer sind die Menschen, die in Ghana unseren Elektroschrott sortieren? Wie leben sie? Und natürlich: Unter welchen Bedingungen werden die Schweine gehalten, deren Rippen wir so gerne essen? Wo wächst ihr Futter, und wie wird es gehandelt? Wie funktionieren solche Produktionsketten? Von wem werden sie dominiert? Am Ende führen uns all diese ökologischen und sozialen Schäden unausweichlich zu der einen, der grundlegenden Frage zurück: Wer repariert unser aller Klima, das wir, ohne viel Aufhebens davon zu machen, zerstören – und damit die Perspektive, dass sich echtes globales Wohlergehen nachhaltig entwickeln kann?

Die Bilanz heute ist ernüchternd: Je höher das BIP eines Landes ist, desto mehr Treibhausgase emittiert es, statistisch betrachtet. Eine Zeit lang hoffte man darauf, diese Korrelation ändern, die globalen Emissionen also trotz steigenden BIPs senken zu können. Das waren die Jahre nach der Finanzkrise. Im Jahr 2017 schossen die globalen Emissionen aber wieder in die Höhe und wurden 2018 noch einmal gesteigert.[13] Auch wenn es immer mehr Ländern gelingt, das Wachstum ihres BIPs vom Wachstum der Emissionen relativ zu entkoppeln – der globale Trend ist eindeutig: Je höher der materielle Wohlstand und damit das BIP eines Landes ist, desto größer ist dessen CO_2-Fußabdruck.

Wenn wir uns auf die Idee einlassen, dass der materielle Wohlstand, der sich bis zum heutigen Tag in den westlichen Nationen entfaltet hat, global gesehen viele Menschen belastet, relativ wenige Menschen wirklich glücklich macht und nebenbei ökologische Kosten verursacht, die so hoch sind, dass sie sich über Jahrzehnte zu einer ökologischen Krise akkumuliert haben, stellt man fest, dass die Klimakrise im Kern eine Wohlstandskrise ist.

Am Ende des Tages wird die Bevölkerung des Globalen Nordens gefragt sein, ihren Ressourcenverbrauch drastisch zu reduzieren und ihre Lebensweise radikal zu ändern. Anstatt, wie heute, Ressourcen für sich zu beanspruchen, die mehrere Planeten benötigen würden, muss sie so leben, dass das mit der Endlichkeit der verfügbaren Rohstoffe sowie den Menschenrechten, auch in anderen Regionen der Welt, vereinbar ist. Das ist der Anspruch. Und die Uhr tickt. Während der Globale Norden es schon alleine schafft, durch den eigenen Konsum unverhältnismäßige Mengen von Ressourcen für sich zu beanspruchen, zieht der Globale Süden nach.

Ein großer Teil der deprivilegierten Weltbevölkerung nimmt sich ein fatales Beispiel an der Verschwendungssucht des Globalen Nordens. Der *American Way of Life* ist ein Exportschlager. Was lange Zeit neidisch beäugt wurde, zugleich aber unerreichbar schien, fasst in großen Teilen Chinas, Indiens oder Südafrikas Fuß. Just in dem Moment, in dem es endgültig völlig untragbar geworden ist, verbreitet sich unser Wohlstandsideal in alle Welt. Gerade jetzt wird die »Verallgemeinerung des Nichtverallgemeinerbaren«, wie Brand und Wissen es ausdrücken, mit großen Schritten vorangetrieben. Und die multiple Krise, die wir heute erleben, ist Ausdruck dieser Widersprüchlichkeit.

Um sich von einem BIP-versessenen Wohlstandsideal ohne Zukunft zu lösen, braucht es neue Parameter, mit denen das tatsächliche Wohlergehen gemessen werden kann. Das BIP kann dafür nicht länger das Maß der Dinge sein. Und es gibt schon eine Vielfalt solcher alternativer Indizes. Zum Beispiel den »Global Happiness Index«, mit dem die Lebenszufriedenheit nach Maßgabe psychischer Gesundheit, Lebensglück, Wohlbefinden und verwirklichten Wertvorstellungen eingeschätzt wird – dort standen zwischen 2016 und 2018 etwa Finnland, Dänemark und Norwegen auf den oberen Plätzen, Deutschland aber erst an siebzehnter Stelle, nach Ländern wie Costa Rica und Israel.

Der vergleichsweise progressive »Human Development Index« wiederum bezieht auch Faktoren wie Bildung und Lebenserwartung in die Rechnung ein. Hier stehen vor Deutschland (an 5. Stelle) unter anderem Irland und Australien. Das Königreich Bhutan schließlich ist dadurch berühmt geworden, dass es als einziges Land weltweit nicht mehr das Bruttoinlandsprodukt als hauptsächlichen Entwicklungsindikator verwendet, sondern das sogenannte »Bruttonationalglück«.

Solange das Wachstum des BIPs mit mehr Leidenschaft verteidigt wird als das der menschlichen Zufriedenheit oder der Erhalt der Lebensgrundlagen, wird das Wohltstandswachstum, das gar nicht so heißen sollte, kein Ende finden und damit auch nicht die Klimakrise. Es ist daher Zeit für einen Paradigmenwechsel. Zeit, mit dem kapitalistischen Wohlstandsparadigma aufzuräumen, das keine Zukunft auf dem endlichen Planeten hat.

Dabei sind nicht nur die kritischen Wirtschaftswissenschaften, die Politikwissenschaft und die Umweltwissenschaft gefragt, sondern auch Medienmacher*innen mit ihrem Einfluss auf die öffentliche Meinung.

FREIWILLIGE SELBSTDEPRIVILEGIERUNG

Ich, Alex, hatte etwas weiche Knie, als ich aufs Podium gebeten wurde. Kameras, Scheinwerfer, Polstersessel. Im Publikum saßen viele Menschen in Hemd und Anzug. In der Luft lag ein Hauch von Aufbruch und Feierlichkeit. Es war im April 2014, dem Jahr, bevor die Nachhaltigen Entwicklungsziele der UN verabschiedet werden sollten. Bei der sogenannten Zukunftscharta, mit der die Leitlinien deutscher Entwicklungspolitik neu definiert wurden, sollten alle mitreden dürfen.

Wie war ich auf diesem Podium gelandet? Nachdem ich 2008 in Sandalen und mit Friedenstaube auf dem Shirt den Militärdienst verweigert hatte, reiste ich nach Peru, um als Freiwilliger in einer Schule zu arbeiten. Am Rande der Hauptstadt Lima machte ich für zwölf Monate Theater mit der Oberstufe, bot Sport-AGs an und unterstützte die Lehrer*innen beim Englischunterricht der ersten Klassen.

Nun, ein paar Jahre später in Berlin, war ich als ehemaliger Freiwilliger eingeladen, die Zukunftscharta zu diskutieren. Es sollte um die großen Fragen gehen, um eine nachhaltige Welt und die Schritte auf dem Weg dorthin. Mit auf dem Podium saßen Entwicklungsminister Gerd Müller, der Co-Präsident des Club of Rome, Ernst Ulrich von Weizsäcker, und der ehemalige Umweltminister und Nachhaltigkeitsforscher Klaus Töpfer. Zwei Jugendliche, die bei UNICEF und der Kampagnenorganisation ONE aktiv waren, und ich wurden von Dunja Hayali als Co-Moderatoren vorgestellt. Wir, die Jungen, durften Fragen stellen, die drei Herren sollten sie beantworten.

Als ich von Weizsäcker auf die »Grenzen des Wachstums« ansprach, die eine vom Club of Rome beauftragte Untersuchung schon im Jahr 1972 erkannt hatte, murmelte er etwas von »Entkopplung« und von »Faktor fünf«. Das sind die Schlagworte einer Theorie, nach der eine Entkopplung von Ressourcenverbrauch und Wirtschaftswachstum möglich ist. Heißt: Wir können bei der Steigerung des BIPs weitermachen wie bisher, wenn wir unsere Energieeffizienz um den Faktor fünf steigern. Ich war irritiert: Weizsäcker, ein Vordenker der Energiewende und Verfechter konsequenter Umweltpolitik, outete sich als Jünger technologischer und marktbasierter Lösungen?

Auch die feierliche Zuversicht, mit der auf dem Podium über die Herausforderungen unserer Zukunft gesprochen wurde, schockierte mich. Alle drei, Weizsäcker (SPD), Töpfer (CDU) und Müller (CSU) waren in ihren Parteien als progressive Pioniere aufgefallen. Besonders Töpfer ist bis heute ein inspirierendes Beispiel konservativer Nachhaltigkeitspolitik. Und doch blieb ihre Argumentation gefangen in den Pfadabhängigkeiten des Status quo, im Glauben an das alte Wohlstandsparadigma.

Erst auf dem Nachhauseweg wurde mir bewusst, dass ich mit den falschen Erwartungen auf diesem Podium gesessen hatte. Ich hatte naiverweise geglaubt, hier würden wirklich die großen Fragen verhandelt. Nun war ich schockiert und enttäuscht zugleich. Es war der Beginn einer Veränderung in mir selbst: Die Diskrepanz zwischen dem Ausmaß der vor uns liegenden Herausforderungen und der fehlenden politischen Bereitschaft, den Weg des geringsten Widerstandes zu verlassen, machte mich radikaler im eigentlichen Wortsinne: »radix« heißt im Lateinischen Wurzel, Ursprung.

Und eine Wurzel unserer Misere liegt unzweifelhaft in einer Wirtschaftsweise, die nur durch ständiges Wachstum weiter bestehen kann. Kein Baum wächst ins Unendliche, der Raum der Natur ist endlich. Warum also sollte ein System, das auf der Ausbeutung der Natur beruht, es dann können? Mir wollte nicht mehr in den Kopf, warum die politische Antwort auf die Probleme dieses Wachstumsmodells noch mehr Wachstum sein soll.

Wie kann dieser Wandel gelingen? Die Transformationsforscherin Luise Tremel verweist als Beispiel auf die Abschaffung der Sklaverei. Natürlich sei der Fall nicht ohne Weiteres auf heute übertragbar, doch es gebe große Parallelen, so Tremel. Damals wie heute beruhte das Wirtschaftssystem auf Ausbeutung: zu Zeiten der Sklaverei auf der unmittelbaren Ausbeutung von Menschen, heute auf der Ausbeutung der natürlichen Lebensgrundlagen der gegenwärtigen und zukünftigen Generationen. So wie die Gesellschaft heute von fossilen Infrastrukturen und Energieträgern abhängig ist, waren die Gesellschaften von der Sklavenarbeit abhängig. Weil der Wohlstand auf diesem System beruhte, waren alle Menschen (außer den Sklav*innen selbst) auf die eine oder andere Weise an der Ausbeutung durch Sklaverei beteiligt, wie Tremel beschreibt:

»Sie war die Geschäftsgrundlage für landwirtschaftliche Produktion, Transportunternehmen jeglicher Art, Reedereien, große und kleine Handelsunternehmen, Versicherungswirtschaft, Banken, verarbeitende Industrien aller Couleur. Die Sklaverei hat deshalb in allen diesen Branchen Arbeitsplätze geschaffen und gesichert. Das Steueraufkommen hat Staatskassen gefüllt, Privathaushalte kamen über Haussklaven zu Komfort, und die großen Massen der Menschen in diesen Gesellschaften konnten sich Zucker, Baumwollprodukte, Kaffee usw. überhaupt erst dadurch leisten, dass die eigentlichen Kosten dieser Produkte externalisiert wurden – auf Sklaven ausgelagert.«[14]

Die Parallelen zum Status quo sind unverkennbar. Doch wie wir aus dem Schulunterricht wissen, wurde die Sklaverei nicht abgeschafft, weil sie wirtschaftlich unrentabel wurde. Sie wurde abgeschafft, weil sie falsch und moralisch verwerflich war. Als das britische Parlament entschied, aus dem Sklavenhandel auszusteigen, waren die Briten Weltmarktführer in diesem Geschäft. Die Mehrheit der Abgeordneten hatte nicht betont, dass der Sklavenhandel zwar ein Problem sei, doch nationale Alleingänge keine Lösung seien für eine solche globale Herausforderung. Sie hatten nicht darauf hingewiesen, dass ihnen Wettbewerbsnachteile entstehen. Sie hatten auch nicht angeführt, dass die Behandlung der Sklav*innen in anderen Ländern ja viel schlimmer sei. Sie hatten den Sklavenhandel einfach verboten, obwohl dies mit wirtschaftlichen Nachteilen einherging.

Was dieses Beispiel so wegweisend für die heutigen Herausforderungen macht, ist der Umstand, dass die Sklav*innen sich nicht allein aus diesem Ausbeutungsverhältnis befreien konnten. Bis auf wenige Beispiele wie die Haitianische Revolution ab 1791, in der sich die Sklav*innen selbst befreiten, konnten ihre Aufstände, Fluchtversuche und Sabotageakte das System aus Zwang und Gewalt nicht zu Fall bringen. Das änderte sich erst, als Menschen, die von diesem System profitierten, sich für die Überwindung dieser Ausbeutung einsetzten.

Ohne diese »freiwillige Selbstdeprivilegierung«, wie Tremel das nennt, sei auch heute »ein guter Ausgang aus der Transformation kaum zu denken«.[15] Da wir davon ausgehen müssen, dass uns die Leidtragenden unserer imperialen Lebensweise nicht zum Pfadwechsel zwingen werden, ist der freiwillige Verzicht auf Privilegien ein wichtiger Schritt auf dem Weg zu einer gerechten und zukunftsfähigen Gesellschaft.

Das Wort »freiwillig« kann dabei schnell missverstanden werden: Denn anders als bei den freiwilligen Selbstverpflichtungen von Unternehmen, deren systemische Wirksamkeit minimal ist, müssen wir als ganze Gesellschaft aus einer nicht-nachhaltigen Praxis aussteigen. Die Initiativen freiwilliger Vorreiter*innen sind wichtig – auch der gesetzlichen Abschaffung der Sklaverei gingen Boykotte, Aufklärungskampagnen, Petitionen und Proteste voraus – doch aufhören müssen wir alle. Freiwillig ist die notwendige Selbstdeprivilegierung deshalb, weil uns niemand außer uns selbst dazu zwingen kann. Es geht also um ein bewusst angestrebtes Weniger: weniger quantitatives Wachstum, weniger Ressourcenverbrauch, weniger Emissionen, weniger Ausbeutung.

Im Idealfall würde das Wohlstandsparadigma das Beste beider Welten miteinander vereinbaren: hohe soziale Standards, aber wenig Treibhausgase und Umweltbelastungen. Globalisierung ohne globale Abhängigkeiten. Wachstum, ja, aber nur eines, das auch glücklich macht. Also ein qualitatives Wachstum: an Freiheit, Zufriedenheit, Gesundheit und Unabhängigkeit.

DONUT FOR FUTURE

Ein solcher Paradigmenwechsel setzt eine neue Art des ökonomischen Denkens voraus. Es ist nämlich unsere Wirtschaftsweise, die ein großer Teil des Problems ist. Eine, die darauf eine Antwort hat, ist die Ökonomin Kate Raworth. Sie beantwortet die Frage nach der Zukunft der Wirtschaft mit einem Donut. Und das ist kein Scherz, sondern eine brillante Herangehensweise. Man stelle sich dabei die Form des Donuts vor – ein kleiner Ring in einem großen: Der Donut definiert einen sicheren und gerechten Raum, den wir mit unserem Wirtschaften für die Menschheit ermöglichen sollten. Der äußere Ring ist eine ökologische Decke, die durch die planetaren Grenzen definiert ist. Der innere Ring ist das gesellschaftliche Fundament des Wohlergehens. Innerhalb des Lochs in der Mitte sind »die großen Geißeln und Nöte der Menschheit wie Hunger und Analphabetentum«[16] zu finden.

Eine neue Art des ökonomischen Denkens im 21. Jahrhundert würde, nach Raworth, in etwa so aussehen:[17] Statt der Erhöhung des BIPs, das wirtschaftliches Wachstum als Maßgabe von Fortschritt versteht, sollte das Ziel unseres Wirtschaftens darin bestehen, »die Bedürfnisse eines jeden Menschen mit den Mitteln unseres lebensspendenden Planeten zu befriedigen«. Zudem müsse die Ökonomie wieder in die Gesellschaft und die Natur eingebettet werden, um die neoliberale Erzählung von der »Effizienz des Marktes, der Inkompetenz des Staates, der Beschränkung des Haushalts auf das häusliche Leben und der Tragödie der Gemeingüter« zu überwinden. Auch das einseitige Menschenbild des »homo oeconomicus«, also das Bild eines rationalen, nutzenmaximierenden Wesens mit stabilen Präferenzen, gilt es, nach Raworth, zu überwinden. Weil wir Menschen soziale Wesen sind, die ihre Werte verändern und in Abhängigkeit zur lebendigen Welt stehen, gebe es ein großes Potential, »die menschliche Natur in einer Weise zu fördern und zu entwickeln, die uns wesentlich größere Chancen eröffnet, in den sicheren und gerechten Raum des Donuts zu gelangen«.

Raworth fordert uns außerdem auf, ein systemisches Denken zu entwickeln, das die mechanistische Vorstellung eines Gleichgewichts von Angebot und Nachfrage hinter sich lässt. Wirtschaft ist ein dynamisches Geschehen, das komplex und in seiner Entwicklung von sozialen und ökologischen Ereignissen beeinflusst ist. Wir sollten uns auch wieder trauen, über Verteilungsgerechtigkeit zu diskutieren. Denn wirtschaftliche Ungleichheit ist für Raworth keine ökonomische Notwendigkeit, sondern vielmehr »ein Gestaltungsfehler«. Wenn wir die Schere zwischen Arm und Reich weiter schließen wollen, sollten wir nicht nur Einkommen, sondern insbesondere auch Vermögen in den

Blick nehmen, die durch Land, Unternehmen, Technologie, Wissen und Geldschöpfung entstehen.

Während es in der Ökonomik bis heute weit verbreitet ist, Wachstum als Voraussetzung für Umweltschutz zu sehen, brauchen wir, laut Raworth, im 21. Jahrhundert eine regenerative Ausrichtung von Produktion und Distribution, die Wirtschaft als Kreisläufe versteht und »den Menschen als gleichberechtigten Teilnehmer in die zyklischen Lebensprozesse der Erde« einbindet.

Weil unendliches Wachstum in einer endlichen Welt nicht möglich ist, ist es sinnlos, am Wachstum des BIPs und der Volkswirtschaften festzuhalten. Unseren Arbeitsauftrag formuliert Raworth daher so: »Heutige Volkswirtschaften benötigen Wachstum, unabhängig davon, ob es den Menschen nutzt: Wir brauchen aber eine Wirtschaft, die den Menschen nutzt, unabhängig davon, ob sie wächst oder nicht.«

DAS »GUTE LEBEN« ALS VERFASSUNGSZIEL?

Wie ein erster Schritt aussehen könnte, zeigt das Konzept des »Buen Vivir«, des guten Lebens, das vor einigen Jahren Eingang in die Verfassungen Ecuadors und Boliviens gefunden hat. Der Ansatz beruht auf indigenen Traditionen und Wertevorstellungen aus dem Andenraum und hat als Alternative zum wachstumsbasierten Wohlstandsparadigma des Globalen Nordens die Runde gemacht.

In der ecuadorianischen Verfassung wurde »Sumak Kawsay«, wie das Konzept auf Quechua heißt, im Zuge einer großen Reform als zentrales Verfassungsziel definiert. Das schließt nicht nur das Recht auf Ernährung, Gesundheit, Erziehung und Wasser ein, sondern auch ein neues Verständnis von Entwicklung, wie es in Artikel 275 heißt: »Buen Vivir erfordert, dass Personen, Gemeinschaften, Völker und Nationen tatsächlich im Besitz ihrer Rechte sind und ihre Verantwortlichkeiten im Kontext der Interkulturalität, des Respekts ihrer Diversität und des harmonischen Zusammenlebens mit der Natur ausüben.«[18]

Nicht mehr Akkumulation und Wachstum sollen also die treibenden Kräfte politischen Handelns sein, sondern ein Zustand des harmonischen Gleichgewichts mit der Natur. Das Konzept ist ein bewusster Abschied vom »höher«, »schneller«, »weiter« westlicher Industriestaaten, das sich im Dogma stetigen BIP-Wachstums ausdrückt.

Sowohl in Ecuador als auch in Bolivien erhielt die Natur durch die Verankerung des »Buen Vivir« in der Verfassung den Status eines Rechtssubjekts. Deren Verfassungen erkennen die Natur als das an, was sie ist: Ein lebendiger Organismus, der nicht für die Menschen geschützt werden soll, sondern um seiner selbst Willen.

Ein weiteres Vorbild findet sich in Neuseeland: Im Jahr 2017 verabschiedete die neuseeländische Regierung ein Gesetz, das dem Whanganui-Fluss auf der Nordinsel des Landes eigene Rechte einräumte.[19] Sie gab damit dem Gesuch der Maori nach, die seit 140 Jahren dafür kämpften, den Fluss rechtlich als ein Lebewesen anzuerkennen. Da der Fluss sich vor Gericht nicht selbst vertreten kann, gibt es seither zwei offizielle Vertreter*innen, die jeweils von der neuseeländischen Regierung und den Whanganui Iwi gestellt werden, die ihren Namen und ihre Lebensweise vom lebendigen Fluss Whanganui ableiten.

Es sind Beispiele wie diese, die zeigen, wie groß die Vielfalt von gesellschaftlichen Zielsetzungen sein kann, wenn man es wagt, sich von der Abhängigkeit eines volkswirtschaftlichen Wachstums zu befreien. Und sie zeigen auch, wie entscheidend es ist, die nötigen Veränderungen auch in Form von Verfassungsreformen zu denken: Eine Aufnahme des »Klimaschutzes« ins Grundgesetz, wie sie kürzlich von Markus Söder gefordert wurde, oder von »Nachhaltigkeit«, wie sie im Mai 2019 von der *Initiative Neue Soziale Marktwirtschaft* vorgeschlagen wurde,[20] bleiben aber weitgehend wirkungslos, wenn keine Rechtsmittel zur Verfügung gestellt werden, um diese Ziele notfalls auch einzuklagen. Die weitgehende Missachtung von Artikel 20a, wie wir sie in Kapitel 5 angeführt haben, zeigt, wie wichtig konkrete und verbindliche Ziele sind, um einen Wandel des Wohlstandsparadigmas zu erreichen.

Zahlreiche konkrete Vorschläge sind beim *Future Policy Award* zu finden, der jedes Jahr vom Weltzukunftsrat vergeben wird. Ebenfalls von Jakob von Uexküll ins Leben gerufen, zeichnet der Preis vorbildliche Gesetzesinitiativen aus, die beispielsweise zum Schutz der Wälder, der Ozeane und der Biodiversität beitragen. Oder auch Gesetze zur Abrüstung, der Beendigung der Gewalt gegen Frauen und Mädchen und gegen die fortschreitende Desertifikation gehören dazu.[21] Es mangelt, in der Theorie und in der Praxis, nicht an Vorbildern, wenn es darum geht, Wohlstandsparadigmen und Wirtschaftspraxen zu reformieren und zu revolutionieren. Es mangelt nur an der Bereitschaft, die Veränderung anzugehen.

Die Abschaffung der Sklaverei war mit erheblichen Widerständen verbunden. Nicht nur vor den Entscheidungen, die zu einem Verbot geführt haben, sondern auch danach. Da die versprochene Verbesserung sich nur langsam vollzog und für Einzelpersonen kaum sichtbar war, dafür aber die Einschnitte in eigene Privilegien spürbar wurden, kippte innerhalb weniger Jahre die Solidarität mit den Sklav*innen. Aus »einer gesellschaftlichen Mehrheit für das Aufhören« wurde eine »Mehrheit von Menschen, die diese Veränderung empörend finden: zu strikt, zu teuer, für einen jetzt als unwürdig erkannten Zweck«, schreibt Tremel. Empörung, Widerstand und Proteste gegen die Reform waren die Folge. Mit dem gesellschaftlichen Rückhalt brach auch die politische Unterstützung für die Sklav*innen weg, sodass die demokratischen Regierungen die neue Ordnung umsetzten, ohne viel Rücksicht auf diejenigen zu nehmen, die durch die Regulierung geschützt werden sollten. Denn laut Tremel ging es nun nicht mehr um die Sklav*innen, sondern »um die verlorenen Wohlstandsperspektiven derer, die vorher die Gewinner waren«.[22]

Ähnliches beobachten wir heute: Während die großen Profiteure der aktuellen Wirtschaftsweise viel eher in der Lage sind, sich ihre unvermeidlichen Einbußen durch politischen Druck kompensieren zu lassen, wie es beim Atomausstieg und dem Ergebnis der Kohlekommission zu beobachten war, findet die Veränderung für die Bürger*innen häufig ohne solchen Ausgleich statt. Da der Grund für das Ende von ausbeuterischen und zerstörerischen Wirtschaftsdynamiken auf den ersten Blick nur ideeller Natur ist, das Dämpfen von Privilegien aber sofort materiell spürbar wird, braucht es ein Verständnis davon, welche Stimmen überhört werden, und Strategien, wie die Einbußen besonders betroffener Gruppen abgefedert werden können.

All das zusammen genommen klingt utopisch? Nicht unbedingt. Die Forderung nach einem »Green New Deal« in den Vereinigten Staaten, wie sie unter anderem von der Kongressabgeordneten Alexandria Ocasio-Cortez gestellt wird, zeigt, welche konkreten Formen abstrakte Utopien annehmen könnten. Wenn eine Wirtschaft zukunftsfähig werden soll, so Ocasio-Cortez' Idee, dann braucht es zuerst ein Investitionsprogramm. Investiert werden sollte in Sektoren, die eine große gesellschaftliche und individuelle Zufriedenheit erzeugen und dabei möglichst emissionsarm sind. Das sind zum Beispiel Bildung, Soziales, Gesundheit und Natur. Sogenannte Low-carbon-Arbeitsplätze sollen dadurch entstehen und Lebensräume, in denen sich Mensch und Umwelt miteinander im Einklang befinden. Die Maßnahmen, die Ocasio-Cortez fordert, sollen Innovationen fördern, die zur Ablösung vom fossilen Kapitalismus beitragen. So soll der Übergang zu einer Netto-Null-Gesellschaft gelingen. Die Politikerin berichtet von Kohlearbeiter*innen, die nach einem Umschulungsprogramm Mangroven anpflanzen. Ist das die Zukunft? Zumindest sind es die ersten Schritte.

Alles ist möglich. Alles beginnt in dem Moment, in dem wir uns von der stumpfen Parole verabschieden, dass »Klimaschutz den Wohlstand gefährdet«. Es beginnt, wenn wir uns aufrichtig fragen, was wirkliches Wohlergehen eigentlich ist. Wenn wir erkennen, dass es kein gutes Leben auf einem zerstörten Planeten geben kann. In diesem Moment krempeln wir die Ärmel hoch.

9

DIE KLIMAKRISE IST EINE GERECHTIGKEITSKRISE

Im Berliner Invalidenpark, wo die Klimastreiks jeden Freitag stattfinden, stand ich, Alex, neben einer Gruppe von Müttern, die das erste Mal dabei waren. Gemeinsam mit Hunderten anderen riefen wir: »What do we want? Climate justice! When do we want it? Now!« Die Frauen schauten sich daraufhin fragend um. Climate justice? Klimagerechtigkeit? Was soll das sein? Ich fragte mich, wie ich ihnen das in drei Sätzen erklären könnte. Wo fängt man an? Wie erklärt man, dass die Klimakrise nicht nur bedrohlich, sondern auch ungerecht ist?

Nicht alle haben gleichermaßen zur Klimakrise beigetragen. Nicht alle sind gleichermaßen davon betroffen. Daher ist die Klimakrise auch eine Gerechtigkeitskrise, sowohl im Hinblick auf ihre Ursachen als auch auf ihre Folgen. Deshalb ist der Umgang mit der Krise immer auch eine moralische Frage. Sie fordert uns nicht nur als Bürger*innen, Eltern oder Konsument*innen heraus, sondern vor allem als moralische Wesen. Und weil Ursache und Folgen ungleich verteilt sind, müssen die Lösungsansätze gerecht sein.

Ungerecht ist die Klimakrise auch, weil sie bestehende Ungerechtigkeiten verschärft – nicht nur zwischen den Generationen, sondern auch zwischen dem Globalen Norden und dem Süden, zwischen Armen und Reichen, zwischen Menschen verschiedener Hautfarben, zwischen Stadt und Land und zwischen den Geschlechtern. Menschen mit Behinderungen werden die Folgen besonders schwer treffen, auch alte Menschen werden unter den extremen Wetterschwankungen stärker leiden als andere.

Das ist der Grund, warum Intersektionalität, also die Überschneidung von verschiedenen Diskriminierungserfahrungen in einer Person, eine so große Rolle bei alldem spielt; die Krise erzeugt neue Ungleichheiten, so werden etwa junge Menschen mit den unbezahlten ökologischen Rechnungen der Älteren belastet; die Krise verstärkt aber vor allem bestehende Ungleichheiten. Ärmere Menschen etwa können es sich weniger oft leisten, bei einbrechenden Naturkatastrophen den Wohnort zu wechseln, und ihr Eigentum ist seltener versichert, sodass die Klimakrise sie im Zweifel noch ärmer macht. Die verschiedenen Diskriminierungen von verschiedenen sozialen Gruppen stehen darüber hinaus zueinander in Wechselwirkung: Wenn du zum Beispiel jung *und* vergleichsweise arm bist, erlebst du eine andere Form der »Klimadiskriminierung«, als wenn du jung *oder* arm bist.

Grundsätzlich ist die Dynamik dieser Ungerechtigkeit, die wir hier Klimadiskriminierung nennen, banal: Je weniger resilient du bist – ob ökonomisch, sozial, gesellschaftlich oder kulturell, desto mehr trifft dich die Klimakrise im Vergleich zu anderen.

Wie dramatisch sich Armut auf die Folgen von Extremwetterereignissen auswirken kann, zeigt das Beispiel des Hurrikans Katrina, der im Jahr 2005 vier Fünftel der

US-amerikanischen Stadt New Orleans unter Wasser setzte. Ganze Stadtviertel wurden weggeschwemmt und der Schaden war da am größten, wo die schwarze Bevölkerung der Stadt lebte. Weil vor allem Schwarze in Armut lebten, waren vor allem sie es, die keine Autos hatten, um vor den Wassermassen zu fliehen, die ihre Häuser verloren und in großer Zahl die Notunterkünfte aufsuchten.[1] Den weißen Teil der Bevölkerung, der vor den Wassermassen floh, brachte man durchschnittlich 193 Meilen weit weg, den schwarzen Teil 349 Meilen. Viele derjenigen, die es danach zurück zu ihren Häusern schafften, fanden vernagelte Türen und Polizeikräfte vor, die ihnen den Zutritt verweigerten. Die leerstehenden Sozialwohnungen, die zu fast hundert Prozent von Schwarzen besiedelt waren, ließ die Stadt abreißen, um Raum für Neubauten zu schaffen. Durch die hohen Versicherungssummen, die Menschen nach dem Hurrikan heute zahlen müssen – die Schäden werden auf 125 Milliarden Dollar beziffert – sind die Mietpreise um ein Drittel gestiegen, die Obdachlosigkeit hat sich verdoppelt. Die schwarze Mittelschicht in der Stadt ist seitdem stark geschrumpft, der schwarze Anteil an der Bevölkerung insgesamt von 64 auf 59 Prozent gesunken.[2]

Was das Beispiel Katrina auch zeigt, ist, dass die Folgen der globalen Erwärmung rassistische Strukturen in der Gesellschaft verstärken. Weil People of Color vielerorts aufgrund von struktureller und institutioneller Diskriminierung in prekäre Verhältnisse gedrängt oder dort gehalten werden, ist zu erwarten, dass sie ungleich stärker von den klimatischen Veränderungen betroffen sein werden. Solange sich diese Strukturen nicht ändern, wird die Klimakrise auch eine rassistische Krise sein.

Wohin wir auch schauen, droht die Klimakrise bestehende Ungleichheiten zu verstärken. Die Einhaltung der Menschenrechte und vieles, wofür progressive Bewegungen in den letzten Jahrzehnten gekämpft haben, geraten verstärkt unter Druck, wenn wir die Folgen der Klimaveränderungen nicht frühzeitig ökologisch und sozial abfedern. Erst kürzlich äußerte Philip Alston, Sonderberichterstatter der Vereinten Nationen für extreme Armut und Menschenrechte, in einem Bericht die Befürchtung, dass die Menschenrechte die globale Erwärmung nicht überleben werden und wir in ein Zeitalter zunehmender Klima-Apartheid rutschen. Die Fortschritte der letzten fünfzig Jahre in den Bereichen Entwicklung, Armut und Gesundheit, so seine Sorge, könnten in den klimatischen Veränderungen verloren gehen. Was Alston beschreibt, ist ein düsteres Szenario: Eine Welt, in der die Reichen dafür zahlen, von Hitze, Hunger und Konflikten verschont zu bleiben, während die Armen ihnen ungeschützt ausgesetzt sind.[3]

DER PREIS DES FOSSILEN WOHLSTANDS

Durch die großen Fenster des Büros sieht man den postkartenblauen Himmel und die von einer trägen Brise bewegten Flaggen des Bundestags. Schwarz, rot, gold. Es ist Anfang Juli 2019, und Berlin zerschmilzt. Meine Hose klebt auf dem Lederbezug des Besuchersessels. Ich trage Sandalen, dem Anlass zum Trotz. Selbst Christian Lindner steht der Schweiß auf der Stirn, dabei wirkt er sonst wie einem Wahlkampfplakat der FDP entsprungen. Wir sitzen hier, um über das Klima zu sprechen. Uns gegenüber sitzt seine fünfköpfige Mitarbeitermannschaft, das

»Team Lindner«. Etwas überproportioniert, denke ich mir, für eine schlichte Podcastaufnahme, denn mehr als 5 000 Mal wird dieses Videoformat auf Youtube selten angeklickt. Da weiß ich noch nicht, dass unser Gespräch binnen eines Monats 70 000 Zuschauer*innen finden wird.

Herr Lindner hatte mich, Luisa, in seinen Podcast eingeladen, nachdem ich ihm auf Twitter vorgeworfen hatte, dass er mit seinem ewigen Buzzword-Bashing (gegen Verbote, für die Freiheit und so weiter) diejenigen diffamiert, die sich aufs Wesentliche konzentrieren. Ich fand das einen coolen Move von ihm. Das muss man können und wollen: Jemandem, mit dem man so offensichtliche Differenzen hat, Platz im eigenen Podcast einräumen. Einen Nachmittag lang hatte ich mich durch einen Stapel von Berichten, Parteiprogrammen und Interviews gearbeitet und auf das Gespräch vorbereitet.

Während wir das Händeschütteln, die Kaffeefrage und die Mikrofon-Verkabelung hinter uns bringen, denke ich noch darüber nach, wer mir nun alles vorwerfen wird, ich hätte mich für einen PR-Stunt der FDP missbrauchen lassen. Einige vermutlich. Ich nehme mir daher vor, dass sich das Gespräch lohnen soll und möchte möglichst konstruktiv diskutieren und der Verlockung widerstehen, Lindner und seine Partei allzu polemisch anzugehen.

Solche Gespräche sind ein Drahtseilakt. Das Interesse, das Christian Lindner bislang an der Klimakrise erkennen ließ, schien minimal zu sein. Seit der Unterzeichnung des Pariser Abkommens hat er vier Parteitagsreden gehalten. Diese Reden, jede in ihrer schriftlichen Fassung deutlich über 20 Seiten lang, sind für Lindner die Gelegenheit, die Programmatik der FDP zu entfalten und deuten darauf hin, welche Schwerpunkte in Zukunft gesetzt werden sollen. In den Jahren 2016 bis 2018, als Greta Thunberg noch eine Unbekannte war, nannte Lindner den Begriff »Klima« ein einziges Mal. Das war im Jahr 2018, und er sagte: »Ja zu gemeinsamer europäischer Energie- und Klimapolitik.«[4]

Wenn Menschen, die sich als Experten für die Zukunft darstellen und von neuen Trends oder, im Lindner-Sprech, »Updates« reden, die das Land braucht – wenn solche Menschen ausgerechnet den entscheidenden Grundstein zukunftsfähiger Politik ausklammern, dann finde ich das befremdlich. Ich vermute in der Regel, dass sich diese Menschen eben doch nicht so gut mit der Zukunft auskennen. Das soll gar nicht abwertend klingen. Wäre Lindner der Stand der Wissenschaft tatsächlich geläufig gewesen, dann hätte er doch wohl schon vom Klima gesprochen, noch bevor man damit Wahlen gewinnen konnte. Oder? Ich hoffe es zumindest.

Als das Klima im Jahr 2019 zu einem Topthema wurde, da sprach beim FDP-Parteitag auch Lindner davon. Er prangerte die klimapolitische »Planwirtschaft« der Bundesregierung an, redete von einer »hoch energetischen« Debatte und von »hypermoralischen« Entscheidungen. Er verglich das Thema mit der »Flüchtlingskrise« des Jahres 2015, als man sich entschied, die Grenzen zu öffnen.

Jetzt also sitzt Lindner neben mir und behauptet, dass die FDP und er sich natürlich zum Pariser Abkommen bekennen. Weiß er, dass der Versuch, die globale Erwärmung auf 1,5 Grad zu begrenzen, bedeutet, dass Deutschland schon zwischen 2030 und 2040 einen Ausstoß von null Emissionen erreicht haben soll – weit früher, als die Bundesregierung es in ihren eigenen Zielsetzungen festhält? Dass ein Bekenntnis zu Paris bedeutet, dass man sich auch zum Gerechtigkeitsaspekt bekennt – woraus folgt, dass Deutschland andere Länder langfristig auch finanziell bei ihren Klimaschutzmaßnahmen unterstützt? Dass dieses Abkommen bedeutet, dass man sich nicht blind darauf verlässt, dass die Emissionen allein durch »Freiwilligkeit« und »Marktmechanismen« sinken?

An diesem Nachmittag erlebe ich einen auffällig zurückhaltenden Lindner; jemanden, der häufig nachfragt und seine typischen Liberalismus-Einwürfe nur nebenbei loswird. Also geht es lange um Steuerreformen und Marktmechanismen, ich erkläre ein bisschen das Pariser Abkommen. Die Zeit zieht sich, die Sonne knallt durch die Fenster, immer tiefer sacken wir in unsere Sessel. Selbst die Fahnen am Bundestag wirken demotiviert und baumeln mittlerweile nur noch träge herunter. Da wird es doch noch spannend.

»Richtig nachhaltig und gerecht wäre, dass man jetzt anfängt zu sagen: ›Okay, wir brauchen einen CO_2-Preis, der in irgendeiner Form die gesamten Kosten trägt.‹« Das sage ich zum Vorschlag, eine Tonne CO_2 mit einem Preis von 180 Euro zu versehen, weil das, laut Bundesumweltamt, die Höhe der dadurch resultierenden Kosten ist. Lindners spontane Reaktion: »Gut, bei 180 Euro sind natürlich die Tonnen mit drin, die Ihre und meine Eltern, Großeltern, Urgroßeltern mit ausgestoßen haben. ›Wir haben 150 Jahre hier Party gemacht‹, war eben Ihr Wort, ›und haben CO_2 ausgestoßen‹. Und wenn wir jetzt sagen, der deutsche CO_2-Vermeidungspreis müsste 180 Euro sein, dann ist das ein Preis, der, ich sag' mal, den Ausstoß an CO_2 in der Vergangenheit – weil wir könnten ja jetzt mehr CO_2 ausstoßen, wenn nicht vor zwanzig, dreißig Jahren so viel ausgestoßen wäre – mit drin hat.«

Da reibt sich Herr Lindner also die Augen. Aber so ist es nun mal: Wir müssen das ausbaden, was Generationen vor uns verbockt haben. Wir zahlen den Preis nicht nur für unseren, sondern auch für früheren fossilen Wohlstand. Stimmt: Das ist ungerecht. Es wird allerdings noch ungerechter und ausgegloser, solange wir uns dieser Tatsache nicht stellen. Ebendas ist der Kern der Klimakrise. Der Kern dessen, was Millionen junge Menschen nun Freitag für Freitag einfordern.

Die Ungerechtigkeiten, die die Klimakrise mit sich bringt, sind in ihrer Vielfalt unmöglich in Kürze einzufangen. In einer privilegierten Position wie unserer wäre es außerdem anmaßend zu behaupten, die verschiedenen Formen nachvollziehen zu können, in denen Menschen auf der ganzen Welt durch die Klimakrise diskriminiert werden. Was wir hier stattdessen machen wollen, ist ein paar der Dimensionen dieser Ungerechtigkeit aufzuzeigen – in der Hoffnung, Menschen zu sensibilisieren und den Blick für diese moralische Herausforderung zu weiten, die im Kern aller Klimaschutzbemühungen stehen muss.

GENERATIONENGERECHTIGKEIT

Die Ungerechtigkeit zwischen den Generationen spiegelt sich im Begriff der Nachhaltigkeit, von der seit einigen Jahrzehnten geredet wird. Ihr zentraler Gedanke wurde im wegweisenden Brundtland-Bericht von 1987 so formuliert: »Nachhaltige Entwicklung ist eine Entwicklung, die die Bedürfnisse der Gegenwart befriedigt, ohne zu riskieren, dass künftige Generationen ihre eigenen Bedürfnisse nicht befriedigen können.«[5]

Die Klimakrise zeugt vom Scheitern dieser nachhaltigen Entwicklung: Wir, die Jungen von heute, müssen ausbaden, was die Generationen vor uns angerichtet haben. Und unsere Nachfahren müssen auf dem Planeten leben, den wir gerade aus dem Gleichgewicht bringen. Deshalb sprechen wir von Zukunftsklau (Kapitel 2), deshalb ist die Klimakrise auch eine Verantwortungskrise (Kapitel 5). Das Staatsziel in Artikel 20a verankert den Gedanken der Generationengerechtigkeit im Grundgesetz, doch noch immer wird er kurzfristigen wirtschaftlichen Interessen und der Schlichtung von Interessenkonflikten geopfert.

Die Klimakrise sprengt den überschaubaren Zeitraum einer Legislaturperiode; da sich die Konsequenzen steigender Emissionen erst in naher und ferner Zukunft zeigen werden und Klimaschutz kurzfristig vergleichsweise wenig Vorteile bringt, ist die Verlockung groß, Investitionen in den Klimaschutz aufzuschieben. Doch die Auswirkungen der Krise rücken immer näher an die Gegenwart heran. Eben deswegen sind wir jungen Menschen die erste Generation, die den Klimaschutz aus unmittelbarem Eigeninteresse einfordert: Wir sind die ersten, die erleben werden, welche Wirkung Klimaschutz hat, oder im schlimmsten Fall, welche Katastrophen ein unterlassener Klimaschutz mit sich bringen wird.

KOHLENSTOFFGERECHTIGKEIT

Im November 2017 besuchte eine Gruppe von Menschen das Dorf Morschenich am Rand der Abbaufläche des Tagebau Hambach im Rheinland. Hier wird Braunkohle gefördert. Als die Besucher*innen ihre Blicke auf die verwüstete Landschaft richteten, fingen sie an zu weinen. Kamerateams hielten diesen Moment fest, und wenig später gingen Videos um die Welt, die diesen denkwürdigen Moment zeigten. Es waren außergewöhnliche Besucher*innen. Sie kamen von weit her, von mehreren Inselstaaten im Pazifik; sie haben sich als *Pacific Climate Warriors* zusammengeschlossen, weil ihre Heimat bedroht ist. Mit jedem Millimeter, den der Meeresspiegel weiter ansteigt, verlieren sie ein Stück Zuhause. Im Rheinland, 17 000 Kilometer von ihren Heimatinseln entfernt, fanden sie eine der Ursachen für die Katastrophe. »Die deutschen Braunkohleabbaubetriebe gehören zu den größten der Welt. Wenn wir sie nicht schließen«, sagte Zane Sikulu aus Tonga, »haben die Bewohner der Pazifikinseln keine Chance.«[6]

Zehn Jahre zuvor, im Jahr 2007, galt Angela Merkel noch als Klimakanzlerin. Damals forderte sie auf einer Klimakonferenz in Potsdam klare Reduktionsziele, klare Verantwortlichkeiten und die langfristige Angleichung der Pro-Kopf-Emissionen. Merkel warnte vor dramatischen Wohlstandsverlusten und plädierte für eine »Kohlenstoff-Gerechtigkeit« zwischen reichen und armen Ländern. Der Begriff Kohlenstoff-Gerechtigkeit kommt nicht von Merkel. Er stammt von Wangari Maathai. Maathai war eine kenianische Aktivistin und Begründerin des *Green Belt Movements* in Kenia. Mehr als 51 Millionen Bäume hat die Bewegung seit ihren Anfängen in den Siebzigerjahren gepflanzt, sie hat 30 000 Frauen in Waldwirtschaft und Bienenzucht ausgebildet und tausende Jobs geschaffen.

Was Maathai meinte, wenn sie von Kohlenstoff-Gerechtigkeit spricht, ist die Anerkennung der Umstände, unter denen sich die Staaten auf den Weg zu einer kohlenstoffneutralen Wirtschaft machen. Denn viele Länder, insbesondere in Afrika, bekommen die Folgen der globalen Erwärmung heftiger zu spüren als andere, obwohl sie kaum etwas dazu beigetragen haben. Achtzig Prozent der Opfer von Wetterkatastrophen seit 1980 waren in Asien, Afrika und Lateinamerika zu Hause. Das liegt nicht nur daran, dass dort mehr Menschen leben, sondern auch an den fehlenden Möglichkeiten vieler Menschen, mit Extremwetter umzugehen oder sich den neuen Bedingungen anzupassen.[7] Dieser Trend wird sich noch zuspitzen. Laut Philip Alston werden sogenannte Entwicklungsländer drei Viertel der Kosten tragen, obwohl die ärmere Hälfte der Weltbevölkerung nur zehn Prozent der CO_2-Emissionen verursacht hat.[8] Besonders gefährdet durch die globalen Umweltveränderungen sind also diejenigen, die bisher am wenigsten dazu beigetragen haben.

Die Wasserknappheit zum Beispiel wird sich zuerst für Menschen in der Sahelzone, dem südlichen Afrika, in Mittelamerika oder dem Mittelmeerraum verschlimmern; die Landwirtschaft in subtropischen und tropischen Trockengebieten wird verstärkt unter dem Rückgang und saisonalen Verschiebungen der Regenfälle leiden. Die Länder Südostasiens werden mit Unregelmäßigkeiten beim Monsun zu kämpfen haben, Überschwemmungen werden vor allem die großen Deltagebiete wie Bangladesch oder Indien treffen. Der steigende Meeresspiegel bedroht insbesondere die Inselstaaten im Pazifik oder Städte wie Somalias Hauptstadt Mogadischu, die auf dem Niveau des Meeresspiegels liegen.[9] Auch Krankheiten, Insekten oder Schädlinge, die wegen der Klimakrise vermehrt auftreten oder sich an Orten verbreiten, wo sie vorher unbekannt waren, werden besonders in den Regionen zur Gefahr, wo wenig volkswirtschaftliche Ressourcen zur Verfügung stehen, sie zu bekämpfen oder Vorsorgemaßnahmen zu treffen.

Vor diesem Hintergrund sprechen die Forscher*innen am PIK von einer historischen Verantwortung der Industrieländer. Die vom Weltklimarat für das 1,5-Grad-Ziel vorgestellten Reduktionspfade – sogenannte »Shared Socioeconomic Pathways« (SSPs) – sehen daher eine Verteilung der Aufgaben vor: Da die soziale und wirtschaftliche Situation der Länder bei den Klimazielen mitgedacht werden muss, müssen westliche Industriestaaten eine umgehende und drastische Verringerung der Emissionen anstreben, während eine nachhaltige Entwicklung in Ländern des Globalen Südens zunächst auf eine möglichst klimafreundliche Verbesserung der Lebensbedingungen ihrer Bevölkerung zielt. Die Verringerung von Ungleichheit zwischen den Ländern könnte die Emissionsintensität des globalen Wirtschaftswachstums laut IPCC sogar reduzieren.[10]

Anders gesagt: Weil die Industriestaaten seit mehr als zweihundert Jahren Treibhausgase emittieren, um auf Kosten anderer ihre Privilegien zu stärken, haben sie nun eine historische Verantwortung, die katastrophalen Folgen dieser Lebensweise abzuwenden. Jene Staaten, die durch die imperiale Lebensweise der Industriestaaten über Jahrhunderte in wirtschaftliche und politische Abhängigkeiten gedrängt wurden, sollen hingegen die Chance erhalten, sich durch moderatere Emissionsziele der Bekämpfung von extremer Armut, Ungleichheit und weiteren Aufgaben widmen zu können.

Historische Verantwortung wird aber gerne dadurch verschleiert, dass man Bezug auf aktuelle Emissionen pro Land nimmt. Denn es sind die Emissionen pro Kopf, welche die Unterschiede zwischen reichen und armen Ländern aufzeigen. Circa zwei Tonnen CO_2 betrug der Pro-Kopf-Verbrauch in Indien im Jahr 2016, durchschnittlich neun Tonnen CO_2 verbrauchte im selben Jahr jede*r Deutsche.[11] Natürlich sind die aktuellen Emissionen der Staaten eine wichtige Größe in der politischen Debatte. Denn solange die Vereinten Nationen keine Gesetze erlassen und die Verstöße bestrafen können, sind Nationalstaaten die Akteure, welche die Verringerung der Emissionen durchsetzen müssen. Doch aus der Gerechtigkeitsperspektive dürfen wir die kumulierten Emissionen und die Emissionen pro Kopf nicht aus dem Blick verlieren.

Wenn wir die Menschenrechte ernst nehmen, und wenn wir alle Menschen als gleich betrachten, egal wo sie geboren sind, können wir moralisch nicht rechtfertigen, dass wenige über ihre Verhältnisse leben und damit anderen die Möglichkeit rauben, ein würdevolles Leben zu führen. Wenn wir selbst zur Einhaltung des 2-Grad-Ziels ein jährliches CO_2-Budget von 1,61 Tonnen pro Person bis Ende des Jahrhunderts nicht überschreiten dürfen,[12] haben Länder wie Australien (ca. 17 Tonnen pro Person im Jahr 2017) die USA (ca. 16), Kanada (ca. 16), aber eben auch Deutschland eine größere Verantwortung bei der Reduktion von Treibhausgasen. Theoretisch gilt das auch für Länder wie Estland (ca. 15), Kasachstan (ca. 16) oder Qatar (ca. 50), doch die Signalwirkung ihrer Emissionspolitik auf internationaler Ebene ist nicht vergleichbar.[13] Und wie Klimaforscher Johan Rockström immer wieder betont: »Wenn Deutschland es schaffen kann, dann können andere es auch schaffen. Scheitert Deutschland, stehen die Chancen für alle schlecht.«[14]

»The climate crisis is a man-made problem and must have a feminist solution«, sagte einst Mary Robinson, die ehemalige UN-Hochkommissarin für Menschenrechte und erste weibliche Staatspräsidentin von Irland.[15] Ihre Aussage wurde weltberühmt und lässt sich etwa so übersetzen: »Die Klimakrise ist ein menschengemachtes Problem und verlangt eine feministische Lösung.«

Mary Robinson hat mit ihrer Arbeit jahrzehntelang ein Thema auf die Agenda gesetzt, das lange vernachlässigt wurde – und zwar die Rolle von Frauen sowohl in der Klimakrise als auch im Klimaschutz.

Die Tatsache, dass Frauen grundsätzlich strukturell diskriminiert werden, ist ungerecht genug, und verlangt, ganz unabhängig von der Klimakrise, nach Veränderungen. Durch die Klimakrise allerdings werden viele dieser Ungerechtigkeiten verstärkt – was die Klimakrise zu einer sexistischen Krise macht.

Die Ausgangslage ist nicht unbekannt – Frauen verdienen im weltweiten Schnitt 23 Prozent weniger als Männer, machen zwischen zwei- und achtmal so viel unbezahlte Pflege- und Erziehungsarbeit und haben längere Arbeitstage – wodurch sie zusammengerechnet im Leben vier Jahre länger arbeiten als Männer, so die Ergebnisse einer Oxfam-Studie von 2017.[16] In dem Jahr waren, so eine Erhebung der Beraterfirma Deloitte, gerade einmal 15 Prozent der weltweiten Vorstandsposten von Frauen besetzt.[17] Zahlen wie diese, mit denen man Seiten füllen könnte, schwanken natürlich von Region zu Region. Gemeinsam malen sie aber ein klares Bild: Weltweit sind Frauen öfter von Armut und sozioökonomischer Unsicherheit betroffen und seltener in politischen oder wirtschaftlichen Machtpositionen. All diese Ungerechtigkeiten verschärfen sich, je ärmer die Frauen sind und je weniger reich das Land, in dem sie leben.

Entsprechend ist die Vulnerabilität gegenüber der Klimakrise höher. Eine Akkumulation vieler struktureller Ungleichheiten führt im Zusammenspiel mit der Klimakrise dazu, dass eine ohnehin schon schlechte Ausgangslage zur sexistischen Klimakatastrophe wird.

Wenn beispielsweise durch Dürren die Ressourcen knapp werden und die Preise steigen, oder Extremwetter Eigentum oder die eigene Subsistenzwirtschaft beschädigen, sind es diejenigen mit schlechterer finanzieller Abfederung, die als Erste darunter leiden – und das sind öfter Frauen als Männer. Wenn die Klimakrise Menschen krank[18] und arm macht, sind öfter Frauen davon betroffen. Im Globalen Süden wird Landwirtschaft mehrheitlich von Frauen betrieben, Wetterschwankungen und Verschiebungen von Vegetationszonen treffen sie daher härter als Männer. Wenn die Klimakrise Extremwetter und Naturkatastrophen verursacht, die Menschen tötet, dann sind es öfter Frauen, die sterben, und öfter Frauen, die jünger sterben als die Männer aus ihrer Alterskohorte. Zwingen die Klimakrise und die daraus resultierenden Konflikte um fehlende Ressourcen Menschen zur Flucht, sind es zu achtzig Prozent Frauen, die betroffen sind.

Auch das Pariser Abkommen stellt fest, dass Frauen unverhältnismäßig stark von der Klimakrise betroffen sind und ihre Ermächtigung entscheidend für die Einhaltung des Abkommens ist. Noch immer ist die Rolle des Geschlechts in der Klimakrise eine sträflich unterschätzte Dimension.[19]

Kurz: Frauen weltweit gehören zu den großen Verlierer*innen der Klimakrise und kaum jemand spricht darüber. Und wer sind, strukturell gesehen, die Gewinner? Männer. Genauer gesagt: ältere weiße Männer aus dem Globalen Norden. Denn nach wie vor sind sie es, die in Vorständen von Energieunternehmen, im politischen Establishment und an den Schaltstellen in der Finanzindustrie überproportional zu finden sind, und Renditen, Umsätze und Macht durch die Verfeuerung von fossilen Rohstoffen generieren. Die großen Gesichter davon sind die Trumps und Bolsonaros dieser Welt, aber sie gibt es auch im Kleinen, in jeder Kommune, in jedem Unternehmen. In diesem Kontext bekommt »man-made«, der übliche englische Zusatz zur Klimakrise, eine ganz neue Bedeutung.

Ein großes Theater hatte mich, Luisa, eingeladen, ein Stück im Anschluss an die Aufführung zu besprechen. Es war ein spannendes Setting, nachdem die Schauspieler*innen die Bühne verlassen hatten, dort zu sitzen, wo noch wenige Minuten zuvor große Geschichten erzählt worden waren. Das Theaterstück hatte sich viel mit Sexismus beschäftigt, und auch wir auf der Bühne sprachen darüber. Ich erzählte davon, wie die Kleinbäuerinnen in Afrika mehr als die Bauern unter Klimawandelfolgen wie Wassermangel leiden, denn es liegt traditionell an ihnen, das Wasser zu holen. Ich sprach davon, dass durchschnittlich mehr Mädchen krank sind oder sogar sterben in den immer häufiger werdenden Extremwettern. Ich erzählte davon, wie bedrückend die Feststellung ist, dass Frauen und Mädchen weltweit an vorderster Front sind, wenn die Klimakrise über die Welt hereinbricht.

Nach der Vorstellung kam eine ältere Frau auf mich zu, unterbrach zielstrebig meine Unterhaltung und sagte bestimmt:

»Wir müssen doch gar nicht bis nach Afrika gucken, um diese himmelschreiende Ungerechtigkeit zu sehen: Was hindert uns denn daran, was zu tun? Die Arbeitsplätze! Und zwar wessen? Von den Männern, die in der Kohle und mit den Autos arbeiten. Wären dort Frauen beschäftigt, wären die längst vom Tisch!« Sie hob ihren Zeigefinger, unauffällig rückte ich einen Schritt nach hinten: »Die Männer haben jahrzehntelang den Klimawandel befeuert, weil es ihnen Geld und Arbeitsplätze brachte – und fanden das gar nicht wild, dass nichts getan wird. Das wird sich nie ändern, wenn man nicht die Frauen machen lässt.«

Es war vor allem die Idee von »die Frauen machen lassen«, die mich nach dem Gespräch noch lange bewegte. Ja, man müsste die Frauen machen lassen, eine Zukunft kann nur gerecht werden, wenn die diskriminierte Hälfte der Weltbevölkerung mitgestaltet. Aber wo waren die Frauen, die mitmachen sollten? Ich dachte an die vielen Menschen, die mich in den Monaten davor angerufen hätten, um mir zu erzählen, dass sie auch Ideen gegen die Klimakrise hätten. Sie sagten dann oft »Ich will das Klima retten«, und stellten mir ihren Plan für den Klimaschutz vor. Es waren weit über hundert Gespräche, die ich in dieser Form führte.

Und mir fiel auf, dass ich an einer Hand abzählen konnte, wie viele dieser Gespräche ich mit Frauen geführt hatte.

Mary Robinson traf mit ihrer Aussage den Nagel auf den Kopf: Die Antwort auf eine Krise, die in ihrer Entstehung und ihren Konsequenzen sexistisch ist, muss feministisch sein. Das heißt keinesfalls, Männer auszuschließen, sondern mit ihnen gleichberechtigt zusammenzukommen. Bisher sind Frauen häufiger von politischer Teilhabe und

Entscheidungsprozessen ausgeschlossen, obwohl ihre Beteiligung öfter zu wirksamerer Kooperation diverser Gruppen und zu nachhaltigen Ergebnissen führt.[20] Das muss sich ändern. Es geht sowohl darum, dass es sich die Welt inmitten der größten Krise schlicht nicht leisten kann, auf die Gestaltungskompetenz, die Energie und den Einfallsreichtum der Hälfte der Weltbevölkerung zu verzichten. Es geht aber auch darum, dass beispielsweise die langfristige Nahrungsmittelsicherheit und das Bevölkerungswachstum nicht in zukunftsfähige Bahnen gelenkt werden, wenn Frauen nicht an den Tisch geholt werden. Klimagerechtigkeit heißt daher auch, Frauen aus der Schussbahn der Klimakrise herauszuholen, ihre Perspektiven und Erfahrungen einzubinden, den Zugang zu Bildung zu erleichtern und sie zu ermächtigen, politisch, kulturell, sozial und juristisch.

WER WIRD IN DIE PFLICHT GENOMMEN?

Wenn wir Klimagerechtigkeit fordern, sollten wir wachsam beobachten, wer für die Maßnahmen zur Linderung der Klimakrise in die Pflicht genommen wird. Wenn große Aufforstungsprogramme im Globalen Süden begonnen oder Staudämme geplant werden, gefährden diese nicht selten die Lebensräume indigener oder anderer vulnerabler Gruppen, das wissen wir aus der Vergangenheit. Der Sardar-Sarovar-Staudamm im indischen Narmada-Tal ist so ein Fall. Als Teil eines Mammutprojekts mit dreißig großen und über hundert kleinen Dämmen wurde er in den Achtzigerjahren zu einem Symbol für eine nicht-nachhaltige Entwicklung. Begonnen im Jahr 1961, vertrieb der Bau der Dämme über eine Million Menschen, vor allem Kleinbauern und Indigene, von ihrem Wohnort, flutete ganze Wälder und zerstörte die Lebensräume seltener Tierarten.[21] Doch organisierten sich die betroffenen Menschen und erstritten, trotz vielfacher Repressionen und Verhaftungen, ein Urteil des obersten Gerichtshofes zu ihren Gunsten. Das führte zur Unterbrechung des Dammbauprojekts. Medha Patkar, die dafür 1991 zusammen mit der Bewegung *Narmada Bachao Andolan* den Right Livelihood Award erhielt, ist bis heute im Kampf für eine inklusive, demokratische und umweltfreundliche Entwicklung der Region aktiv – und bis heute ist die über 60-Jährige Repressionen durch die Behörden ausgesetzt. Was diese Geschichte zeigt, ist die Notwendigkeit, die sozialen Folgen der politischen Maßnahmen mitzudenken, die wir für die Bekämpfung der Klimakrise unternehmen. Die Dringlichkeit von Projekten, die effektive Einsparungen von Emissionen bewirken, darf nicht dazu führen, demokratische Grundprinzipien oder Menschenrechte in der Planung oder Umsetzung auszuhebeln.

DIE NEUE SOZIALE FRAGE?

Was im globalen Maße gilt, gilt auch für die Ungleichheiten innerhalb der einzelnen Gesellschaften. Denn die enormen Transformationen, welche die Klimakrise verlangt, haben das Potential, viele der Ungerechtigkeiten, die schon bestehen, noch zu verstärken.

Es fängt damit an, wer überhaupt die Möglichkeit hat, mitzureden, wenn Klimaschutzpläne konzipiert werden – selten werden dabei die Perspektiven der weniger Privilegierten eingenommen. Menschen mit geringeren Einkommen haben darüber hinaus auch weniger Möglichkeiten, sich auf die kommenden oder bereits eingetroffenen Veränderungen einzustellen. Wenn die Maßnahmen zur Anpassung an die Folgen der Klimakrise – denn komplett verhindern lässt sich die folgenreiche Erderwärmung nicht mehr – nicht als kollektive Aufgabe der Gemeinden, Staaten und der globalen Gemeinschaft verstanden werden, dann werden sich bestehende Ungleichheiten noch verstärken.

Wenn die politischen Entscheidungen, die zur Minderung von Emissionen getroffen werden, nicht mitbedenken, wer davon benachteiligt wird, ist ein Vertrauensverlust in die Regierung und das politische System kaum vermeidbar. Die Gelbwesten in Frankreich sind ein Beispiel für das politische Erdbeben, das eine ungerechte Klimapolitik auslösen kann: Besonders Menschen in ländlichen Regionen, die mit geringem Einkommen leben und aufgrund ihres Wohnortes auf ein Auto angewiesen sind, waren von der Erhöhung der Kraftstoffsteuer betroffen, nicht wenige existentiell. Eine Regierung, die das Klima auf Kosten der Marginalisierten der Gesellschaft schützen möchte, gefährdet die Grundlagen des demokratischen Gemeinwesens. Wer von Reduktionszielen spricht, darf von Umverteilung nicht schweigen. Auch das meinen wir, wenn wir Klimagerechtigkeit fordern.

Wirksame Steuern auf klimaschädliche Materialien und Praktiken wie die französischen Steuererhöhungen auf Diesel und Benzin werden vermutlich wichtige Bausteine zur Reduktion der Emissionen sein, doch sie sollten vor allem von denen entrichtet werden, die den größten Teil zur Klimakrise beitragen und durch die Abgaben keine existentiellen Einbußen zu erwarten haben.

Konsumsteuern auf Alltagsgüter laufen dabei immer Gefahr, bestehende Ungleichheiten zu verfestigen, da sie jene treffen, die nur wenig Geld zur Verfügung haben – siehe die Proteste der Gelbwesten. Auch die mehrfache Erhöhung der Mehrwertsteuer hierzulande ist dafür ein Beispiel. Nachdem die schwarz-gelbe Koalition die Vermögenssteuer 1997 einfach auslaufen ließ und damit auf jährliche Steuereinnahmen von umgerechnet über 4,5 Milliarden Euro[22] verzichtete, wurde die Mehrwertsteuer schrittweise von 15 auf 19 Prozent erhöht. Während die Superreichen unserer Gesellschaft also steuerlich entlastet wurden, erhöhte die Regierung die Einnahmen so, dass es vor allem diejenigen merkten, die jeden Cent zweimal umdrehen müssen.

Eine Vermögenssteuer hatte es seit 1923 gegeben, und sie steht bis heute unter Artikel 106 in unserem Grundgesetz. In den Fünfziger- und Sechzigerjahren trug sie knapp zwei Prozent zum Steueraufkommen bei, bis 1996 lag die Steuer bei einem Prozent der Vermögen. Eine Wiedereinführung der Steuer, wie sie bis 1996 erhoben wurde, würde laut einer Studie des Deutschen Instituts für Wirtschaftsforschung selbst bei hohen Freibeträgen jährliche Einnahmen von zehn bis zwanzig Milliarden Euro erzielen.[23]

Wir stehen vor der Aufgabe, einen massiven Umbau unserer Energie-, Mobilitäts- und Produktionsinfrastrukturen zu organisieren. Dafür braucht es nicht nur Konzepte, sondern auch Geld. Das muss irgendwo herkommen. Und gerecht wäre es, wenn das insbesondere auch diejenigen zahlen, die vom nicht-nachhaltigen Status quo besonders profitieren.

Wir erwähnen das aber auch, weil uns bewusst werden muss, dass wir einen gerechten Wandel zu einer klimaneutralen Gesellschaft bis 2050 kaum schaffen werden, ohne die Frage nach der Finanzierung frühzeitig zu stellen. Vermögenssteuern oder klimabezogene Vermögensabgaben sind zwei Antworten, die bis jetzt kaum diskutiert werden. Während wir das schreiben, erlebt die Debatte um die Vermögenssteuer durch den Vorschlag der SPD eine Renaissance.[24]

Ein anderes Beispiel für die soziale Dimension der aktuellen Herausforderungen: Der Beitrag des Flugverkehrs zur globalen Erwärmung wird auf fünf Prozent geschätzt.[25] Wenn Fliegen teurer wird, ob durch die Einführung der Kerosinsteuer, einen effektiven CO_2-Preis oder andere Maßnahmen, werden vor allem Menschen mit geringerem Einkommen weniger oder nicht mehr fliegen können. Während nur 18 Prozent der Weltbevölkerung jemals ein Flugzeug betreten haben und im Jahr 2017 nur drei Prozent der Weltbevölkerung geflogen sind, ist Fliegen in Deutschland mittlerweile zum Massenphänomen geworden. 2018 war ein Rekordjahr, allein im Sommer sind über 80 Millionen Passagiere von deutschen Flughäfen gestartet.[26] Global ist der Luftverkehr seit 2005 um mehr als zwei Drittel gestiegen. Bis zum Jahr 2050 soll sich das Volumen verdrei- bis versiebenfachen.[27] Und trotz erfolgreicher Kampagnen zur #flugscham, die in Schweden bereits sichtbare Folgen im Flug- und Bahnverkehr hat,[28] ist eine Reduktion der Emissionen ohne klare Regulierungen nicht zu erwarten.

Ein Vorschlag, wie Flugreisen gerecht und klimaverträglich zugleich gestaltet werden könnten, ist die Zuteilung eines einheitlichen Budgets von Flugkilometern an jede Person. Wo Fliegen nicht vermeidbar ist, könnten elektrische Flugzeuge den Bedarf abfedern. 2022 soll die erste vollelektrische Maschine in Betrieb genommen werden, allerdings nur mit Platz für neun Passagiere und einer Reichweite von gut 1000 Kilometern. Auch mit Helium oder Wasserstoff gefüllte Zeppeline werden als Alternative wieder diskutiert, wobei die Reisegeschwindigkeit dabei eher der einer Luftkreuzfahrt entspricht.[29]

Die Kenianerin Wangari Maathai hat gezeigt, wie das Bewusstsein über die Ungerechtigkeiten als Maßstab für Antworten auf die Klimakrise genutzt werden kann: Das *Green Belt Movement* hat sowohl Frauen und lokale Gemeinden gestärkt und zur Ernährungssicherheit beigetragen, als auch das Umweltbewusstsein geschärft und berufliche Perspektiven geschaffen. Es war ihr Vorstoß, der eine der wirksamsten Klimaschutzmaßnahmen des afrikanischen Kontinents in Gang gebracht hat: Wälder gehören zu den wichtigsten CO_2-Senken des Planeten. Bis heute wirkt Wangari Maathais visionäre Kraft in ihrer Kampagne für »One Billion Trees« weiter, die sie gemeinsam mit dem Umweltprogramm der Vereinten Nationen ins Leben gerufen hat.

10

INFORMIERT EUCH!

Am Anfang war der Titel.

Als Alex und ich anfingen, über ein gemeinsames Buch nachzudenken, hatten wir eine feste Vorstellung davon, wie das Buch heißen sollte. Ehrlich gesagt hatten wir eine weit genauere Vorstellung vom Titel als vom Inhalt. Und nachdem wir unser Trello-Board, eine Projektsoftware, mit der wir gemeinsam arbeiteten, entsprechend benannt hatten, schien der Titel in Stein gemeißelt. Und das Buch praktisch geschrieben. Wir saßen an diesem Nachmittag mit bester Laune im Café und bestellten Sekt. Das war Anfang 2018, und wir hatten keine Ahnung davon, wie man Bücher schreibt.

Doch in den folgenden Monaten, als wir anfingen, konkreter zu werden, stellten wir fest, dass unser Titel immer weniger mit den Inhalten zusammenpasste. Die Ereignisse überschlugen sich, und mit dem Beginn der *Fridays for Future*-Bewegung änderten wir auch unsere inhaltliche Ausrichtung. Schweren Herzens verwarfen wir schließlich unseren ersten Titel. Wir machten zwei Flaschen Bier auf, als wir ihn in unserem Trello-Board-Titel durch drei große Fragezeichen ersetzten. Dann fingen wir an zu schreiben und setzten die Titelfrage auf die To-Do-Liste von Zukunfts-Luisa und Zukunfts-Alex.

Ein Jahr später hatten wir zwar eine Idee davon, was in dem

Buch passieren sollte, aber immer noch keinen Titel. Immerhin waren wir schon bei »Ende« und »Klimakrise« angekommen. Am Abend, bevor die Ankündigung für das Buch verschickt werden sollte, war ich mit meiner Freundin Anahita bei meiner Großmutter. Dort schrieb ich ab und zu – in den alten Sesseln sitzend, die Originalausgaben und schwarzweißen Bildbände, die mich umgaben, beruhigten mich. Und das WLAN war so langsam, dass es unmöglich war, sich im Internet zu verlieren.

Wir waren schon im Begriff aufzubrechen, als der Verlag anrief und nach einer finalen Entscheidung über den Titel fragte. Ich stellte meiner Großmutter und Anahita kurzerhand die beiden Titel vor, mit denen wir uns angefreundet hatten: *Vom Ende der Klimakrise* und *Das Ende der Klimakrise*. Alex und ich konnten uns für beide Titel begeistern, meine Großmutter und meine Freundin aber widersprachen. Vom »Ende der Klimakrise« zu sprechen, sei keine Option. Denn das könne es ja nicht geben.

Meine Großmutter ist über achtzig. Sie hat einen Weltkrieg, einen Kalten Krieg, den Mauerbau und den Mauerfall erlebt. Sie hat ihren Vater im Konzentrationslager verloren und sich lange mit der Aufarbeitung der Nazi-Verbrechen beschäftigt. Sie hat die ersten großen Umweltkatastrophen globalen Ausmaßes mitverfolgt und engagiert sich seit Jahrzehnten in der Friedens- und Umweltbewegung. Sie hat erlebt, wie Deutschland in die Atomkraft ein- und wieder ausstieg. Schon vor dreißig Jahren hat sie Projekte begleitet, mit deren Hilfe die ersten Solaranlagen auf Schuldächern in Kenia installiert wurden; das war lange bevor das Wort Photovoltaik in den allgemeinen Wortschatz einzog. Kurz: Sie hat viel gesehen und viel vorangetrieben.

Anahita hat viele dieser großen Veränderungen nicht erlebt. Sie ist wie ich in Hamburg geboren, hat aber auch die iranische

Staatsbürgerschaft. Durch Erzählungen und eigene Erfahrungen ist ihr bewusst, wie sich das Land, in dem ihre Eltern groß geworden sind, verändert hat. Wie ihre alleinerziehende Mutter als freie Frau ihr Abitur machen konnte, aber heute bei Besuchen im Iran gezwungen ist, ein Kopftuch zu tragen.

Beide Frauen teilen die Erfahrung wie sich Welten verändern, wie Herrschaftsstrukturen, Wirtschaftssysteme und politische Ordnungen, die einst unumstößlich schienen, zerbrochen, aufgeweicht oder abgeschafft wurden.

Aber die Klimakrise? Nein, da sieht es anders aus. Ohne, dass eine von beiden eine Expertin auf dem Gebiet ist, sind beide überzeugt, dass kein Anfang vom Ende der Klimakrise in Sicht ist. Im Falle der Klimakrise ist die Katastrophe unausweichlich. Dessen sind sich die beiden sicher. »Luisa«, sagen sie, »Aids kann man ausrotten. Aber das Ende der Klimakrise gibt es nicht.«

Als ich den beiden an diesem Abend in die Augen schaute, fürchtete ich mich vor der Einsicht, dass sie mit ihrer Meinung wohl zur Mehrheit der Gesellschaft gehören. Die beiden sind zwei der begabtesten Menschen, die ich kenne. Sie sind gut informiert, lebensfroh, optimistisch und politisch involviert. Wenn diese beiden sich dieses Ende nicht vorstellen können, wer sonst? Woher sollen Menschen die Vorstellungskraft nehmen, dass wir die Krise effektiv werden eindämmen können? Wer spricht über die Überwindung der Krise? Wer informiert die Menschen über die Auswege, über die ersten Schritte, oder über Erfolge?

Wir zweifelten daran, das Buch *DAS Ende der Klimakrise* zu nennen, wenn unsere zukünftigen Leser*innen dabei zuerst an einen Science-Fiction-Roman denken würden.

Wir wünschen uns aber, dass sich das ändert. Dass alle, die dieses Buch nach dem Lesen zuklappen, den Anfang von Ende der Klimakrise schon etwas deutlicher vor sich sehen. Das Weltklima wird uns aller Voraussicht nach immer Probleme bereiten. Es ist aber die Frage, ob es immer eine »Krise« sein wird oder ein »Notfall« oder eine »Katastrophe«. Oder ob wir zu einem Punkt kommen werden, an dem wir echtes Krisenmanagement betreiben. Wir wollen uns dieser Herausforderung stellen und mit allen zur Verfügung stehenden Ressourcen der Klimakrise den Kampf ansagen. Und so den Anfang vom Ende der Klimakrise gestalten.

Wie wir zum Anfang vom Ende kommen? Es fängt mit der Wahrheit an. Mit Ehrlichkeit, Aufklärung und Ermächtigung. Es ist alles machbar. Wenn wir kollektiv die Ärmel hochkrempeln. Und wie das funktionieren kann, darum soll es in diesem dritten Teil des Buches gehen.

Ach ja – der ursprüngliche Titel lautete übrigens: *Organisiert euch!*

Es ist verlockend, die Schuld für die Untätigkeit vieler auf den Mangel an Wissen über die Klimakrise zurückzuführen. Es ist verlockend zu glauben, dass Menschen handeln würden, wenn sie doch nur »besser Bescheid« wüssten. Man könnte meinen, dass die Aufforderung »Informiert euch!« eben darauf hinaus möchte: dass Menschen nur besser verstehen müssen, was mit dem Klima passiert – dann werden sie schon handeln. Doch so einfach ist das nicht.

Die Mehrheit der Deutschen weiß grob über die Klimakrise Bescheid. Ein abstraktes Problembewusstsein ist längst vorhanden, das zeigen Studien immer wieder. Laut »European Social Survey« geben 53 Prozent der Deutschen an, dass sie die Klimakrise stark oder sehr stark beschäftigt. Das ist höher als in fast allen anderen europäischen Ländern, mit Ausnahme der Schweiz. 45 Prozent der Deutschen sind sehr oder äußerst besorgt über die Klimakrise; 71 Prozent geben an, sie sei die größte Bedrohung für die Gesellschaft, noch vor dem IS-Terror, Cyber-Attacken oder dem nordkoreanischen Atomprogramm.[1]

Auch wirtschaftsnahe Institutionen wie das World Economic Forum stellen mittlerweile in aller Deutlichkeit heraus, dass die größten Risiken für die Weltwirtschaft der laxe Umgang mit der Klimakrise und die daraus resultierenden Katastrophen sind.[2] Im April 2019 warnte auch Blackrock, der größte Vermögensverwalter weltweit, vor den steigenden Risiken bei Investments, die durch die Klimakrise zu erwarten sind.[3] Es glich einer Revolution, dass eine derart konservative Institution aus der Finanzwirtschaft mit solch klaren Worten vor Klimaschäden warnte. Dazu kommen zahllose prominente Ökonom*innen, wie etwa der Brite Nicholas Stern, die den Mythos vom unendlichen fossilen Wachstum infrage stellen und die die Wirtschaft vor Verantwortungslosigkeit warnen.[4]

Längst nicht alle Menschen sind informiert und längst nicht alle informierten Menschen sind gut genug informiert. Doch die nüchterne Feststellung bleibt: Genug Menschen wissen lange genug über die Krise Bescheid.

Dennoch tut sich auf politischer, wirtschaftlicher und sogar individueller Ebene fast nichts. Beziehungsweise nichts, was dem Maß der Bedrohung gerecht werden würde.

Während Ökosysteme schneller zusammenbrechen, als dass sie vollends erforscht werden können, und Umweltkatastrophen in immer bedrohlicherem Ausmaß Menschen gefährden, werden halbherzige Kohlekompromisse, neue Verpackungsrichtlinien und E-Scooter-Gesetze als Erfolge zelebriert. Weil es nichts anderes zu feiern gibt.

DIE LÜCKE ZWISCHEN WISSEN, WAHRNEHMEN UND HANDELN

Die großen klimapolitischen Momente der jüngeren Vergangenheit waren diejenigen, in denen gemeinsame Ziele verabredet wurden. Im Jahr 2015 wurde im Pariser Abkommen das 1,5-Grad-Ziel vereinbart; 2016 wurde das deutsche Klimaziel bis 2030 festgelegt; 2018 das europäische Ziel bis 2050. Ziele zu setzen ist wichtig. Doch die vereinbarten Ziele auch einzuhalten, das ist der eigentlich ambitionierte, der wirklich wichtige Part. Und das schaffen die wenigsten Regierungen und Staaten.

Jenseits der politischen Arenen, etwa in der Privatwirtschaft, ist weder in Deutschland, noch europaweit oder international bisher eine Entwicklung zu erkennen, die aus dem abstrakten Problembewusstsein konkretes emissionsreduzierendes Handeln ableiten würde. Im Privaten sind zwar die kleinsten Hebel zu finden, dennoch können die Einzelnen einiges bewirken. Eine der machbarsten und gleichzeitig effektivsten Maßnahmen besteht darin, auf Fleischkonsum zu verzichten oder ihn zumindest drastisch zu reduzieren. Während aber die Hälfte der Menschen in Deutschland die Klimakrise als großes Problem anerkennt, ernähren sich im Jahr 2019 laut Statista nur etwa 6,1 Prozent der Menschen in Deutschland vegetarisch.[5] Das ist zwar mehr als im Vorjahr, aber weniger als zum Beispiel 2010.

Man könnte viele Seiten damit füllen, wo unzureichend gehandelt wird..

Es fängt damit an, dass Informationen über die Lage des Weltklimas zunächst daraufhin geprüft werden, ob sie ins eigene Werteverständnis passen. An dieser Stelle hört es bei vielen dann auch schon auf. Wenn ich mich zum Beispiel für die Überzeugung entscheide, dass eine Kombination aus »Technologie« und »Marktmechanismen« das Problem lösen wird, einfach, weil das seit zwanzig Jahren meine Antwort auf politische Probleme ist, dann werde ich alle weiteren Details über die Krise als »Panikmache« abtun – auch wenn Wissenschaftler*innen in aller Klarheit darüber sprechen, dass wir umfassenden Wandel jenseits bekannter Maßnahmen brauchen. Wenn ich für mich entscheide, dass ich es übertrieben finde, über das potentielle Aussterben von Teilen der Menschheit zu sprechen, oder darüber, dass Milliarden Menschen ihre Lebensgrundlage verlieren werden, dann bin ich im Zweifel auch bereit, die Botschafter*innen dieser Informationen infrage zu stellen – etwa die Wissenschaftler*innen, die eben das gut begründet nahelegen, oder auch Menschen wie Greta Thunberg.

Wer aber ernst nimmt, was die Wissenschaft von der Klimakrise erzählt, der steht vor einem anderen Problem: Wohin mit diesen Informationen? Wie geht man mit dem Wissen über eine potentiell lebensgefährliche Bedrohung um? »Climate anxiety«, Klimafurcht, nennt sich das Phänomen, mit dem immer mehr Menschen Erfahrung machen. Es hinterlässt vor allem sehr gut informierte und eben deswegen deprimierte Menschen in einer Art Klima-Ohnmacht. Vor allem junge Menschen sind mehr und mehr damit konfrontiert. Andere verarbeiten die Wucht dieser Informationen, indem sie sie als »zu komplex« abspeichern. Das wiederum kann zur Schlussfolgerung führen, dass ohnehin nichts mehr daran zu ändern sei – man also selbst nichts ausrichten könne.

Die wohl fatalste Schlussfolgerung aus den Informationen über die Klimakrise ist, dass das Problem zu groß sei, um behoben werden zu können, dass man selbst ja nicht wirklich betroffen sei und dass sich schon andere darum kümmern werden.

Selbst diejenigen, die ihrem Wissen konkrete Taten folgen lassen, merken häufig nicht, dass ihr Verhalten in der Summe bei weitem nicht ausreicht. Sie sind über die Gefahren der Klimakrise bestens informiert, verstehen sich als umweltbewusst und sehen ihr Verhalten als weitgehend nachhaltig an – selbst wenn es das nicht ist. Dieser »Mind-Perception-Gap«, also die Kluft zwischen ökologischem Bewusstsein, dem entsprechenden Verhalten und dessen Wahrnehmung, ist die letzte Falltür auf dem Weg zu einer klimaneutralen Lebensweise. Annett Entzian, die zu dieser Kluft geforscht hat, fasst dieses Problem in einer griffigen Formel zusammen: »Denn sie tun nicht, was sie wissen.«[6]

Es mangelt also nicht hauptsächlich an der Vermittlung von Informationen. Dass zu wenig oder nichts getan wird, hat auch damit zu tun, dass Menschen nicht darüber informiert sind, wie der Anfang vom Ende der Klimakrise eingeleitet werden könnte. Es mangelt an Wissen über die Akteur*innen, welche die Klimakrise befeuern und an Selbstbewusstsein, über die eigene Rolle, um Veränderung zu bewirken.

Wenn wir schreiben »Informiert euch!«, dann meinen wir nicht (nur), dass der wissenschaftliche Hintergrund der Klimakrise noch stärker wahrgenommen werden muss. Sondern vor allem all das, was danach kommt.

»Was passiert gerade?« – die Frage lässt sich beantworten.

»Wie ändern wir das?« – da setzen wir an.

»Was ist möglich, wenn wir wirklich wollen?« – der Antwort auf diese Frage müssen wir uns widmen. Und das nicht mehr im Konjunktiv.

Was also bedeutet die Aufforderung »Informiert euch!« konkret? Am Anfang steht die Erkenntnis: Es wird lang, es wird zäh, und es fordert uns alle. Hier sind fünf erste Schritte:

1. INFORMIERT EUCH ÜBER DAS INFORMIEREN

Es braucht Profis! Schreibt, sprecht und informiert über die Klimakrise. Aber nehmt es ernst.

Ja, es ist notwendig, Menschen über die Klimakrise aufzuklären. Aber wer Klimawissenschaft ernst nimmt, sollte auch Klimakommunikation ernst nehmen. Und in sie investieren. Denn die wichtigsten Erkenntnisse bleiben wirkungslos, wenn sie nicht vernünftig vermittelt werden. Für Forschungseinrichtungen und Geldgeber*innen bedeutet das, konsequent in die professionelle Kommunikation der Ergebnisse der Forschung zu investieren, und zwar nicht in Form von Links zu einem PDF-Dokument. Sondern in Form von multimedialer Gestaltung, in echter Vermittlungsarbeit online und offline, erzählerisch, anschaulich, begreifbar. Man mag es als Wissenschaftler*in unverständlich finden, dass Menschen nicht aufschrecken, wenn ihnen gesagt wird, das 95 Prozent der Moore in Deutschland trockengelegt sind. Den meisten Menschen sagt so etwas nichts, es berührt sie nicht und lässt sie weder die Drastik der Lage verstehen, noch regt es sie zum Handeln an. Entsprechend muss das Bewusstsein dafür, dass Menschen bestimmte Inhalte akzeptieren, aufnehmen und verstehen, andere aber nicht, die Arbeitsgrundlage sein. Das gilt auch für Medien- und Meinungsmacher*innen.

Die Medien wiederum müssen ihren Professionalitätsanspruch in puncto Klimakommunikation der Krisenrealität anpassen. Zwei Beispiele: Fast alle Zeitungen haben ein Sportressort, aber kaum eine ein Klimaressort. Folglich gibt es zwar Sportjournalist*innen, die ausgebildet werden, um professionell über Fußball, Boxen und Tennis zu sprechen, aber kein entsprechendes Modell für Klimajournalist*innen. Jeden Tag werden die knapp zehn Millionen Zuschauer*innen in der Tagesschau von einem Profi über den Tag an der Börse informiert, die sich für die meisten anfühlt wie eine Parallelwelt. Der Zustand unserer Lebensgrundlagen hingegen findet nur Erwähnung, wenn etwa ein Auslandskorrespondent einige Minuten über eine katastrophale Überschwemmung sprechen darf.

Wenn hier nicht mit einer professionellen Herangehensweise in Zeitungen, im Fernsehen und Radio, aber auch in NGOs, Netzwerken und reichweitenstarken Institutionen angesetzt wird, dann wird sich auch in den nächsten dreißig Jahren zu wenig ändern. Das Wissen über die Klimakrise ist da. Jetzt muss es so vermittelt werden, dass die Welt damit etwas anfangen kann. Das fängt mit einer Sprache an, die in Worte fassen kann, was gerade passiert. Und weil es so etwas noch nie gab, braucht es eine neue Sprache dafür. Also bitte: Haucht den Informationen Leben ein.

2. ERZÄHLT DIE WAHRHEIT, DIE GANZE WAHRHEIT

Seitdem die großen Energiekonzerne in den USA Ende der Achtzigerjahre anfingen, systematisch Zweifel über die Klimakrise zu säen, hat das Sprechen über die Klimakrise das gesamte Spektrum von Wahrheitsverzerrungen erlebt – bis zu dem Punkt, dass zwei Klimawandelleugner zu den Präsidenten von zwei der relevantesten Länder im Kampf für einen gesunden Planeten gewählt wurden: Donald Trump und Jair Bolsonaro.

Damit gewinnt die Vermittlung der Wahrheit eine andere Bedeutung. Denn es geht nicht nur darum, zu berichten. Es geht darum, sich durchzusetzen, lauter, deutlicher und klarer zu sein, um durch das anhaltende Summen derer zu dringen, die Lobbyinteressen als Klimafakten verpacken und Unwahrheiten verbreiten.

Dabei geht es um zweierlei: Zum einen um die sachliche Auseinandersetzung mit der Klimawissenschaft und ihren Konsequenzen für die Menschen. Zum anderen darum, diejenigen zu enttarnen, die die Klimakrise herunterspielen und diejenigen, die sie vorantreiben, die in Politik, Wirtschaft, Medien und Gesellschaft dafür verantwortlich sind, dass Klimaschutz verschleppt und behindert wird.

Es ist kein Zufall, dass die Klimakrise lange ignoriert wurde, Klimaziele zu niedrig angesetzt werden, um das Pariser Abkommen einhalten zu können, weiterhin fossile Infrastruktur finanziert und gebaut wird, dass die deutsche Energiewende ins Stocken geraten ist, dass Klimaschutz immer weiter aufgeschoben wird, bis er unbezahlbar ist. Die Liste ließe sich fortsetzen. Dahinter stecken Entscheidungen. Für die kurzfristigen Interessen von wenigen, gegen die langfristigen Interessen von vielen.

Wer an diesen Entscheidungen beteiligt ist, sollte kein Geheimnis sein. All jene, seien es politische, wirtschaftliche oder finanzielle Instanzen, sollten dafür zur Verantwortung gezogen werden können. Daher müssen wir anfangen, über sie zu sprechen. Oder um es in den Worten von Jean-Paul Sartre zu sagen: »Connaître l'ennemi! Combattre l'ennemi!« Kenne deinen Feind, bekämpfe deinen Feind.

Erst wenn aufgedeckt wird, wer an welchem Strang zieht und wie schlimm die Lage tatsächlich ist, können ehrliche Debatten geführt werden. Die große Frage, wie die nächsten 2, 15, 30 Jahre gestaltet werden, fordert eine intensive Debatte und eine große Diversität der an ihr teilnehmenden Akteur*innen samt ihrer Perspektiven. Doch diese Debatten brauchen eine gemeinsame Sachgrundlage, die momentan kontinuierlich angezweifelt wird. Zugleich werden die Akteur*innen des Wandels ständig unter Beschuss genommen. Informiert (euch) über die Lage.

3. INFORMIERT (EUCH) ÜBER DEN ANFANG VOM ENDE

Stell dir vor, die Klimakrise könnte bewältigt werden, aber niemand würde daran glauben. Wir würden an ihr scheitern. Das ist exakt, was gerade passiert. Wer informiert, der informiert in der Regel über die Drastik der Lage. Was es braucht, sind Informationen über die Auswege. Es braucht ein Training des Vorstellungsvermögens, ein Verständnis dafür, dass das Informieren über die Klimakrise genauso wichtig ist wie das Informieren über die Auswege, über den Anfang vom Ende.

Wir könnten an dieser Stelle inspirierende Geschichten erzählen, von Vorbildern und wegweisenden Gesetzen, die zeigen, wie es anders geht. Geschichten wie die der spanischen Ministerin für ökologischen Wandel, die 2018 kurz nach ihrem Amtsantritt die umgehende Schließung der zehn verbleibenden Kohleminen verhandelt und umgesetzt hat – mit einer Vereinbarung, die den Arbeiter*innen den Erhalt ihres Lebensstandards, Umschulungen und neue Perspektiven ermöglicht. Oder die der Ruandischen Waldgesetze von 2004 und 2010, welche die Ausdehnung und den Schutz des Waldes zu einem zentralen Regierungsziel machten, die bewaldete Fläche des Landes in 15 Jahren auf dreißig Prozent fast verdoppelten und damit auch zur Ernährungssicherheit und Armutsbekämpfung beitrugen. Diese Beispiele sind wichtig, denn sie machen sichtbar, wie viel Positives schon passiert.

Die Klimawissenschaftlerin Friederike Otto etwa hat zusammen mit einem Forschungsteam das Feld der sogenannten »Attribution Studies«, Zuordnungswissenschaft, entwickelt: Durch komplexe Berechnungen kann das Team im Idealfall binnen weniger Tage berechnen, ob und, wenn ja, wie stark ein Extremwetterereignis menschengemacht, also von der Klimakrise beeinflusst ist. Was banal wirken mag, ist tatsächlich revolutionär. Man stelle sich vor, Überschwemmungen, Fluten, Dürren oder Stürme können daraufhin geprüft werden, zu wie viel Prozent die Klimakrise dafür verantwortlich ist.

Das schafft nicht nur Klarheit darüber, wie krass uns die Klimakrise beeinflusst und wie groß die Gefahr in der Realität ist. Diese Wissenschaftsdisziplin ermöglicht auch erstmals, dass Schäden durch Extremwetterereignisse praktisch in Rechnung gestellt werden können. Die »climate litigation«, also die Rolle von Gerichten im Klimaschutz, wird tragend sein beim Anspruch, dem Ende der Klimakrise näherzukommen.

Bisher konnten Regierungen, Firmen und Investor*innen mehr oder weniger unbehelligt die Klimakrise anheizen und Klimaziele verschleppen. Die Betroffenen aus dem Globalen Süden, oder wir, die jungen und zukünftigen Generationen, die direkte Auswirkungen bereits spüren oder spüren werden, haben meist unzureichende Mittel, vor Gericht ihre Rechte einzuklagen. Mit immer konkreteren wissenschaftlichen Erkenntnissen über die Heftigkeit der Krise, mit Ambitionen und Kreativität in der Rechtswissenschaft durch zunehmende Anwendung der Erkenntnisse der »Attribution Studies« und mit einem wachsenden Verständnis darüber, welche Akteur*innen in welcher Form die Klimakrise vorantreiben, ändert sich die Ausgangslage Stück für Stück schon heute. Mittlerweile laufen in 28 Ländern über eintausend Klagen.

Auch unabhängig der »Attribution Studies« werden immer öfter politische und wirtschaftliche Instanzen verklagt.

Man nehme zum Beispiel das Energieunternehmen RWE, das für 0,47 Prozent der Emissionen in der Atmosphäre verantwortlich ist (zum Vergleich: Die Unternehmen Exxon-Mobil und Chevron stehen mit jeweils drei Prozent an der Spitze).[7] Dass die Zurechnung von Verantwortung juristische Folgen haben kann, zeigt zum Beispiel der Fall von Saúl Luciano Lliuya. Der peruanische Bauer hat RWE verklagt. Sein Dorf ist von einem Dammbruch durch anhaltende Gletscherschmelze bedroht. Für die Übernahme von 0,47 Prozent der Kosten für den Umbau des Dammes durch RWE streitet er nun in Deutschland vor Gericht, unterstützt von der NGO *Germanwatch*.[8]

Würde in Deutschland etwa der Klimaschutz ins Grundgesetz aufgenommen werden, was längst überfällig ist, böte sich die Chance unabhängig von Regierungskonstellation das Recht auf ein intaktes Klima einzuklagen.

Auch der Anstieg des Meeresspiegels wäre dafür ein Anwendungsfeld, was den Weg ebnet zu einem neuen Verständnis der Verantwortung von Klimaschäden. Wer soll für Klimaschäden, sprich für das, was im klimapolitischen Kontext als »Loss and Damage«, Verlust und Schaden, betitelt wird, aufkommen? Diese werden mit den immer häufiger auftretenden Extremwettern ins Astronomische steigen – man denke etwa an den Hurrikan Harvey, der im Jahr 2017 über den Süden der USA hinweggefegt ist und mit Schäden von geschätzten 190 Milliarden Dollar als teuerster Sturm der US-Geschichte gilt.[9]

Bei der Aufgabe, den Anfang vom Ende anzugehen, kommen auch Daten eine herausragende Rolle zu. Nicht nur Daten über die Auswirkungen und Implikationen der Klimakrise, die im Kontext von Anpassungsmaßnahmen, sogenannter »Adaptationen« entscheidend sind, sondern auch Daten über Emissionsvermeidungen. Während technologische Entwicklungen vielfach als *die* Antwort auf die Klimakrise zelebriert werden, zeigen immer präziser werdende Datensätze über CO_2-Quellen, dass die günstigsten und schnellsten Maßnahmen oftmals ganz woanders liegen. Ein prominentes Forschungsprojekt, das sich genau damit beschäftigt, ist das *Project Drawdown*, das hundert Maßnahmen für realistische und effektive Emissionsreduktion ermittelt hat, gelistet nach Wirkmacht der jeweiligen Maßnahme. Die Liste ist verblüffend. Laut der Forscher*innen ist eine der schnellsten und effektivsten Maßnahmen eine Umstellung bei der Produktion von Kühlschränken. Dabei werden nämlich immer noch Gase genutzt, deren kumulierte Treibhauswirkung sehr groß ist, die aber mit vergleichsweise geringem Aufwand vollständig vermieden werden könnte. Alternativen gibt es längst. Unter den Top 10 der Maßnahmen ist auch die Bildung von Mädchen und Frauen aufgelistet. Investitionen in die weltweite Ermächtigung von Mädchen und Frauen gehen, so die Forscher*innen, mit einem bisher sträflich unterschätzen Mehrwert für den Klimaschutz einher. Unter anderem, aber nicht nur dadurch, dass gebildete Frauen, statistisch gesehen, signifikant weniger Kinder bekommen als ungebildete.[10]

Die Liste der Game Changer ist lang. Und sie gibt Grund zur Zuversicht. Informiert euch und andere über die möglichen Lösungen, über die Gründe der Zuversicht, über die Wegweiser, die schon heute zu sehen sind. Wir müssen anfangen, die Augen aufzumachen.

4. WERDET INFORMIERER*INNEN

Kaum etwas wird den Zusammenhalt in der Gesellschaft so sehr herausfordern wie das Pariser Klimaabkommen, wenn es umgesetzt wird. Damit das gelingen kann, braucht es eine Öffentlichkeit, die informierter ist als je zuvor. Und dafür wiederum braucht es ein neues Verständnis davon, wer in der Verantwortung steht, Teil dieser Wissensweitergabe zu sein: Wir alle sind es. Natürlich stehen traditionelle Medien und Meinungsmacher*innen im Fokus. Auf sie alleine zu setzen, wäre aber töricht.

Kaum etwas berührt Menschen mehr als Appelle von Menschen, die sie lieben. Wer in der Zeitung von der Klimakrise liest, resigniert schnell. Wer von einem guten Freund von der Krise hört und darüber, was dieser unternimmt, um sich einzubringen, ist viel eher bereit, sich selbst anzuschließen.

Nutzt eure Netzwerke, erzählt weiter, was euch an der Klimakrise umtreibt, und warum es Zeit für alle ist, sich einzubringen. Unterstützt diejenigen Menschen und Institutionen, die zur Wahrheitsfindung und -verbreitung beitragen, die journalistischen, zivilgesellschaftlichen und wissenschaftlichen Institutionen, die sich dem ehrlichen, sachlichen Informieren verschrieben haben.

5. INFORMIERT EUCH ÜBEREINANDER

Wir nennen die Klimakrise die größte Bedrohung der Menschheit und vergessen gleichzeitig, dass in dem Wort Menschheit das Wort Mensch steckt. Das ist gefährlich, denn es führt dazu, dass Debatten um die Zukunft entmenschlicht werden. Wer der Forderung nach radikalem Klimaschutz widerspricht, führt oft »die Industrie«, »die Arbeitsplätze« oder »die Wirtschaftsstandorte« an. Es wird dann davon gesprochen, dass »die Technologie« die Klimakrise lösen wird, und »die Märkte« nicht beunruhigt werden dürfen. Wo aber bleiben die Menschen, die all dies geschaffen haben? Es scheint oft, als würde in der Klimaschutzdebatte der Schutz der Umwelt gegen den Schutz der Systeme stehen. Wo bleiben aber die Menschen, die von Ersterem abhängig sind und Letzteres nur erfunden haben, damit es ihnen besser geht? Sie fehlen. Wo sich eine Debatte von den Menschen entfernt, wo nicht mehr darauf gehört wird, was sie zum guten Leben wirklich brauchen, was sie bedroht und was sie glücklich macht – da läuft die Debatte Gefahr, das Wesentliche aus dem Blick zu verlieren: Nämlich die 7,7 Milliarden Individuen, die auf diesem Planeten leben und alle gleichermaßen ein Anrecht auf ein glückliches und zufriedenes Leben haben.

11

FANGT AN ZU TRÄUMEN!

Es ist halb sieben und Zeit zum Aufstehen. Draußen scheint schon die Sonne. Im Badezimmer liegen kleine Metalldosen mit Shampoo, Deo und Zahnpasta neben dem Waschbecken. Durch die Verpackungsreform, die von Herstellern verlangt, dass sie zu jedem Produkt auch einen geschlossenen Ressourcenkreislauf garantieren können, ist es viel günstiger geworden, verpackungsarme Produkte herzustellen. Und seitdem die Hersteller auch für die Mikroplastikbelastung im Grundwasser aufkommen müssen, produziert kaum noch jemand Plastikverpackungen. Beide Auflagen haben die Kreativität der Verpackungsindustrie befeuert und die Pro-Kopf-Müllmenge innerhalb weniger Jahre halbiert.

Die Heizung in meiner Wohnung läuft selten. Seit ein paar Jahren müssen Häuser nicht nur Feuermelder vorweisen, sondern auch eine zeitgemäße Isolation. Beides dient der Feuerbekämpfung – lokal und global.

Zum Frühstück gibt es Müsli mit Früchten. Die Produkte kommen von landwirtschaftlichen Betrieben aus der Nähe. In der solidarischen Landwirtschaft (SoLaWi) wird den Betrieben garantiert, dass ihre Erträge Abnehmer*innen finden, so müssen sie sich keinem Preisdruck beugen. Dass keine Ausgaben mehr für Marketing und Werbung anfallen, macht ihre Produkte günstiger. Es ist gut zu wissen, dass mein Essen chemikalienfrei ist und regional und saisonal produziert wurde. Die meisten Menschen in meiner Gegend beteiligen sich schon an der SoLaWi, auch weil es so bequem ist. Die Verwaltung hat angefangen, jedem Haushalt beim Einzug einen Probemonat zu finanzieren, nach dem bei Bedarf wieder gekündigt werden konnte. Was die wenigsten tun. Sie gewöhnen sich schnell an die Annehmlichkeit dieser lokalen und gesunden Versorgung und genießen es, weniger oft unentschlossen im Supermarkt herumzustehen.

Während ich mein Müsli esse, sehe ich aus dem Küchenfenster. Fahrrad-Schwärme flitzen vorbei. Sie sind auf der Fahrradschnellstraße unterwegs, intelligente Ampeln, breite Straßen und klare Beschilderung sorgen für flüssigen Verkehr. Es gibt noch jeweils eine Auto- und Busspur, aber die sind klar voneinander getrennt. Auch ich steige auf mein Rad und fahre zur Arbeit. Auf dem Weg fängt es an zu regnen, und weil ich nicht nass werden möchte, halte ich am nächsten Bahnhof, stelle das Rad ins Fahrradparkhaus und springe in die S-Bahn. Ein Ticket brauche ich nicht, meine Dauerkarte kostet einen Euro pro Tag, man bekommt sie automatisch zugestellt, wenn man im Internet hier seinen Wohnsitz angemeldet hat. Natürlich steht es jedem frei, darauf zu verzichten. Aber auch hier hat sich herausgestellt, dass das kaum jemand tut. Die Finanzierung des ÖPNV funktioniert seither reibungslos.

Zu all diesen Entwicklungen ist es erst gekommen, als mit dem Wasser auch der Handlungsdruck gestiegen ist: Ein paar Jahre zuvor hatte eine Sturmflut große Teile der Nordseeküste, der Hamburger Innenstadt und weiterer Städte geflutet. Daraufhin einigte sich die Hamburger Bürgerschaft auf das ehrgeizige Ziel, als zweite europäische Großstadt (nach Kopenhagen, das es, zwei Jahre früher als geplant, bereits 2023 geschafft hatte) klimaneutral zu werden. Durch das günstige Einheitsticket für den Nahverkehr, den Ausbau von Fahrradschnellstraßen, die Verbannung des Verbrennungsmotors aus der Innenstadt und die Umgestaltung von Parkplätzen in Parks und Spielplätze wurde Hamburg von einer Auto- zur Fahrradstadt.

Trotz der anfangs lautstarken Proteste, heftiger Diskussionen und einem erfolglosen Volksbegehren, die Initiative zu stoppen, sank der Pro-Kopf-Verbrauch von CO_2 innerhalb weniger Monate massiv. Der große Erfolg bei der Ökobilanz der Haushalte regte mehr und mehr Städte zur Nachahmung an. Im Wettlauf zur Klimaneutralität, der Anfang der 2020er-Jahre ausgebrochen war, wollte sich niemand abhängen lassen.

In den Kommunen, die für ihre Kreativität und den Erfolg der Klimaneutralität bundesweite Aufmerksamkeit bekamen, war ein neuer Regionalstolz gewachsen. Vor allem junge Leute begannen sich verstärkt mit ihren Heimatorten und -städten zu identifizieren, weil die das landesweite Prestige einer zukunftsfähigen Lokalpolitik genossen. Ein regelrechter Hype zum Kauf regional produzierter Waren entstand, die städtisch betriebenen Tauschbörsen, Bibliotheken der Dinge und Reparaturcafés wurden zu neuen Hotspots.

In den Jahren nach der Wohnsitz-Reform hat sich der Quadratmeterpreis in Hamburg und anderen Großstädten stabilisiert. Seitdem es nur noch in Ausnahmefällen möglich ist, Wohneigentum zu besitzen, in dem man nicht selbst wohnt, hat sich die Immobilienspekulation in Luft aufgelöst. Der Boom der Genossenschaften hält bis heute an und in den Vierteln, wo die staatlichen Fördermittel für inklusive und intergenerationelle Wohnkonzepte am stärksten gefragt sind, hat sich die Fremdenfeindlichkeit im letzten Jahrzehnt halbiert.

Auch in der Arbeitswelt hat sich etwas getan. Seitdem die positive Gemeinwohlbilanz, die Unternehmen bundesweit bei der Steuererklärung vorweisen müssen, mit steuerlichen Vorteilen verknüpft ist, hat sich die Unternehmenskultur im Land stark verändert. Der neue Standard löste, nach einem ersten Schock an den Aktienmärkten, eine Umstrukturierung emissionsintensiver Unternehmen aus. Der große Nachholbedarf in vielen Sektoren führte zu einem regelrechten Boom an Nachhaltigkeitsberatungen.

Heute dauert ein Arbeitstag selten länger als sechs Stunden. Am Anfang des Jahres setzen sich alle Kolleg*innen, denen die Firma nicht selten anteilig gehört, Ziele. Die Prioritäten sind dabei oftmals, genug Zeit für sich selbst, die Familie und Freund*innen zu haben, den eigenen Interessen nachgehen und neue Ideen entwickeln zu können, um möglichst viele Menschen mit den Innovationen aus dem Betrieb zu erreichen. Ende des Jahres werden die Produktivitätsgewinne aufgeteilt in Investitionen in die Firma, Rückstellungen für Auftragsflauten, die Weiterentwicklung neuer Produktideen und in die Reduktion des Workloads für jede*n Einzelne*n.

Die meisten erleben es als Bereicherung, sich intensiv ihrem sozialen Umfeld widmen zu können, den Kindern, Eltern und Freund*innen. Wenn sie zur Arbeit kommen, sind sie entspannter und glücklicher. Und weil davon auch die Unternehmen profitieren, haben immer mehr Betriebe dieses Modell übernommen.

Dabei treten unerwartete Nebeneffekte ein: Menschen, die mehr Zeit mit ihrer Familie, mit Freund*innen und Nachbar*innen verbringen, werden seltener krank. Sie fühlen sich körperlich und psychisch besser, investieren mehr in gesunde Ernährung und Sport. Die Gewinne für die Krankenkassen sind enorm; das führt zu höheren Investitionen in Aufklärung und Prävention.

Einen ähnlichen Effekt hatte bereits zuvor die Einführung der gesetzlichen 30-Stunden-Woche und des bedingungslosen Grundeinkommens von 1500 Euro für alle: Die Arbeitslosigkeit sank auf ein historisches Tief. Das Lohnniveau stieg an, da die Menschen nicht mehr darauf angewiesen waren, schlecht bezahlte Jobs anzunehmen, um ein bescheidenes, aber würdevolles Leben zu führen. Nun konnte sich jede*r Zeit nehmen, einen Beruf zu finden, der wirklich zu ihr oder ihm passte. Überhaupt führte der geringere finanzielle Druck zu größerer Zufriedenheit.

Nachdem Klimaschutz als Staatsziel ins Grundgesetz aufgenommen und die Kohleverstromung bis 2038 in Karlsruhe für verfassungswidrig erklärt worden war, beschloss die neue Regierung den *Green New Deal*. Der Deal, wie ihn alle einfach nannten, machte Schlagzeilen als größtes Investitionsprogramm seit Ende des Zweiten Weltkrieges. Der Klimafonds, den die Regierung dafür ins Leben rief, setzte sich aus Teilen der EEG-Umlage, einer einmaligen Vermögensabgabe und einer CO_2-Steuer zusammen. Er ermöglichte massive Investitionen in die Verkehrsinfrastruktur, Förderprogramme für die Umstellung industrieller Landwirtschaftsbetriebe und Modellprojekte für eine CO_2-neutrale Wirtschaftsweise. Durch Investitionen in Parks, Museen und kulturelle Einrichtungen wurden die Innenstädte entschleunigt und der ländliche Raum attraktiver gemacht.

Natürlich verlief der Weg dorthin nicht reibungslos. Große Industrieverbände haben gedroht, ihre Produktion ins Ausland zu verlagern, wenn das Klimaneutralitätsgesetz in Kraft träte. Bis auf ein paar wenige, die ihre Produktion nach Osteuropa und China verlegten, hat sich diese Ankündigung aber als leere Drohung erwiesen. Im Gegenteil: Die klare gesetzliche Vorgabe setzte einen Wettlauf um ressourcensparende Innovationen in Gang, und der wiederum einen historisch einmaligen Investitionsschub in klimafreundliche Produktionsweisen.

Durch die Einführung der europaweiten Kerosinsteuer, das 25-Euro-Ticket-Programm der Bahn und der EU-Initiative zum Ausbau eines europäischen Nachtzugsystems brachen die Passagierzahlen auf innereuropäischen Flugverbindungen zusammen. Neue Konzeptabteile, Konferenzräume und stabile Internetverbindungen in den Zügen schufen eine ganz neue Arbeitskultur auf der Schiene.

Nachdem es Proteste gegen den Ausbau der Windenergie und Highspeed-Bahnschienen gegeben hatte, wurden mehr Menschen in solche Projektplanungen miteinbezogen. Man wartete nun nicht mehr ab, bis Bürger*innen vor Gericht zogen; stattdessen wurden regelmäßig stattfindende Zukunftsforen eingerichtet, die auch während der Arbeitszeit besucht werden durften. Dörfer in unmittelbarer Nachbarschaft von Windkraftanlagen wurden an den finanziellen Gewinnen beteiligt, sodass es von nun an im Interesse der Bevölkerung lag, nachhaltige ökologische Veränderungen mitzutragen.

Durch die Investitionen des Deals konnte auch die Lage im Gesundheits- und Bildungssektor verbessert werden, auch dies ist ein ökologischer Faktor: Die meisten sozialen Berufe sind Tätigkeiten, die einen großen gesellschaftlichen Mehrwert bringen und zugleich wenig Emissionen produzieren. Es war daher nur konsequent, ebendiese Berufe durch höhere Einkommen, bessere soziale Leistungen und Absicherungen aufzuwerten.

In den vergangenen Jahren, nachdem der Rat für die Rechte zukünftiger Generationen ein Vetorecht bei neuen Gesetzesvorhaben erhalten hat, ist der Gesetzgebungsprozess transparenter und partizipativer geworden. Die Regierungsparteien nutzen die Konsultationsplattformen online, suchen den Kontakt zu Sprecher*innen der Nachbarschaftsräte und führen Studien und Umfragen durch, um den Prüfkriterien des Rates Rechnung zu tragen. Seit alle Gesetze durch dieses Nadelöhr müssen, hat jedes Ministerium eine Abteilung eingerichtet, die sich mit den langfristigen ökologischen und sozialen Folgen neuer Gesetzesvorhaben und gesetzlicher Anpassungen beschäftigt.

Während die Emissionen rapide sanken, wuchs der Wohlstand, der nicht mehr nur anhand von Einkommensgrößen, Jahresumsätzen und Exportbilanzen bemessen wurde, sondern am allgemeinen Wohlbefinden der Gesellschaft. Das Glücksbarometer, wie es im Volksmund genannt wurde und auf dessen Veröffentlichung viele jedes Jahr hinfieberten, hatte in diesem Jahr einen neuen Rekordwert erreicht. Der Anstieg war zwar gering im Vergleich zu jenem legendären Jahr, in dem die Vermögenssteuer wieder eingeführt und der Mindestlohn angehoben wurde; doch die hohen Werte gaben dem neuen Kurs der Regierung recht.

Aber auch von der alten Welt war noch etwas übrig geblieben. Es gab sie noch, die Megaindustrien, die DAX-Konzerne und die gläsernen Türme, in denen Anzugträger*innen herumhasteten und es völlig okay fanden, dort siebzig Prozent ihrer wachen Zeit zu verbringen. Auch gab es noch diejenigen, die in großen Häusern wohnten, vor denen sie ihre großen Autos parkten und viel Geld dafür ausgaben, bei Reisen ans Ende der Welt zu sich zu kommen. Auch sie: ein Teil dieser freien Gesellschaft. Nur nicht mehr die Mehrheit.

Dies ist keine Utopie und keine Science-Fiction. Es ist ein Szenario, das wir zusammen entworfen haben, nachdem wir uns einen Tag hingesetzt und überlegt hatten, was uns glücklich macht. Wir haben uns den Luxus geleistet, ein Lebensumfeld auf »öko« und »sozial« zu kalibrieren. Völlig fiktiv ist unser Entwurf übrigens gar nicht. Vieles davon existiert schon, überall auf der Welt.

Obwohl es unmöglich ist, Zukunft sicher zu planen, sind Visionen ein entscheidender Zukunftsmotor. Man denke an Karl Marx: Die von ihm prophezeite klassenlose Gesellschaft ist aus den Selbstwidersprüchen des Kapitalismus bisher nicht entstanden und wird es womöglich auch nie – trotzdem treibt diese Vision Menschen seit über 150 Jahren dazu an, sich für Veränderungen des Status quo einzusetzen. Andererseits: Auch die neoliberale Utopie einer unsichtbaren Hand des Marktes, die für Wohlstand und Gerechtigkeit sorgt, bringt Menschen seit Jahrzehnten dazu, die Wirklichkeit durch politische Programme und Reformen der Theorie anzupassen.

Es ist die Vision eines anderen Morgen, die uns im Heute die Kraft zur Veränderung geben kann. Ohne diese Vision fehlt die Richtung, in die unsere Energie gelenkt werden kann. In Kapitel 3 haben wir den Mangel an Vorstellungskraft und positiven Visionen beklagt, der sich in der Gesellschaft breitgemacht hat. Wir plädieren deshalb für ein Training der Vorstellungskraft. Dafür, dass Menschen wieder lernen zu träumen, groß und klein zu denken, outside the box und über den Tellerrand. In diesem Kapitel tragen wir zusammen, was es dazu aus unserer Sicht braucht.

1. MORALISCHE STRECKÜBUNGEN

Dehnt eure Vorstellungskraft! Und eure Emotionen!

Im Anschluss an den Atombombenabwurf auf Hiroshima machte der Philosoph Günther Anders eine grundsätzliche Diskrepanz aus zwischen Vorstellen und Herstellen. Die Leistungen (das Herstellen) des Menschen hätten sich derart gesteigert und seien dabei so komplex geworden, dass sie das Vermögen überstiegen, sich die Folgen der Technologien vorstellen und emotional nachvollziehen zu können.

»Sofern nicht alles verloren sein soll«, folgert Anders, bestehe »die heute entscheidende moralische Aufgabe in der Ausbildung der moralischen Fantasie, d. h. in dem Versuche, das ›Gefälle‹ zu überwinden, die Kapazität und Elastizität unseres Vorstellens und Fühlens den Größenmaßen unserer eigenen Produkte und dem absehbaren Ausmaß dessen, was wir anrichten können, anzumessen.«[1] Die Mittel, um dieses Gefälle zu überwinden, sind nach Anders »moralische Streckübungen«. Ähnlich den Streckübungen beim Sport, welche die körperliche Dehnbarkeit und Belastbarkeit steigern sollen, sei es notwendig, die eigene Fantasie und Gefühlswelt durch »Überdehnungen« zu trainieren. Wie soll das gehen? Zum einen, indem man anfängt, sich große Dimensionen vorzustellen. Das muss geübt werden. Die Klimakrise, die durch das globale Aggregat an Treibhausgasemissionen entsteht, ist zwar zu groß, um sie uns in ihrer Gänze vorstellen zu können. Doch wir können durch Übung unsere kognitive Fähigkeit verbessern, uns die Folgen unseres Handelns für das Weltklima vor Augen zu führen.

Zum anderen können wir uns berühren lassen von dem Unheil, das die Klimakrise bereits heute auslöst. In der Parabel von der beweinten Zukunft, die wir in Kapitel 5 erzählt haben, gelingt es Noah, seine Mitmenschen dadurch von der drohenden Sintflut zu überzeugen, dass er die zukünftigen Generationen beweint. Hätten die Menschen seine Tränen ignoriert, wäre die Arche in der Parabel nie gebaut worden. Wenn wir emotional verkümmern, weil wir nicht nachempfinden, was wir mit unseren Konsumgewohnheiten, unserer Energiegewinnung oder unseren Produktionsweisen andernorts anrichten, werden die moralischen Appelle unserer zeitgenössischen »Prophet*innen« wirkungslos verhallen.

Beide Vermögen, die Vorstellungskraft und die emotionale Sensibilität, sind nicht nur für das Verständnis unserer Gegenwart wichtig, sondern auch für die Bilder, die wir uns – im Positiven wie im Negativen – von der Zukunft machen.

2. RÜCKBLICK AUS DER DYSTOPISCHEN ZUKUNFT

Malt euch die Katastrophe aus! Schonungslos!

Wer sich bewusst macht, wie viel wir zu verlieren haben, öffnet Handlungsspielräume. Dafür braucht es die Bereitschaft, sich die Apokalypse in ihrer ganzen Dramatik auszumalen. Dann können wir sowohl kognitiv als auch emotional begreifen, welche Verluste mit ihr einhergehen, dann verstehen wir die Dringlichkeit des aktuellen Handlungsbedarfs.

David Wallace-Wells' Buch *Die unbewohnbare Erde* etwa zeigt, wie das aussehen kann. Es beginnt mit der erschlagenden Einfachheit des Satzes: »Es ist schlimmer, viel schlimmer, als Sie denken.«[2]

Auch Geschichten und Bilder können dabei helfen, die Vorstellungskraft zu üben. Geschichten wie die der Poetin Kathy Jetnil-Kijiner, deren Heimat auf den Marshallinseln unter dem steigenden Meeresspiegel versinkt. Gemeinsam mit der Schriftstellerin Aka Niviâna aus Grönland beschreibt sie im Gedicht »Rise«[3] (Aufstehen), wie die globale Erwärmung ihren Lebensraum und ihre traditionellen Lebensweisen zerstört.

Als wir begannen, dieses Buch zu schreiben, stellten wir vielen Leuten immer wieder dieselbe Frage: Was kommt dir in den Sinn, wenn du an die Zukunft denkst?

Viele erzählten von dem Wunsch nach einem stabilen Einkommen, einer bezahlbaren Wohnung, einem lebenswerten Umfeld, in dem man sich keine Sorgen machen müsste, wenn die Kinder zum Spielen rausgehen. Wir waren irritiert. Nach Monaten der Lektüre, der Diskussionen, der Streiks, Demonstrationen und der Besetzung von Straßen, Schienen und Kohlebaggern war uns klar, dass die Wetterextreme, die wirtschaftlichen Einbußen und die Klimamigration sich unmittelbar auf unsere Lebensqualität auswirken würden. Doch während wir uns mit dem Desaster beschäftigten, auf das die Weltgesellschaft zusteuert, sorgten sich viele in unserem Umfeld um ihr Einkommen, ihren Wohnort und ihr Stadtviertel.

Das Verblüffende war: Sie machten sich viele Gedanken um die Zukunft und richteten ihr Handeln in der Gegenwart danach aus – die Klimakrise spielte dabei aber keine Rolle. Je mehr wir darüber nachdachten, desto mehr dämmerte uns, wie groß die gesellschaftliche Aufgabe ist, vor der wir stehen: Wir müssen begreifen, wie eng verzahnt die Bedrohungen durch die Klimakrise mit der individuel-

AUFSTEHEN

Von Kathy Jetnil-Kijiner und Aka Niviâna

Schwester aus dem Land von
Schnee und Eis
ich komme zu dir
vom Land meiner Ahnen
von Atollen, versunkenen
Vulkanen – Heimat unter dem
Meer
schlafender Riesen

Schwester aus dem Land von
Sand und Meer
ich heiße dich willkommen
im Land meiner Ahnen
– dem Land, wo sie ihr Leben
gaben
damit meines möglich werde
– im Land
der Überlebenden.

Ich komme zu dir
aus dem Land, das meine Ahnen
erwählten.
Aelon Kein Ad,
Marshallinseln,
eher Meer als Land.
Willkommen in Kalaallit Nunaat,
Grönland,
auf der größten Insel der
Welt.

Schwester aus dem Land von
Eis und Schnee
ich bringe diese Muscheln mit,
aufgelesen an den Ufern
des Bikini-Atolls und des Runit
Dome

Schwester aus dem Land von
Sand und Meer
In meinen Händen halte ich
diese Steine,
aufgelesen an den Küsten von
Nuuk,
Fundament des Landes, das
meine Heimat ist.

Mit diesen Muscheln bringe ich
dir eine Geschichte aus alter
Zeit
zwei Schwestern, für immer
erstarrt, auf der Insel Ujae,
eine verzaubert und zu Stein
geworden
die andere wählte dieses Los,
um für immer an der Seite ihrer
Schwester zu stehen.
Noch immer sieht man die
beiden,
am Rande des Riffs

lehren sie Beständigkeit.
Mit diesen Steinen bringe ich
eine oft erzählte Geschichte
sie handelt von Sassuma Arnaa,
der Mutter des Meeres,
die auf dem Grunde des Ozeans
in einer Höhle lebt.

Die Geschichte handelt
von der Hüterin des Meeres.
Sie sieht die Gier in unseren
Herzen,
die Geringschätzung in unseren
Augen.
Jeder Wal, jeder Strom,
jeder Eisberg
ist ihr Kind.

Achten wir diese nicht,
erteilt sie uns, was wir verdienen,
eine Lektion in Respekt.

Haben wir das schmelzende Eis
verdient?
Die ausgehungerten Eis-
bären, die zu uns auf die Inseln
kommen,
oder die riesigen Eisberge, die
mit Wucht ins Wasser brechen?

Haben wir es verdient,
dass ihre Mutter
uns das Zuhause nehmen will
und das Leben?

Von einer Insel zur anderen
bitte ich um Lösungen.
Von einer Insel zur anderen
frage ich nach euren Proble-
men.

Lasst euch die Flut zeigen,
die schneller zu uns kommt,
als wir wahrhaben wollen.
Lasst euch
Flughäfen unter Wasser zeigen
niedergewalzte Riffe, geraubten
Sand
und Pläne für den Bau neuer
Atolle,
für die dem uralten, ansteigen-
den Meer
Land abgerungen wird
und wir gezwungen, uns vorzu-
stellen,
wir würden selbst zu Stein.

Schwester aus dem Land von
Sand und Meer,

siehst du unsere Gletscher
ächzen
unter der Last der Hitze dieser
Welt?
Ich warte auf dich, hier,
im Land meiner Ahnen
mit schwerem Herzen,
das nach Lösungen dürstet
Ich sehe dieses Land
sich verändern,
und die Welt schweigt.

Schwester aus dem Land von
Eis und Schnee
voller Kummer komme ich zu
dir,
ich trauere um Landschaften,
ewig zum Wandel gezwungen

erst durch Kriege, die uns auf-
gezwungen,
dann durch Atommüll
abgeworfen
in unsere Gewässer
auf unser Eis
und nun das.

Schwester aus dem Land von
Sand und Meer
Ich schenke dir diese Steine,
das Fundament meiner Heimat.
Möge auf unserer Reise
dasselbe unerschütterliche
Fundament
uns verbinden,
uns stärker machen
als die ausbeutenden Un-
geheuer,
die bis heute unser Leben
verschlingen
zu ihrem Vergnügen.
Jene Bestien,
die nun entscheiden,
wer leben soll
und wer sterben.

Schwester aus dem Land von
Eis und Schnee
ich schenke dir diese Muschel
und die Geschichte der beiden
Schwestern,
um zu bezeugen
um zu verkünden:
trotz allem
werden wir nicht gehen.
Sondern
wir werden versteinern.
Wir werden uns entscheiden

uns tief für immer
in diesem Riff zu verwurzeln.

Im Namen dieser Inseln
erbitten wir Lösungen.
Im Namen dieser Inseln

bitten wir
fordern wir die Welt auf, weiter-
zublicken
weiter als Geländewagen,
Klimaanlagen, verpackte Fertig-
produkte
als ihre ölverschmierten Träume,
weiter als die Überzeugung,
das Morgen werde schon nicht
kommen, das hier
sei nur eine unbequeme Wahr-
heit.
Lasst meine Heimat zu eurer
kommen.
Sehen wir zu, wie Miami, New
York,
Shanghai, Amsterdam, London,
Rio de Janeiro und Osaka
versuchen, unter Wasser zu
atmen.
Ihr meint, euch bleiben noch
Jahrzehnte Zeit,
bis eure Heimat in den Fluten
untergeht?
Uns bleiben nur Jahre.
Uns bleiben nur Monate,
bis ihr uns wieder opfert
bis ihr auf die Bildschirme eurer
Fernseher und Computer blickt,
um zu sehen, ob wir noch
atmen,
während ihr tatenlos verharrt.

Schwester,
von einer Insel zur anderen
reiche ich dir diese Steine
zur Erinnerung daran,
dass unser Leben mehr zählt als
ihre Macht
dass Leben in jeder Form
den Respekt verdient, den wir
alle dem Geld bezeugen
dass diese Fragen uns alle
betreffen
Keiner von uns ist dagegen
gefeit
Und wir alle müssen uns ent-
scheiden:
Werden
wir
aufstehen

len Frage nach Wohlstand und nach einem erfüllten Leben sind.

Wie der nordhessische Landwirt, der sich nicht als Betroffener der Klimakrise verstand, leben die meisten in dem Glauben, beim Klima gehe es um »die Umwelt« oder die armen Menschen an den Polen, in der Sahelzone und auf den Inselstaaten, aber nicht um uns. Auch hier versagte die kollektive Vorstellungskraft, wie unser heutiges Handeln unsere Welt von Morgen prägt. Uns wurde klar: Wenn wir keine Bilder davon haben, wie sich unser Zuhause durch die Folgen des Treibhauseffektes verändern wird, bleibt der Kampf gegen die Emissionen eine Sache für Idealist*innen, Vollzeit-Aktivist*innen und Berufspolitiker*innen.

3. STELLT EUCH MAL VOR!

Lernt, die Zukunft zu lesen! Und sie zu schreiben!

Genauso wichtig wie der Rückblick aus der Welt einer entfesselten Klimakatastrophe ist es, uns die Vorstellung von einer klimaneutralen Zukunft im Detail auszumalen. Wenn der radikale Umbau unserer materiellen, institutionellen und mentalen Infrastrukturen,[4] wie Harald Welzer es nennt, gelingen soll, brauchen wir innere Bilder davon, wie diese andere, bessere Zukunft aussehen soll. Wir müssen lernen, uns die wünschenswerte Zukunft vorzustellen und zu erkennen, dass wir sie mit unserem Handeln herbeiführen können.

»Zukunft«, sagt Riel Miller, Zukunftsforscher bei der UNESCO, existiere ohnehin immer nur in unserer Vorstellung. Sie präge aber unsere Entscheidungen und unser Handeln in der Gegenwart.[5] Deshalb sei es entscheidend, welche Vorstellungen der Zukunft wir kultivieren.

Laut Miller lernen wir von Kindesbeinen an zwei Konzepte von Zukunft kennen: zufällige Zukünfte (»contingent futures«), die durch externe Einflüsse entstehen, und Optimierungs-Zukünfte (»optimisation futures«), in denen etwas Geplantes geschieht. Was wir jedoch nicht lernen: neue Zukünfte (»novel futures«).

Wir brauchen daher eine »Futures Literacy«, eine »Zukunftsalphabetisierung«. Wir müssen also die Fähigkeit entwickeln, neue Zukünfte zu entwerfen und zu antizipieren, um so mit einem neuen Blick auf die Gegenwart schauen zu können. Dieses Vermögen trägt, laut Miller, dazu bei, das Neue als weniger furchteinflößend wahrzunehmen. Es sensibilisiert uns für das Neue, das uns bereits umgibt, ohne dass wir es bemerken, oder das gerade entsteht. Es befreit uns von der Vorstellung, Zukunft als bloße Verlängerung der Vergangenheit zu verstehen. Die Fähigkeit, zu entdecken und zu erfinden, muss jedoch kontinuierlich geübt werden. Damit wir lernen, uns in der Ungewissheit aufzuhalten und die Sorge vor dem Neuen abzulegen. So könnten Forschung, politische Entscheidungen und gesellschaftliche Diskussionen durch einen Blick bereichert werden, der sich nicht aus berechneten Wahrscheinlichkeiten oder aktuellen Gewohnheiten speist.

Seit 2012 baut die UNESCO daher ein weltweites Netzwerk auf, das *Global Futures Literacy Network*, in dem die Zukunftsalphabetisierung vorangetrieben wird.

Irgendwann hatte ich, Alex, genug davon, in Bibliotheken und stickigen Versammlungsräumen über die gesellschaftlichen Probleme nachzudenken. Zusammen mit einem Freund machte ich mich auf den Weg, Beispiele gelebter Alternativen kennenzulernen. Konkrete Utopien, wie wir es nannten.

Wir zogen los und verließen die Stadt, um Menschen zu treffen, die das vom kapitalistischen Fortschritt verlassene Land wiederbeleben, um jenseits der Metropolen ihre Utopien zu verwirklichen. Menschen, die ihre Arbeitskraft vollständig »dem Markt« entzogen hatten und stattdessen versuchten, ökologisch nachhaltig zu leben. Wir waren neugierig und skeptisch zugleich: Bilden sich hier Orte des Widerstands gegen die kapitalistische Gesellschaft? Sind sie vielleicht sogar die Keimzellen einer neuen Gesellschaft? Oder dienen sie nur als Zufluchtsort für desillusionierte Wohlstandskinder, die auf der Suche nach Natur und Authentizität sind?

Wir trampten durch Deutschland, Frankreich und Katalonien, um die Menschen und Orte zu erleben, die das Morgen im Heute bereits vorwegnehmen wollen. Im Gepäck waren Notizblock, Diktiergerät, Kamera und Laptop, denn wir wollten von diesen Orten erzählen, von den Menschen und ihren Geschichten. Wir wollten die Antworten auf unsere Fragen in die Welt hinausposaunen – wenn wir solche Antworten denn finden sollten. Denn es ging um die Zukunft. Unsere Zukunft.

Sechs Orte besuchten wir in den sechs Wochen unserer Reise. Orte wie die Sozialistische Selbsthilfe in Köln-Mülheim, deren Bewohner*innen sich selbst als »Arbeitslose, Obdachlose, Behinderte, psychisch Kranke, ehemals Drogenabhängige und Querdenker« bezeichnen.[6] Seit den Achtzigerjahren leben sie gemeinsam und unabhängig von Lohnarbeit und Sozialtransfers. Für sie ist alles Arbeit, was der Gruppe wichtig ist;

ihre Erfahrungen reflektieren sie im Institut für Neue Arbeit, das von dem Philosophen Frithjof Bergmann inspiriert ist.

Wir besuchten Can Decreix an der Grenze zwischen Frankreich und Spanien, eine Mischung aus Selbstversorgungshaus, Stadtgarten und Freiluftlabor für ein Leben jenseits der Wachstumsökonomie. Es ist der Versuch, das Ideal von offenen, vernetzten und regional verankerten Ökonomien in der Praxis auszuprobieren: durch geschlossene Stoffkreisläufe und klimaneutrale Konsumgewohnheiten; hier ist auch das Museum für unnütze und fragwürdige Dinge zu finden, in dem unter anderem eine Plastiktüte, eine Fernsehantenne, ein Autokennzeichen und ein Kühlschrank zu finden sind.[7]

Wir machten Station bei der Cooperativa Integral Catalana, eine als Kooperative organisierte Bewegung mit dem Ziel, alle Bereiche des Wirtschaftens und Lebens in Katalonien lokal und genossenschaftlich zu organisieren. Sie will, in den Worten ihres Gründers Enric Duran, nicht weniger sein als »eine freie Gesellschaft – außerhalb von Gesetz, Staatskontrolle und den Regeln des kapitalistischen Marktes«.[8] Dazu organisieren sie regionale Wirtschaftskreisläufe mit Krypto- und Regionalwährungen, eine selbstverwaltete Gesundheitsversorgung; außerdem geben sie ein Handbuch für »ökonomischen Ungehorsam« heraus. Unweit von Barcelona, in der »öko-industriellen postkapitalistischen Kolonie« Calafou, lernten wir Menschen kennen, die im »Transhackfeministlab« mit Open Hardware experimentieren, die ihre politische Arbeit mit dem Brauen von Bier finanzieren oder als Hacker*innen versuchen, anhand von Open Source, Software-Mittel gegen die Überwachung im Internet bereitzustellen.[9]

Beim nächsten Halt, in Longo Maï, fanden wir ein landwirtschaftliches und politisches Netzwerk von Kooperativen mit über 200 Menschen vor, die nach dem Prinzip des Schenkens und der gemeinsamen Ökonomie leben. Als sie Ende der Sechzigerjahre aus Wien und Basel nach Südfrankreich zogen, bauten sie einen verfallenen Hof wieder auf, schafften sowohl Lohn als auch privaten Landbesitz ab und gründeten ein Netzwerk, das heute Höfe und Initiativen in Frankreich, Deutschland, Österreich, der Schweiz, der Ukraine und Costa Rica umfasst.[10]

Im Grandhotel Cosmopolis, dem letzten Stopp unserer Reise, ließen wir uns erschöpft auf die Betten des Utopie-Zimmers fallen. Das Haus ist eine »soziale Plastik als interkultureller Treffpunkt in der Altstadt von Augsburg«, eine Mischung aus Hotel, Asylunterkunft und Kulturzentrum. Einige Hotelgäste, die in Deutschland Asyl gefunden haben, leben dauerhaft dort und beteiligen sich am Hotel- und Kulturbetrieb; wir als Gäste ohne Asyl blieben nur für ein paar Nächte und staunten über die vielen Angebote in der Bürgergaststätte, den Ateliers und der Café-Bar.[11]

Unsere Reise war ein Augenöffner. Ein Trip durch die Vielfalt gelebter Utopien, mit all ihren Hoffnungen und Lösungsansätzen, aber auch Unzulänglichkeiten und Widersprüchen. Sie zeigten das Potential visionären Denkens und auch, an welchen Stellen die Umsetzung an alltäglichen Fragen des Zusammenlebens oder ideologischen Differenzen scheitern kann. Bis heute sind die Eindrücke eine Schatztruhe voller Anknüpfungspunkte dazu, was uns alles schon heute auf dem Weg in ein gerechtes, postfossiles Zeitalter zur Verfügung steht.

Was wir brauchen, ist eine politische Mehrheit, die bereit ist, diesen Schatz zu heben.

Malt Utopia auf eure kognitiven Landkarten!

Riel Millers Ideen verweisen auf das Potential von etwas, das wir »utopisches Denken« nennen wollen. Es ist entscheidend, wenn wir das Denken in scheinbaren Sachzwängen, in Quartalszielen und Legislaturperioden abschütteln wollen. Nur dann kann sich der Blick für Wege öffnen, die andere Pfade aufzeigen, als diejenigen, die wir schon kennen. Utopisch zu denken, befreit uns von der verhängnisvollen Angewohnheit, Dinge zu tun, »weil sie (scheinbar) schon immer so gemacht wurden« oder »weil es nicht anders geht« (womit wir uns selbst den Weg verstellen, es anders zu machen). Wenn die Zukunft eine andere werden soll, brauchen wir Utopien.

Im Jahr 1891 schrieb Oscar Wilde: »Eine Weltkarte, in der das Land Utopia nicht verzeichnet ist, verdient keinen Blick, denn sie lässt die eine Küste aus, wo die Menschheit ewig landen wird. Und wenn die Menschheit da angelangt ist, hält sie Umschau nach einem besseren Land und richtet ihr Segel dahin. Der Fortschritt ist die Verwirklichung von Utopien.«[12]

Es braucht Sehnsuchtsorte eines besseren Morgens, um erfolgreich für die Überwindung von Missständen zu kämpfen. Dabei geht es nicht um die blinde Hoffnung auf eine rosige Zukunft, die das Leid der Gegenwart erträglicher macht und unsere Erkenntnisfähigkeit für aktuelle Probleme trübt. Utopien sind vielmehr der Magnet, der Menschen von der Zukunft her anzieht, um nicht im Stillstand zu verdorren.

Wenn wir die Perspektive umdrehen und von einer wünschenswerten Welt von morgen zurück auf die Gegenwart blicken, können wir Wege identifizieren, die zu diesem Morgen hinführen. Wer sich für solche Perspektivwechsel interessiert, stößt schnell auf *Futurzwei. Stiftung Zukunftsfähigkeit*, die ebendas praktiziert. Sie gibt regelmäßig sogenannte »Geschichten des Gelingens« in einem »Zukunftsalmanach« heraus, um Beispiele »vom guten Umgang mit der Welt« sichtbar zu machen.[13]

Wer weiter sucht, findet Beispiele wie die Transition Town Bewegung,[14] die Online-Plattform *Future Perfect*[15] oder die Orte, die der Umweltaktivist John Jordan in seinem Buch *Pfade durch Utopia* kartiert.[16] Vorbilder wie die »realen Utopien«, die der Soziologe Erik Olin Wright gesammelt hat[17] und wie sie vom Right Livelihood-Preisträger Anwar Fazal in seinem *Sourcebook for Changemakers* gelistet werden.[18]

Es sind Orte und Initiativen, an denen wir die Zukunft schon im Heute finden, Beispiele, die uns inspirieren können, weil sie zeigen, wie das Zusammenleben und Wirtschaften auf der Basis eines anderen Verhältnisses zur Natur und einer aktiveren politischen Partizipation funktionieren. Wir sehen bereits die Risse im Beton der gegenwärtigen Machtstrukturen: Zahllose Initiativen haben neue soziale Realitäten geschaffen, sie nehmen die Welt von Morgen in der Praxis vorweg. Ihre Methoden verdanken sich der Phantasie und dem Mut zum Ausprobieren. So wird ein anderes Design einer zukunftsfähigen Gesellschaft denkbar.

Wenn wir das Ende der Klimakrise herbeiführen wollen, müssen wir lernen, die Lücke zwischen Herstellen und Vorstellen zu schließen. Wir müssen lernen, den Zusammenhang zwischen unserem Handeln und seinen Folgen zu imaginieren und ihn emotional nachzuempfinden. Die Risiken für andere Weltregionen, künftige Generationen und die Natur müssen beim Bau der Energieversorgung, in wirtschaftlichen Modellen und der technologischen Entwicklung mitgedacht werden. Die Rückblicke aus der postapokalyptischen Zukunft, die Zukunftsalphabetisierung und die Entwicklung positiver Visionen sind dafür erste Anhaltspunkte. Wenn wir unsere moralische Fantasie trainieren, können wir womöglich den Mangel an kollektiver Vorstellungskraft überwinden, der eine Ursache für vergangene Katastrophen wie die Finanzkrise und das Unglück von Fukushima war – und der heute droht, unsere Lebensgrundlagen zu zerstören.

12

ORGANISIERT EUCH!

Warum haben wir dieses Buch *Vom Ende der Klimakrise* genannt? Wir haben es so genannt, weil wir wissen, dass es, rein wissenschaftlich betrachtet, möglich ist, diese Krise in den Griff zu bekommen. Diese Möglichkeit nennt sich 1,5-Grad-Ziel. Die Wahrscheinlichkeit, dieses Ziel noch zu erreichen, ist minimal. Aber sie ist da. Und solange die Wissenschaft uns das bestätigt, wäre es grob fahrlässig, nicht alles dafür zu geben.

Die gute Nachricht: Die Wissenschaft weiß nicht nur, dass das Pariser Abkommen umsetzbar ist. Sie hat auch eine recht konkrete Idee davon, wie das gehen kann. Der IPCC, der Weltklimarat, hat verschiedene Szenarien für die nächsten Jahrzehnte erarbeitet, die aufzeigen, wie die Erderwärmung so begrenzt werden kann, dass die schlimmsten Schäden verhindert werden.

Die schlechte Nachricht: Gerade jetzt gibt es keinen Anlass, darauf zu vertrauen, dass es so kommt. Warum sollte plötzlich gehandelt werden? Hätte das nicht schon die letzten dreißig Jahre passieren können? Auch in der Vergangenheit gab es internationale Klimaverhandlungen, Absichtserklärungen und nationale Zielsetzungen. Deutschland hat weder das Klimaziel für 2005, noch das Klimaziel für 2020 eingehalten. Warum sollten nun Klimaziele formuliert und realisiert werden, durch die das Pariser Abkommen eingehalten würde?

Das Abkommen fordert den Wandel von einer ressourcen- und emissionsintensiven Wirtschaft hin zu einer Netto-Null-Wirtschaft, die mit einer begrenzten Menge an endlichen Ressourcen auf diesem Planeten so umgeht, dass zukünftige Generationen darauf aufbauen können. Bis 2050 soll der Ausstoß von CO_2 global auf Netto-Null sinken, was aber für viele Staaten bedeutet, dass eine emissionsfreie Wirtschaft schon deutlich früher implementiert worden sein muss.

Diejenigen, die diesen Wandel initiieren sollen, sind politische Akteur*innen und Entscheidungsträger*innen. Sie müssen ihren jeweiligen Ländern je eigene Emissionsziele vorgeben und einen ordnungsrechtlichen Rahmen schaffen, der deren Einhaltung garantiert.

Das aber funktioniert offenbar nicht: Bisher waren die Kosten solcher Maßnahmen größer als die Anreize. Einerseits standen den Regierungen mächtige wirtschaftliche Akteur*innen gegenüber, die wenig übrig hatten für strengere Auflagen, CO_2-Abgaben oder anderweitige Einschränkungen. Aus ihrer Sicht ist das logisch. Diese Unternehmen müssen sich gegen Konkurrenz aus dem In- und Ausland behaupten, ihre Umsätze steigern und Arbeitsplätze erhalten. Die Rettung des Klimas gehört nicht zu ihren Geschäftszielen. Auf der anderen Seite fürchten die Regierungen das Volk, weil mit ambitioniertem Klimaschutz lange Zeit keine Wahlen zu gewinnen waren. Die bislang überschaubaren Wahlergebnisse der Grünen sind ein Beweis dafür. Sanktionen für die Nichteinhaltung des Pariser Abkommens sind nicht vorgesehen.

Annegret Kramp-Karrenbauer brachte für mich, Luisa, das Fass zum Überlaufen. Das war im Dezember 2018. Sie war aber nicht der Grund dafür, dass ich Teil von *Fridays for Future* wurde. Um das zu erklären, muss ich etwas weiter ausholen. Also von vorne:

Seit ich vom Phänomen eines sich erwärmenden Planeten wusste, habe ich mich für das Klima und die Umwelt eingesetzt. Ich interessierte mich für die Thematik und wurde aktiv, sowohl innerhalb als auch außerhalb der Schule. Mit der Zeit machte es mich immer fassungsloser, wie apathisch politische Entscheidungsträger*innen auf die drastischen Mahnungen von Klimawissenschaftler*innen reagierten. Und weil der Berg an Fragen immer weiter wuchs, beschloss ich, ein Jahr nach dem Abitur, Geografie zu studieren. Im Dezember desselben Jahres wurde das Pariser Klimaabkommen verabschiedet. Ich war 19 Jahre alt und erleichtert. Jetzt hatten die Regierungen also doch noch die Kurve bekommen. Das würde sich dann ja wohl auch in den Emissionsgraphen niederschlagen. Ab und zu hielt ich Vorträge, schrieb Artikel, engagierte mich in verschiedenen Projekten und war überzeugte Vegetarierin. So wie viele andere auch.

Erst im Rückblick habe ich verstanden, dass mein Engagement mit einer gewissen Bequemlichkeit verbunden war: Ich fand zwar wichtig, was ich tat, und Spaß machte es mir auch. Aber was, wenn ich es nicht tun würde? Dann würde die Welt davon schon nicht untergehen. Ich war keine Vollzeit-Aktivistin und hatte keine Bedenken, mehrmals im Jahr nach London zu fliegen. Trotz aller Kritik, die ich an unserer Regierung hatte – ein gewisses Vertrauen war doch geblieben. Irgendwie, so hoffte ich, würde sie auch mit dieser Krise fertig werden, wie mit so vielen anderen Krisen vorher auch. Es müsste ja nicht mit Bravour sein. So ein Abkommen, wie das von Paris, das unterzeichnet man nicht so leichtfertig, dachte ich. Bestimmt würde es nun also besser werden. Und ich schätze, ich war mit dieser Haltung nicht allein.

Es war eine Reihe von Ereignissen, die meine Sicht der Dinge verändert haben. Und zwar fundamental. Diese Ereignisse fielen ins Jahr 2018.

Zwei Jahre nachdem der Bundestag das Pariser Abkommen einstimmig verabschiedete hatte, erklärte die Bundesumweltministerin Svenja Schulze, dass Deutschland die selbst gesteckten Klimaziele für 2020 nicht nur verpassen, sondern sogar sehr deutlich verpassen würde. In diesen Tagen brach eine Hitzewelle über Deutschland herein; Dürremeldungen dominierten die Nachrichten, in Brandenburg brannten die Wälder. Und wie sich herausstellte, war das Statement der Umweltministerin nicht bloß die Ankündigung einer technischen Korrektur gewesen oder das Eingeständnis, dass man sich eben verrechnet habe. Eine von Greenpeace in Auftrag gegebene Studie des Fraunhofer-Instituts zeigte nur wenige Monate später, dass es durchaus möglich war, die selbst gesetzten Klimaziele noch einzuhalten. Es sei eben nur aufwendig und teuer. Die Umweltministerin hatte sich also ganz offenkundig zu einem fehlenden politischen Willen bekannt. Sie hatte eine politische Bankrotterklärung abgegeben. Ich fühlte mich unendlich naiv. Und mehr als das: Ich fühlte mich betrogen.

Die Klimakrise ist nicht wie ein unaufgeräumtes Zimmer, in dem das Aufräumen eben mehr Zeit benötigt, wenn man es mal länger nicht gemacht hat. Die Klimakrise ist wie ein brennendes Haus. In jeder Minute, die man mit dem Löschen wartet, wird es unwahrscheinlicher, dass die größten Schäden verhindert werden können.

Ich gehörte nie zu den Menschen, die Regierungsmitgliedern per se vorwerfen, schlechte Menschen zu sein. Oder käuflich. Aber die Vorstellung, dass zu einem Zeitpunkt ganz bewusst entschieden worden sein musste, die Klimaziele aufzugeben, einfach weil es opportun oder bequem war – diese Vorstellung ließ mich in dem Gefühl zurück, dass sich meine eigene Regierung gegen mich und meine Zukunft entschieden hatte. In diesem Augenblick war meine tiefe Überzeugung erschüttert, dass man das mit der Klimakrise schon hinbekommen würde.

Unterdessen wurde Deutschland weiter schwer von der Klimakrise gebeutelt. Bis zum Ende des Sommers brannte es insgesamt 1708 Mal, viermal so oft wie im Vorjahr. Wochenlang konnte der Rhein nicht befahren werden, die Felder waren kahl, in den Läden schnellten die Preise für Kartoffeln und Zwiebeln in die Höhe. Menschen wurden krank, alleine in Berlin starben fast fünfhundert Menschen an der Hitze. Dieser Sommer war so tödlich wie kaum einer je zuvor.

Zum ersten Mal hatte ich Angst vor der Klimakrise. Angst vor dem, was morgen auf uns warten würde, was aus meinem Leben und dem der jungen Leute um mich herum werden sollte, wenn Regierungen, wie die deutsche, all dies weiterhin zuließen. Es war das erste Mal, dass ich mich fragte, wie man das Wissen um diese permanente, mutwillige Zerstörung überhaupt ertragen konnte.

Als sich die Möglichkeit bot, zur Klimakonferenz nach Polen zu reisen, zögerte ich nicht. Gab es Länder, so fragte ich mich, die die Klimakrise ernster nahmen, als Deutschland es tat? Ich reiste im eiskalten Dezember nach Kattowitz, einer kleinen Bergbaustadt, in der die Luft befremdlich schmeckt, weil Kohlenstaub durch die Straßen zieht.

Dort lernte ich, dass seit Abschluss des Pariser Abkommens

zahlreiche zusätzliche Kohlekraftwerke gebaut wurden. Und dass darüber hinaus weltweit noch immer der Bau von mehr als eintausend Kohlekraftwerken geplant ist. Mehr als eintausend Kohlekraftwerke! Jedes einzelne davon wird mehrere Jahrzehnte laufen müssen, bis es sich rechnet. Wenn es tatsächlich dazu kommen sollte, wäre das 1,5-Grad-Ziel verloren. Menschen um mich herum machten sich Notizen, scrollten durch den Veranstaltungskalender und waren schon unterwegs zum nächsten Termin. Mir stockte der Atem.

Im selben Raum fand später eine Veranstaltung mit Greta Thunberg statt. Der Saal war nur mäßig gefüllt, die Moderation eine Katastrophe. Als es vorbei war, ging ich zu Greta und bot ihr meine Unterstützung an. Sie schien mir eine der wenigen auf dieser Konferenz zu sein, die den ganzen Wahnsinn überhaupt wahrnehmen. Am Freitag derselben Woche streikte ich das erste Mal für das Klima.

Und dann kam Annegret Kramp-Karrenbauer. Sie wurde nur wenige Stunden nach unserem ersten Streik zur Vorsitzenden der CDU gewählt. Nach 14 Jahren Merkel. Ich war fassungslos, dass eine Frau, die nie auch nur das geringste Interesse am Klima gezeigt hatte, zur Vorsitzenden der mächtigsten Partei des Landes gewählte wurde. Zur Vorsitzenden der Partei, die vermutlich die nächste Kanzlerin stellen würde. Und das im Jahr 2018. Es sah also ganz danach aus, als würde alles beim Alten bleiben. Es sei denn: Wir werden laut, viel lauter.

SORRY, ICH HABE KEINE ZEIT ZU PROTESTIEREN

Wenn wir, Luisa und Alex, Leuten erzählten, worüber wir schreiben, äußerten viele den Wunsch nach möglichst vielen Tipps für ein klimafreundliches Leben. Vielleicht schreiben wir eines Tages auch einmal so ein Buch. Doch zunächst braucht es jeden und jede, um die Rahmenbedingungen dafür zu ändern, dass ein wirklich klimafreundliches Leben überhaupt erst möglich wird.

Denn es ist heute nicht möglich. Man stelle sich die gesellschaftlichen Verhältnisse als einen großen leeren Raum vor. Die Menschen wollen, dass es in diesem Raum eine Luft gibt, die sie atmen können. Eigentlich eine Selbstverständlichkeit. Der Haken daran ist nur, dass sich der Raum im Lauf der letzten 250 Jahre immer weiter gefüllt hat: mit Autobahnen und Industriegeländen, mit Massentierhaltung und Monokulturen, mit Kohlekraftwerken und Pipelines, Flugzeugen und jeder Menge alten Häusern, die von ebenso alten Ölheizungen beheizt werden. All dies frisst sich in den Boden, verpestet die Luft und macht die Menschen krank. Was übrig bleibt, in diesem großen Raum, das ist der Quadratmeter Wiese in der Mitte, auf dem wir jetzt noch unsere plastikfreie, vegane Party feiern können. Das mag sich super anfühlen in diesem Moment. Doch es ignoriert den Elefanten im Raum, es ändert die Verhältnisse nicht. Und wer die Verhältnisse nicht ändert, wer sich nicht organisiert, wer sich nicht als Teil der kritischen Masse begreift, die gemeinsam die Macht hat, den Raum neu zu sortieren – der kann sich im Privaten so viel Mühe geben, wie er will. Es wird nicht genug sein.

Daher erklärt dieses Buch nicht, wie man Shampoo selbst

macht und wie man klimafreundlich verreisen kann (beides ist erstrebenswert und in Büchern nachzulesen). Uns geht es um etwas anderes: Wenn wir ernsthaft eine Welt gestalten wollen, die keine weiteren Kipppunkte erreicht und die von dem genährt wird, was unser Planet an Ressourcen und Ökosystemleistungen bereitstellt, dann müssen wir unsere ausbeuterische Lebensweise ändern. Und zwar im ganz großen Maßstab. Wir müssen die größte Transformation angehen, die es seit der industriellen Revolution gegeben hat. Manche sprechen von der Agrarwende, von der Verkehrswende und der Energiewende. Wir sprechen von einer Klimarevolution.

Revolutionen fallen nicht vom Himmel. Sie brauchen den Druck der Masse. Wenn er ausbleibt, wird es so weitergehen wie in den letzten drei Jahrzehnten. Schon längst haben Thinktanks wie Agora Energiewende, Institutionen wie der Wissenschaftliche Beirat der Bundesregierung Globale Umweltveränderungen, zahlreiche Umweltverbände und Forschungseinrichtungen aufgezeigt, was passieren müsste, damit Deutschland zumindest anfängt, seinen Teil zur Entschärfung der Klimakrise beizutragen. Die Konzepte sind längst da. Es mangelt aber am politischen und gesellschaftlichen Willen.

Diejenigen, die diesen Willen verkörpern, sind heute die jungen Menschen, die, von Greta Thunberg inspiriert, auf die Straße gehen. Das muss aber nicht so bleiben. Und soll es auch nicht. Die Fähigkeit, ein Bewusstsein für die Klimakrise zu entwickeln, hängt nicht vom Alter und der Generationszugehörigkeit ab. Es scheint so, dass die Konfliktlinie ohnehin viel eher denen verläuft, die den Status quo verteidigen, weil sie glauben, von ihm zu profitieren, und denen, die es wagen, ihn infrage zu stellen. Weil sie bereit sind, übergeordnete Prioritäten zu setzen.

Ich, Alex, erlebte im September 2018 einen persönlichen Wendepunkt. Es war ein Tag, an dem die Backsteinbauten in Cambridge in der Spätsommersonne leuchteten, auf den Kanälen schlängelten sich Kähne mit Tourist*innen durchs Wasser. Pärchen machten Fotos vor der Bridge of Sighs, der Seufzerbrücke, andere schlenderten über das Grün des englischen Rasens.

Zehn Tage lang sprachen wir an der Universität Cambridge mit Wissenschaftler*innen, die für die Universität, die Vereinten Nationen oder andere Institutionen die globalen Umweltveränderungen untersuchten. Andere Arbeitsgruppen unserer Zukunftsakademie diskutierten über Populismus, Innovationen, Mobilität und Utopien – und wir redeten über das Klima. Wir lernten, wie sich durch Baumringanalysen das Klima vor Jahrtausenden untersuchen ließ. Dass mit der Bramble-Cay-Mosaikschwanzratte im Jahr 2016 erstmals ein Säugetier aufgrund des Klimawandels ausgestorben war. Und wie sich die globale Erhitzung auf indigene Gemeinden im Polarkreis auswirkt. Wir diskutierten, welches Potential das Geo-Engineering hat, die Klimakrise zu lösen, wir führten uns die Versauerung der Ozeane vor Augen und die Folgen ökologischer Kipppunkte für das Weltklima.

Ich lernte viel, doch schon am ersten Tag hatte ich trotzdem das Gefühl, am falschen Ort zu sein. Denn während wir über den wissenschaftlichen Hintergrund der Klimakrise räsonierten, begann die Dürener Polizei, den Hambacher Wald zu räumen. Die Baumhäuser sollten abgerissen, die Bäume gefällt und die Aktivist*innen aus dem Wald getrieben werden. Seit mehreren Jahren hatten sie die Bäume neben dem »größten Loch Europas« besetzt, wie jemand den von RWE betriebenen Braunkohle-Tagebau in Hambach bezeichnet hatte. Sie wollten den Wald vor den gierigen Schaufeln der Kohlebagger schützen.

Nun sollte die Grube erweitert werden, um auch noch die Braunkohle unter dem Wald verfeuern zu können. Ich war fassungslos. Dies war erst der erste Tag der Zukunftsakademie, doch so viel hatte ich bereits verstanden: Wenn wir die Ziele des Pariser Abkommens erreichen wollen, dann müssen achtzig Prozent der noch vorhandenen Kohle weltweit im Boden bleiben.

In einer Mischung aus Wut und Hilflosigkeit bat ich bei der Abendveranstaltung um das Mikrofon. »Wie ihr sicher mitbekommen habt, hat heute die Räumung des Hambacher Waldes begonnen…«, begann ich auf Englisch vor den Akademieteilnehmer*innen. Meine Stimme klang nicht so fest und entschlossen, wie ich es mir gewünscht hätte. Es war der erste Abend, ich kannte niemanden und war nicht darin geübt, Menschen für politische Anliegen zu mobilisieren. Am Treffpunkt, den ich für die Planung einer Solidaritätsaktion vorschlug, erschien dann auch nur eine Handvoll der knapp hundert Leute.

Hatten die Leute nicht verstanden, wie groß die Bedrohung durch die Treibhausgase tatsächlich ist? Wussten sie nicht, dass die RWE-Kraftwerke zu den größten CO_2-Quellen Europas gehörten? Vertrauten sie darauf, dass die deutsche Kohlekommission schon eine ausreichende Einigung erzielen würde? Glaubten sie, dass der Protest sinnlos sei, oder war es ihnen egal?

So saß ich also in einer Zukunftsakademie in einer der renommiertesten Universitäten der Welt, zusammen mit hundert Leuten, die von anderen oder sogar sich selbst als »Elite« bezeichnet werden, und wunderte mich, warum nur fünf von ihnen unserer zentralen Zukunftsaufgabe Beachtung schenkten.

Was an diesem ersten Tag in Cambridge kippte, war das unausgesprochene Gefühl, mehr wissen zu müssen, um handeln zu können. An einem Ort, wo sich das Wissen der Welt versammelte, genügte mir ein einfaches Ereignis, um mich aus der Komfortzone herauslocken zu lassen. Weil ich die Zahlen und Geschichten zur Klimakrise kannte und sie ernst nahm, konnte mich eine Schlagzeile aufwühlen. Weil ich mich berühren ließ von der Bedrohung eines Waldes durch Kohlebagger, wurde mir klar, wie real die Gefahren der Klimakrise sind. Ich verstand, dass die Ausbeutung der Natur durch unsere fossile Gier ganz konkret ist. Im Hier und Jetzt, und gar nicht weit weg von unseren Wohnorten.

Drei Wochen später stand ich mit 50 000 Menschen am Rande des Hambacher Waldes. Es war die größte Demonstration, die es jemals im rheinischen Tagebau gegeben hatte.

WARUM ORGANISIEREN?

Man stelle sich zwei Szenarien vor.

Szenario eins: Eine Einzelne verzichtet auf Fleisch, um das Klima zu schonen. Ein guter Schritt. Nur bringt er im Großen und Ganzen wenig. Diese eine zusätzliche Vegetarierin ist zunächst geräuschlos. Sie bleibt aber nicht alleine. Sie überzeugt noch jemanden, sich anzuschließen, und derjenige tut das ebenfalls, so wird die Zahl langsam größer. In Deutschland gibt es heute rund sechs Millionen Vegetarier*innen. In den Supermärkten wächst das Angebot, auch in Restaurants stehen immer mehr vegetarische Gerichte auf der Karte. Sinken die Emissionen in der industriellen

Landwirtschaft? Kaum. Nehmen die Ministerien das zum Anlass, schnell ambitionierte Gesetzesentwürfe zu erarbeiten, um die Emissionen zu senken? Nein.

Szenario zwei: Dreißig Millionen Menschen im ganzen Land boykottieren einen Monat lang Fleisch, um gegen die Bedingungen seiner Massenproduktion zu protestieren. Das wäre ein nie dagewesener, koordinierter Konsumstreik. Es würde einen Aufschrei geben, eine Debatte, Medienberichte und politischen Druck. Zwar würden die Menschen im Grunde nichts anderes tun, als einen vegetarischen Monat einzulegen, aber dennoch wäre dieser Streik hochpolitisch und hätte einen ganz anderen Effekt auf die Fleischproduzenten, die nun fürchten müssten, dauerhaft auf ihren Produkten sitzenzubleiben. Sie hätten ein Interesse, den Boykott zu beenden. Das wäre etwas Historisches.

Dies ist die Magie der Organisation und der Skalierung, anwendbar in jedem beliebigen Kontext. Eine Person, die sich entscheidet, nicht zu fliegen, bleibt eine einzelne, vielleicht sogar etwas hilflos wirkende Überzeugungstäterin. Wenn sich aber 100 Menschen organisieren, um wöchentlich große Knotenpunkte der Luftfahrtindustrie friedlich zu besetzen, dann können sie eine Debatte anstoßen. Ein Kind, das im Erdkundeunterricht den Klassenraum verlässt, weil es so dagegen protestieren will, dass nicht genug über die Klimakrise gesprochen wird, bleibt ein Kind mit Fehlstunden. Dreißig, dreihundert oder dreitausend Kinder, die sich organisieren und ihre Erdkundestunden verlassen, haben die Macht, die Lehrpläne zu ändern. Eine Kleinstadt, die sich entscheidet, bis 2025 klimaneutral zu werden, bleibt ungesehen. Eintausend Kleinstädte, die sich mit demselben Ziel zusammentun, sind der Beginn einer urbanen Revolution.

Es ist eine Frage der Organisation und der Mobilisierung: Jede noch so kleine Aktion kann große Wirkung entfalten, wenn sie im richtigen Moment, mit dem richtigen Narrativ und von möglichst vielen Menschen ins Leben gerufen wird. In der Vergangenheit – man denke an Mandela, King und Ghandi – wurden so schon unvorstellbare Veränderungen bewirkt. Und dies auf friedliche Weise. Die Bewegungsforscherin Erica Chenoweth hat untersucht, wann soziale Bewegungen Erfolg hatten.[1] Bewegungen, die strikt gewaltfrei waren, waren doppelt so erfolgreich wie die gewalttätigen. Keine einzige gewaltfreie Bewegung ist gescheitert, sobald mehr als 3,5 Prozent der Bevölkerung mobilisiert wurden. Das ist keine kleine Gruppe, in Deutschland wären es 2,87 Millionen Menschen. Es ist aber auch nicht utopisch.

Was wir dringend brauchen, ist eine große, sozial-ökologische Transformation. Der Zeitraum, der uns dafür bleibt? Sehr kurz. Der Moment für die große Mobilisierung? Jetzt. Deshalb rufen wir hier zu skalierbaren, gewaltfreien Aktionen auf. Deshalb sagen wir es jeder und jedem Einzelnen: Organisiert euch!

Wenn der Wille da ist, stellt sich die Frage, wie. Im Folgenden skizzieren wir sechs wesentliche Aspekte.

1. FINDET DAS WARUM

Am 28. August 1963 strömten 250 000 Menschen in Washington zusammen, um Martin Luther King Jr. zuzuhören. Sie hatten keine Einladung bekommen, es gab keine Veranstaltungswebsite, und Facebook-Events waren auch noch nicht erfunden. Aber sie kamen und hörten, wie King von seinem Traum erzählte. Warum kamen all diese Menschen?

Sie kamen, weil King eine klare Sprache für das Leid und die Ungerechtigkeit der Segregation fand, die sie täglich erlebten. Weil er eine Vision formulierte, die ihnen die Hoffnung auf ein besseres Morgen spendete und wirksame Wege zeigte, wie es Wirklichkeit werden könnte. King und sein Handeln waren die Verkörperung einer Zukunft, nach der sie sich sehnten. Doch in erster Instanz ging es nicht um das, was er tat, sondern, warum er es tat. Es war dieses Warum, das viele Menschen inspirierte: Sein Glaube daran, dass alle Menschen von Gott gleich geschaffen worden sind und sie in Frieden miteinander leben sollten. Es war diese Überzeugung, die sie sich zu eigen machten.

Hätte King an diesem Tag entschieden, nicht zu protestieren, sondern zu singen, hätten sie wohl mitgesungen, hätte er Widerstand durch Stille angekündigt, hätten sie mit ihm geschwiegen. Wenn das »Warum« beantwortet ist, dann sind das »Wie« und das »Was« zweitrangig.

In der Klimafrage fehlte sehr lange die mächtige, einnehmende Antwort auf dieses Warum. Warum sollte man sich für die Bekämpfung der Klimakrise einsetzen, wenn diese Krise doch gar nicht zu sehen ist? Wenn man selbst doch gar nicht betroffen ist? Wenn ihre Verheerungen am anderen Ende der Welt bemerkbar werden oder erst in ferner

Zukunft? Warum sollte man sich für die Lösung eines Problems engagieren, das man doch gar nicht selbst verursacht hat? Es ist leicht zu sagen: »Lasst uns den Klimawandel stoppen.« Es ist viel weniger leicht, zu erklären, warum wir alle dazu aufgerufen sind.

Doch dann kam der Sommer des Jahres 2018, und mit ihm kam Greta, die in verblüffender Klarheit die große Frage nach dem Warum beantwortete: Die Wissenschaft sagt, dass die Klimakrise da ist. Ihr Erwachsenen, die ihr das Pariser Abkommen nicht einhaltet, raubt uns Kindern unsere Zukunft. Deshalb streiken wir, bis ihr handelt. Warum sollen wir für eine Zukunft lernen, die es bald nicht mehr geben wird? Dieses Warum ist das Narrativ des Schulstreiks. Es hat die Massen mobilisiert. Erstmals war es gelungen, die globale Ungerechtigkeit der menschengemachten Klimakrise so griffig zu fassen, dass sich junge Menschen auf der ganzen Welt den Kampf gegen diese Ungerechtigkeit zu eigen machten.

Mit diesem Warum fängt alles an. Bewegungen, die etwas verändern möchten, brauchen eine Antwort darauf. Warum möchte man sich engagieren? Was ist die innere Motivation, die tiefe Überzeugung? Erst daraus kann sich ein Narrativ bilden, das Menschen anzieht. Ein Grundstein, auf dem alles andere aufbaut.

2. KOMMT AUS DEM STAUNEN RAUS

Wenn Menschen sich erst einmal bewusst gemacht haben, dass es an ihnen liegt, Veränderungen einzufordern, wenn sie wissen, dass sie die Geschichte selbst in die Hand nehmen können, dann ist alles möglich. Das müsste man gerade in Deutschland wissen. Wir haben 1989 erlebt, wie eine friedliche Revolution verlaufen kann. Welche Macht Menschen entfalten können, wenn sie sich zusammenschließen. Sie können Mauern einreißen und Regierungen stürzen.

»Macht«, schreibt dazu die Philosophin Hannah Arendt, »entspricht der menschlichen Fähigkeit, nicht nur zu handeln oder etwas zu tun, sondern sich mit anderen zusammenzuschließen und im Einvernehmen mit ihnen zu handeln. Über Macht verfügt niemals ein Einzelner; sie ist im Besitz einer Gruppe und bleibt nur solange existent, als die Gruppe zusammenhält.«[2] Da die Kraft vieler Einzelaktionen nicht reicht, müssen wir uns zusammentun, um etwas zu verändern. Nur Gruppen sind mächtig und ihre Macht wird größer, wenn die Gruppe wächst.

Es ist verführerisch, bei Revolutionen an die großen Namen zu denken, sie zu bewundern, und sich in der Strahlkraft ihres Wirkens zu verlieren. Es ist leicht, sich selbst aus der Affäre zu ziehen, es kann ja nicht jede*r ein King, Gandhi oder Mandela sein. Glücklicherweise muss das aber auch niemand.

Von historischen Figuren und Bewegungen sollten wir lernen, was möglich ist, wenn Menschen es wirklich wollen. Die wenigen Ikonen des kollektiven Gedächtnisses haben ihr Werk übrigens auch nicht alleine verrichtet. Ihre Geschichten müssen ergänzt werden mit den Geschichten derer, die neben ihnen, vor und hinter ihnen gestanden und die Welt zu dem gemacht haben, was sie heute ist.

Wir brauchen Erzählungen über diejenigen, die das scheinbar Unmögliche möglich gemacht haben. Erzählungen über historische Figuren wie die Suffragette Alice Paul, die entscheidend war im Kampf für das Frauenwahlrecht.

Oder über Lech Wałęsa, der vom polnischen Elektriker zum Bürgerrechtler, Präsidenten und Friedensnobelpreisträger wurde. Wir brauchen aber auch die Erzählungen über Menschen wie die Malerin Katrin Hattenhauer, die maßgeblich an der friedlichen Revolution in der DDR mitwirkte und gemeinsam mit vielen anderen für ein freies Land kämpfte, oder den Unternehmer Heinrich Strößenreuther, der durch sein Engagement im Jahr 2016 zu einer entscheidenden Kraft hinter einem neuen Berliner Mobilitätsgesetz wurde.

Macht die Augen auf. Informiert euch über die Geschichten derer, die Geschichte geschrieben haben, im Kleinen und im Großen. Lasst euch von ihnen ermutigen und inspirieren, bestärken und ermächtigen. Sie können uns und euch nicht sagen, was genau getan werden muss. Sie können uns nicht sagen, wie die Klimakrise zu lösen ist. Aber sie können uns erzählen, welche Haltung es braucht, um loszulegen, dort, wo es eben geht. Und wie man sich, Schritt für Schritt, den großen Fragen nähert.

In Kenia wurde vor einigen Monaten das erste geplante Kohlekraftwerk des Landes verhindert – weil die lokale Bevölkerung dagegen mobilisiert hatte.[3] In einem Land, das noch keinerlei Erfahrung mit Kohlekraft hat und in dem viele noch nicht einmal ans Stromnetz angeschlossen sind, ist das ein bemerkenswerter emanzipatorischer Akt. Man stelle sich einen solchen Akt im Rahmen einer globalen Solidarität vor, man denke sich Gemeinschaften auf der ganzen Welt, die sich nicht von fossilen Megakonzernen in die Abhängigkeit treiben lassen wollen. Wenn Privilegierte und noch nicht Privilegierte gemeinsam gegen das alte Wohlstandsideal angehen würden – was alles wäre dann wohl möglich im Kampf für eine bessere Zukunft?

3. TUT EUCH ZUSAMMEN UND GEBT AUF EUCH ACHT

Tut euch zusammen, online und offline, lokal und global. Eine einzelne Person, die unbequeme Veränderungen einfordert, wird eine einsame unbequeme Person bleiben. Hundert Personen, die einen unbequemen Wandel einfordern, sind schwer zu ignorieren. Die Besitzstandswahrer*innen sind geübt in der Strategie des Aussitzens, der Verwässerung, des Wartens darauf, dass sich die mediale Aufmerksamkeit wieder auf ein neues Thema richtet. Was wir brauchen, ist ein langer Atem. Die Aktiven hinter dem Volksentscheid Fahrrad in Berlin haben nicht aufgehört zu mobilisieren, nachdem sie die Unterschriften übergeben haben. Sie organisieren sich noch heute und machen Druck bei der Umsetzung der Verkehrswende. Auch die Bürgerrechtsbewegung in den Vereinigten Staaten hat sich nicht aufgelöst, als die ersten Kompromissangebote der Politik kamen. Die Bürgerrechtler*innen blieben ausdauernd und bestimmt in ihren Forderungen. Nur weil sie organisiert waren, konnten sie den Druck lange genug aufrechterhalten.

Wer sich mit Menschen umgibt, die sich für dieselbe Sache einsetzen, die oder der kann sich auch besser in diejenigen hineinversetzen, denen das zusetzt. Die Klimakrise macht nicht nur krank, sie überwältigt auch. Man kann dem nur mit Empathie und Achtsamkeit begegnen. Indem man zum Beispiel diejenigen stützt, denen gerade einfach alles zu viel geworden ist. Wir können dabei von Menschen wie der Umweltaktivistin Joanna Macy lernen, die mit ihrer Arbeit seit Jahrzehnten Methoden aufzeigt, wie sich Resignation in Ermächtigung verwandeln lässt, wie sich die eigenen Bedürfnisse mit politischem Engagement vereinen lassen.[4] Tut euch also zusammen, werdet aktiv – aber gebt dabei aufeinander acht. Wenn eine Gruppe einen langen Atem braucht, dann darf sie nicht kollektiv aus der Puste kommen.

4. GUCKT AB

Wer sich organisieren möchte, um etwas zu bewegen, muss das Rad nicht neu erfinden. Es reicht, das Wissen, das schon da ist, auf die entsprechende Situation anzuwenden. Das ist aber gar nicht so leicht, denn dieses Wissen ist mehr als unzureichend dokumentiert. Die Techniken und Dynamiken von koordinierten Zusammenschlüssen, gewaltfreien Aktionen und sozialen Bewegungen wurden in der Forschung lange vernachlässigt, und noch seltener tauchen sie in Schulcurricula auf. Während die meisten Menschen vielleicht eine vage Idee davon haben, dass Martin Luther King Jr. eine entscheidende Rolle in der Bürgerrechtsbewegung gespielt hat, wissen nur die wenigsten, was der Auslöser für sein Engagement war, wie er und seine vielen Unterstützer*innen ihre Strategie geplant haben, wie sie mobilisiert haben und welche Hürden auf diesem Weg zu überwinden waren.

In seinem Buch *Von der Diktatur zur Demokratie*[5] listet der Politikwissenschaftler Gene Sharp, auch er ein Träger des Right Livelihood Awards, 198 Methoden der gewaltfreien Aktion auf. 198 Möglichkeiten für Einzelpersonen, Gruppen oder Institutionen, aktiv zu werden. Alle diese Methoden wurden in der Vergangenheit bereits angewandt, und man geht davon aus, dass sie zahlreiche Revolutionen, wie den Arabischen Frühling, in Serbien und der Ukraine, maßgeblich geprägt haben. Sharp ist akribisch vorgegangen, über viele Jahre erforschte er die Geschichte gewaltfreier Aktionen und insbesondere die Strategien Mahatma Gandhis. Jede erdenkliche Aktionsform findet sich in der Liste wieder. Sie ist sortiert nach gewaltfreiem Protest und Überzeugungsarbeit (etwa öffentliche Reden, Flugblätter, Gesang), sozialer, ökonomischer und politischer Nichtzusammenarbeit (Konsumboykott, Mieteinbehalt, Boykott von Wahlen) und gewaltfreien Interventionen (Sit-in, Guerilla-Theater, Überlastung der Verwaltungssysteme). An 62. Stelle der Liste ist zu lesen: »Streik von Schülern oder Studenten.«

Viele denken bei organisierten Aktionen an Proteste, Märsche und Mahnwachen. Doch das Spektrum der Möglichkeiten ist so viel größer. Wir müssen uns nur bedienen.

Entscheidend sind erstens: Skalierbarkeit, also die Möglichkeit, Aktionen sowohl im kleinen als auch im größtmöglichen Format umzusetzen. Und zweitens: Sichtbarkeit, die entsteht, indem wir öffentliche Räume und mediale Räume bewusst nutzen und sie uns zu eigen machen. Aktivismus läuft heute schnell Gefahr, zum Clicktivismus zu werden. Die Verschiebung ins Netz verschenkt aber ein großes Potential, denn eine bestimmte Relevanz entsteht allein durch physische Präsenz: Wenn dreißigtausendd Menschen eine Online-Petition unterschreiben, geht das schnell unter; es fällt aber unweigerlich auf, wenn nur dreitausend öffentlich aktiv werden. Schließlich, und das ist der entscheidende Punkt, geht es um die Repolitisierung dessen, was im Privaten passiert und dort weitgehend wirkungslos bleibt. Um die Repolitisierung davon, was Menschen tun, wenn sie »bei sich selbst anfangen«.

Ein Beispiel: Ihr fahrt bewusst Fahrrad und ärgert euch

darüber, dass es keine Fahrradstraßen gibt? Das geht nicht nur euch so. Schon vor Jahren haben sich Menschen organisiert und zusammengetan, um, gut sichtbar, den öffentlichen Raum für Radfahrer*innen einzunehmen. Sie bilden eine »Critical Mass«. Durch unterschiedliche Aktionen haben Fahrrad-Aktivist*innen in der Vergangenheit bereits vieles bewirkt. Zum Beispiel in den Niederlanden: Als der städtische Autoverkehr dort in den Siebzigerjahren immer dichter wurde und immer mehr Kinder überfahren wurden, malten die Aktivist*innen einfach selbst Fahrradstreifen auf die Straßen. Solche Aktionen zivilen Ungehorsams haben dazu geführt, dass heute alle Welt von der hohen Lebensqualität des fahrradfreundlichen Amsterdam weiß. Doch können auch weniger ungehorsame Aktionen Wirkung zeigen: Nachdem Heinrich Strößenreuther und seine Unterstützer*innen den erfolgreichen Berliner Volksentscheid Fahrrad herbeigeführt und damit den Weg hin zu einer fahrradzentrierten Mobilitätswende in der Stadt geebnet hatten, nahmen sich Menschen anderswo ein Beispiel, sodass später in 15 weiteren Städten ähnliche Volksentscheide durchgeführt wurden.

In Berlin hatte es Sit-ins gegeben und Mahnwachen für tote Radfahrer*innen; Bezirksgruppen wurden untereinander vernetzt, man setzte die Politik mit durchdachten Verkehrskonzepten und Unterschriftenlisten unter Druck. Heinrich Strößenreuthers Beispiel zeigt, was Sene Sharp in seinem Buch auch betont: Es braucht eine Strategie. Was etablierte Umweltverbände über Jahrzehnte nicht geschafft hatten – einen Richtungswechsel in der hauptstädtischen Mobilitätspolitik – das gelang dem Volksentscheid Fahrrad, dank eines intelligenten Vorgehens, in nur drei Jahren.

Liste gewaltfreier, digitaler Aktionsformen

Als Gene Sharp 1973 seine Liste gewaltfreier Aktionsformen veröffentlichte, steckte das Internet noch in den Kinderschuhen. Das Netz hat das Repertoire aber noch einmal extrem vergrößert. Um einen Einblick in dieses Spektrum zu geben, haben wir 34 exemplarische Methoden gesammelt, durch die im digitalen Zeitalter organisiert oder mobilisiert werden kann. Einige Methoden sind nicht legal, teilweise aus gutem Grund. Wie Sharp schreibt, kann im Zweifel aber jedes gewaltfreie Mittel legitim sein, um Ungerechtigkeiten aufzudecken oder zu überwinden. Und ohne digitalen Ungehorsam läuft eine Gesellschaft Gefahr, sich im weltweiten Netz selbst zu entmündigen. Hätten Edward Snowden und Chelsea Manning keine Gesetze gebrochen, wären wir bis heute im Ungewissen über das Orwell'sche Ausmaß an Überwachung oder die Kriegsverbrechen von US-Soldaten im Irak-Krieg.

1. Online-Petitionen starten
2. Ablehnung oder Zustimmung via E-Mails
3. Online-Konsultationen fluten
4. Massen-SMS schreiben
5. Gezieltes Markieren von Personen auf Inhalten
6. Strategisches folgen & entfolgen in sozialen Medien
7. Memes
8. Graphiken
9. Hashtags trenden lassen
10. Protest durch Profilbilder
11. Aufrufe in Bios
12. Social Media Challenges
13. Reden, geschrieben oder gesprochen zum Teilen
14. Kettennachrichten auf WhatsApp usw.
15. Mit Facebook Veranstaltungen zu Aktionen aufrufen
16. Massenhafte Anfragen bei Online-Formularen
17. Online kündigen
18. Boykott von Apps
19. Boykott von Accounts
20. Boykott von Websites
21. Boykott von Online-Dienstleistern
22. Accounts melden
23. Fake Accounts
24. Satire Accounts
25. Hacking
26. Viren
27. Whistleblowing & Leaking
28. Nutzung verbotener Websites
29. Teilen verbotener Inhalte
30. IP-Adressen umlenken
31. Open source Informationsverbreitung
32. Open source Softwareverbreitung
33. Crowdfunding
34. Crowdsourcing

Als Tarana Burke im Jahr 2006 zum ersten Mal den Ausspruch »MeToo« verwendete, um über sexuelle Belästigung zu sprechen, blieb der große Aufschrei aus. Ganz anders war es elf Jahre später, als die Schauspielerin Alyssa Milano denselben Hashtag erneut aufgriff. Binnen 24 Stunden wurde #metoo eine halbe Million Mal auf Twitter geteilt. Das löste ein Beben in Hollywood aus und führte zu einer weltweit geführten Debatte über sexuellen Missbrauch.

Im März 2017, als die Hungersnot in Somalia desaströse Ausmaße angenommen hatte, machte der Influencer Jérôme Jarre publik, dass es noch eine einzige kommerzielle Airline gab, die reguläre Flüge nach Somalia anbot. Das war Turkish Airlines. Jarre mobilisierte sein Netzwerk aus wichtigen Social-Media-Influencer*innen, darunter Casey Neistat und Ben Stiller, das sich nun hinter dem Hashtag #lovearmy versammelte. In einem kleinen Video erzählte Jarre die Geschichte von der Hungersnot, über die niemand sprach. Und forderte seine Influencer-Kolleg*innen mit dem Hashtag #turkishairlineshelpssomalia auf, Turkish Airlines dazu zu drängen, einen Cargo-Flug nach Somalia bereitzustellen. Zeitgleich startete #lovearmy eine Crowdfundingkampagne, über die Geld für Lebensmittel und Wasser gesammelt wurde.

Innerhalb weniger Stunden reagierte die Fluggesellschaft und stellte zwei Cargo-Flüge nach Somalia bereit, während durch die Crowdfunding-Aktion mehrere Millionen US-Dollar für Nahrungsmittel gesammelt wurden. So konnten Mitarbeiter*innen von Nichtregierungsorganisationen die Spenden vor Ort verteilen, während weitere Hilfsmittel direkt in Somalia eingekauft wurden, um damit die lokalen Märkte zu stärken.

Aus der Aktion von #lovearmy ist bisher keine mächtige, weltweit organisierte Bewegung erwachsen. Sie zeigt aber, was möglich ist, wenn man sich im richtigen Moment der richtigen Mittel bedient. Außerdem ging es auch hier darum, eine Geschichte zu erzählen, die so stark ist, dass Menschen ein Teil davon werden wollen.

Ich, Luisa, lernte Jérôme Jarre kennen, als wir gemeinsam auf Barack Obama warteten. Mit einigen anderen waren wir eingeladen worden, ihn während seiner Europareise zu treffen. Selten habe ich erlebt, dass so viel Aufhebens um eine einzige Person gemacht wurde. Dutzende Sicherheitsleute hatten unsere Taschen aus dem Raum geräumt, Selfies waren verboten. Wir warteten eine volle Stunde auf den amerikanischen Ex-Präsidenten. Unterdessen erzählte mir Jérôme seine Geschichte und strahlte dabei über das ganze Gesicht. Er hatte Großes vor mit seiner #lovearmy und er war sich sicher, seine Ziele erreichen zu können. Menschen, die das Internet mit Leben füllen, haben unfassbar viel Macht. Zumindest in der Theorie. Man muss es ihnen nur bewusst machen. Und Möglichkeiten aufzeigen, wie diese Macht einzusetzen ist.

Als Barack Obama den Raum betrat, schien alles zu vibrieren. Noch immer wirkte er unheimlich präsidial. Obama guckte in die Runde und sagte etwas wie: »Wow, was für eine Energie in diesem Raum.« Das hatte er zwar bestimmt nicht zum ersten Mal gesagt. Ich aber dachte an all die Möglichkeiten, die wir hatten. Und stimmte ihm zu.

5. KOMMT, UM ZU BLEIBEN

Über die Geschichten des gewaltfreien Widerstandes wird kaum gesprochen. Was bleibt schon im kollektiven Gedächtnis haften? Vielleicht Gandhi und King: Der eine, der Salz streute und Hunderttausende hinter sich versammelte, und der andere, der über seinen heute weltberühmten Traum erzählte. Die Geschichten davon, wie viele Menschen vor ihnen ohne Erfolg probiert haben, was diesen beiden gelungen war, kennt kaum jemand. Auch nicht die Namen all der mutigen Menschen, die sich mit ihren Körpern dem Unrecht in den Weg stellten, die beschimpft oder verprügelt wurden, weil sie aufbegehrten. Heute gelten ihre Taten als heldenhaft, damals wurden sie dafür verhaftet. Daran sollten wir uns erinnern, wenn heute Menschen vor Gericht stehen, weil sie Bäume oder Kohlebagger besetzt haben.

Wir haben viel zu tun. Und bequem wird es nicht werden. Wir werden viele Versuche unternehmen müssen, auch erfolglose. Am Ende geht es darum, zur richtigen Zeit am richtigen Ort zu sein, dazu brauchen wir auch Glück. Trial and error. Auch deshalb müssen noch viel mehr Menschen mitmachen. Mit jedem Einzelnen steigt die Chance, dass der Durchbruch gelingt. Wir streiken, bis ihr handelt.

6. FORDERT EUER UMFELD HERAUS

Ich, Luisa, habe schon erzählt, dass ich vor unserem ersten Streik noch nie eine öffentliche Demonstration organisiert hatte. Kurze Zeit später stand ich vor der nächsten Herausforderung: Langfristig brauchten wir Verstärkung in Berlin. Eine Ortsgruppe, die gemeinsam mit mir und den anderen die Streiks organisieren würde. Ich hatte zu diesem Zeitpunkt schon über Wochen versucht, Menschen für unsere Sache zu gewinnen, viele signalisierten auch ihre generelle Bereitschaft. Wenn es dann aber konkret darum ging, Verantwortung zu übernehmen, blieb viel an mir und ein paar Mitstreiter*innen hängen. Also boten wir weniger umfangreiche Aufgabenfelder an. Wir hofften, es würden uns mehr Menschen unterstützen, wenn die To-Do-Listen nicht so lang und weniger zeitraubend wären. Ohne Erfolg. Dann drehten wir den Spieß um. Ich hatte mich an die Kampagne von Bernie Sanders zur Präsidentschaftsvorwahl 2017 erinnert. Sein Kampagnenteam mobilisierte damals mit einer derart erfolgreichen Technik, dass mittlerweile Bücher darüber geschrieben worden sind. Menschen wurden zu Townhall-Events eingeladen. Doch anstatt, wie üblich, am Ende E-Mail-Listen herumzureichen, um dann vergeblich darauf zu warten, dass die Besucher*innen auf die Anschluss-Mail antworteten, wurden sie noch am selben Abend aufgefordert, sich zu melden, wenn sie zum Beispiel ein Fundraising-Dinner veranstalten wollten. Wer das tat, wurde direkt für die Kampagne registriert. So rekrutierte man eine beispiellose Anzahl Freiwilliger. Nicht mit freundlichen Mails, sondern durch radikale Verantwortungsübertragung.

Davon inspiriert gründeten wir, nach mäßig erfolgreichen Wochen, ein Berliner Organisationsteam. Von einem Tag auf den anderen. Noch während des Streiks baten wir Menschen, sich zu melden, wenn sie *Fridays for Future* unterstützen wollten. Und ehe sie es sich anders überlegen konnten, wurden sie den entsprechenden WhatsApp-Gruppen hinzugefügt und mit einer Aufgabe betraut. Meine Erwartungen wurden bei weitem übertroffen. Seitdem sehen wir, wie jede Woche Menschen gemeinsam über sich hinauswachsen.

Nichts ist leichter, als Menschen zu unterschätzen. Nichts ist deprimierender als das aufs Privatleben beschränkte »Sich-Mühe-geben«, das dann doch im Klimakatastrophenstrudel untergeht. Nichts motiviert mehr als das Wissen, dass der eigene Beitrag von Bedeutung ist.

Darum organisieren wir. Auf allen Ebenen.

Vergesst den Veggie-Day. Startet einen Veggie-Monat. Und das nicht alleine mit der besten Freundin, sondern gleich mit der ganzen Abteilung. Macht das bekannt. Fordert dann das ganze Unternehmen dazu auf. Und dann die Konkurrenz. Und verkündet schließlich, dass ihr der erste Unternehmensverbund seid, der sich zusammengetan hat, um das Ende des Billigfleisch-Wahnsinns einzufordern. Und so weiter.

Das Ende der Klimakrise lebt von Menschen, Unternehmen, Institutionen, die sich zusammenschließen. Die sich koordinieren und immer mehr werden; die die Öffentlichkeit ermahnen, endlich das Nötige zu tun. Längst gibt es großartige Ideen und Konzepte, und es werden täglich mehr – sie müssen nur noch umgesetzt werden.

Ein paar Millionen junge Menschen, die nicht zur Schule oder Uni gehen, konnten im Jahr 2019 einen unvergleichlichen Wirbel auslösen. Was wäre nur möglich, wenn sich all die anderen, die Teil der Geschichte vom Ende der Klimakrise werden wollen, nun auch organisieren?

Alles.

EPILOG

Als wir anfingen, dieses Buch zu schreiben, waren wir uns sicher, dass es möglich ist, die Klimakatastrophe abzuwenden. So sah es auch der Weltklimarat – und wir, die Possibilist*innen, verstanden das als Startschuss, den es brauchte, um aktiv zu werden.

Dabei überschlugen sich die Ereignisse, bevor wir auch nur ein einziges Kapitel geschrieben hatten. Als wollte uns das Jahr 2019 beweisen, wie viele Katastrophen sich in nur wenigen Monaten ereignen können. Der deutsche April entwickelte sich zum dreizehnten überdurchschnittlich warmen Monat in Folge – das hatte es seit 1881 nicht mehr gegeben. Kaum war er vorbei, erklärten die Vereinten Nationen, dass eine Million Arten weltweit vom Aussterben bedroht sind – eine völlig neue Dimension des längst bekannten Artensterbens. Wir hatten gerade zwei Kapitel geschrieben. Dann kam der Juni. Er wurde weltweit zum heißesten Juni seit Beginn der Wetteraufzeichnungen. In der indischen Stadt Chennai trockneten die Wasserreservoirs aus, weshalb dort fünf Millionen Menschen wochenlang unter Wassermangel litten. Die Hitze blieb unerbittlich. Ende Juli schmolzen innerhalb von 24 Stunden unglaubliche zwölf Milliarden Tonnen des Grönländischen Gletschers. Die Vereinten Nationen erklärten, dass die Umweltzerstörung mittlerweile für ein Viertel aller Erkrankungen und vorzeitigen Todesfälle verantwortlich ist.

Noch bevor wir das letzte Kapitel geschrieben hatten, steckten Menschen mutwillig den Regenwald des Amazonas in Brand. Ein solches Feuer hatte es noch nie zuvor gegeben. Bilder von Orten, die zur Lunge der Welt gehörten und jetzt nur noch verbrannte Landstriche sind, gingen um die Welt.

In manchen Momenten beherrscht einen der Glaube, dass wir sowieso nicht mehr zu retten sind. Und dass das »Ende der Klimakrise« nichts weiter ist als ein so optimistisches wie unwahrscheinliches Märchen.

Wir haben aber, zu unserer eigenen Überraschung, in den letzten Monaten genau das Gegenteil erlebt. Während wir Katastrophennachricht auf Katastrophennachricht erhielten, erschien Stück für Stück auch die andere Seite der Medaille vor unseren Augen. Von einem Monat auf den anderen hat sich die größte Klimabewegung in der Geschichte der Menschheit formiert. Sie hat es geschafft, die Klimakrise auf die politische Agenda zu setzen. Wir haben demonstriert und recherchiert. Und dabei immer genauer verstanden, was machbar ist, wenn sich nur genug Menschen zusammentun. Weil sie alle, die Menschen auf den Straßen, begriffen haben, dass ihnen sonst die eigene Zukunft aus der Hand genommen wird. Wir haben von den Vorreiter*innen dieser Bewegung erfahren, von Menschen, welche die große Transformation längst angegangen sind, zum Teil sehr erfolgreich. Wir haben verstanden, dass die größten Hürden nicht die Technik, der Markt oder das Geld sind. Sondern die Hürden in den Köpfen der Menschen.

Diese Hürden müssen verstanden, analysiert – und überwunden werden. Das ist der Zweck dieses Buches. Wir wissen nicht nur von der Existenz der Klimakrise, wir kennen auch ihre Ursachen. Und wir wissen, dass es auch heute schon sehr viele Menschen gibt, die begriffen haben, dass Alternativen nötig sind, und, dass sie diese im praktischen Alltag umsetzen. Wer ihre Geschichten liest, dem müssen die Ausreden von Sachzwängen und der Alternativlosigkeit des Status quo immer absurder erscheinen. Die vorgelebten Alternativen sind die Kraftquelle und das Handwerkszeug von Possibilist*innen wie uns. Die Frage ist nur: Werden wir schnell genug sein?

August 2019: Während wir diesen Epilog schreiben, wird in Island zum ersten Mal in der Geschichte ein Gletscher beerdigt. Er ist ein Opfer der Klimakrise und trägt den Namen *Ok*. Es gab eine Zeremonie zu seinen Ehren, der Schriftsteller Andri Magnason hatte dafür eine Erinnerungstafel angefertigt. Vielleicht werden unsere Kinder sie lesen, vielleicht auch unsere Enkel oder Urenkel:

»Ein Brief an die Zukunft. *Ok* ist der erste isländische Gletscher, der seinen Status als Gletscher verliert. In den nächsten 200 Jahren wird erwartet, dass alle unsere Gletscher ihm folgen werden. Dieses Mahnmal gilt als eine Erinnerung, dass wir wissen, was passiert und was gemacht werden muss. Nur ihr wisst, ob wir es geschafft haben.«

Wir sind die Zukunft. Wir sind diejenigen, in deren Händen es liegt, ob das Ende der Klimakrise jetzt beginnen kann. Wir sind diejenigen, in deren Händen es liegt, auf welche Weise die großen Veränderungen kommen werden: *by design or by disaster.* Wir haben uns etwas Beispielloses vorgenommen.

Dabei sind wir im Vorteil. Wir wissen, was gemacht werden muss. Wir wissen auch, wie. Und vor allem wissen wir: dass es möglich ist.

Das ist unsere Chance, die Geschichte der Zukunft zu schreiben.

Der Wandel wird kommen.

ANMERKUNGEN

EINLEITUNG

1 Bundesministerium für Ernahrung und Landwirtschaft (2018). *Welternahrung verstehen. Fakten und Hintergründe.* https://www.bmel.de/SharedDocs/Downloads/Broschueren/Welternaehrung-verstehen.pdf?__blob=publicationFile

2 Welthungerhilfe (2019). *Hunger: Verbreitung, Ursachen & Folgen.* https://www.welthungerhilfe.de/hunger/

3 UNO Flüchtlingshilfe (2019). *Flüchtlingszahlen.* https://www.uno-fluechtlingshilfe.de/informieren/fluechtlingszahlen/

4 World Health Organisation (2019). *Depression: let's talk.* https://www.who.int/mental_health/management/depression/en/

5 Brand, U., & Wissen, M. (2017). *Imperiale Lebensweise. Zur Ausbeutung von Mensch und Natur im globalen Kapitalismus.* München: oekom verlag.

6 hamburg.de (o.J.). Klimawandel Konsequenzen des Klimawandels für Hamburg, verfügbar unter: https://www.hamburg.de/klimawandel-in-hamburg/

7 Daschkeit, A., & Renken, A. L. (2009). *Klimaänderung und Klimafolgen in Hamburg. Fachlicher Orientierungsrahmen.* https://www.hamburg.de/contentblob/3956444/7c76e9c6509b9ca39cb4f8f3aff20805/data/orientierungsrahmen.pdf%0A

8 Ebd.

9 Gaub, F. (2019). *Global Trends to 2030. Challenges and Choices for Europe.* https://espas.secure.europarl.europa.eu/orbis/sites/default/files/generated/document/en/ESPAS_Report2019.pdf

10 Spratt, D., & Dunlop, I. (2019). *Existential climate-related security risk: A scenario approach.* https://docs.wixstatic.com/ugd/148cb0_a1406e0143ac4c469196d3003bc1e687.pdf
11 Koisser, H. (2017). Wir Possibilisten. *Koisser.* https://www.koisser.at/wir-possibilisten/

UNSERE ZUKUNFT IST EINE DYSTOPIE

1 Tagesthemen, Sendung 25.01.2019, 21:10 Uhr. https://www.tagesschau.de/multimedia/sendung/tt-6521. html
2 Climate Action Tracker (2018, 11. Dezember). *2100 Warming Projections.* https://climateactiontracker.org/global/temperatures/
3 Spratt, D. (2010, 1. September), What would 3 degrees mean? *Climate Code Red* http://www.climatecodered.org/2010/09/what-would-3-degrees-mean.html
4 Intergovernmental Panel on Climate Change (2015). *Special Report: Global Warming of 1.5° C. Summary for Policymakers.* https://www.ipcc.ch/sr15/chapter/spm/
5 US Environmental Protection Agency (2016). Climate Impacts on Coastal Areas. https://19january2017snapshot.epa.gov/climate-impacts/climate-impacts-coastal-areas_.html
6 Steffen, W., Rockström, J., Richardson, K., Lenton, T. M., Folke, C., Liverman, D., et al. (2018). Trajectories of the Earth System in the Anthropocene. *Proceedings of the National Academy of Sciences of the United States of America,* 115(33), 8252–8259.
7 Sullivan, A. (2018, 10. Januar). Der Klimawandel und das Fliegen. *Deutsche Welle.* https://www.dw.com/de/der-klimawandel-und-das-fliegen/a-42094220
8 Salewski, S. (2018, 13. Oktober). *Generation Y, von Cornelia Koppetsch.* https://srv.deutschlandradio.de/dlf-audiothek-audio-teilen.3265.de.html?mdm:audio_id=676522
9 World Health Organisation (2016). *Diabetes country profiles, Nauru.* https://www.who.int/diabetes/country-profiles/nru_en.pdf?ua=1
10 Folliet, L. (2011). *Nauru, die verwüstete Insel: wie der Kapitalismus das reichste Land der Erde zerstörte.* Berlin: Wagenbach.

11 Amnesty International (2018). *Nauru 2017/18*. https://www.amnesty.de/jahresbericht/2018/nauru
12 Refugee Action Coalition Sydney (2019). *Manus and Nauru*. http://www.refugeeaction.org.au/?page_id=4528
13 United Nations Development Program (2019). *Nauru*. https://www.adaptation-undp.org/explore/micronesia/nauru

WEIL IHR UNS DIE ZUKUNFT KLAUT

1 Bundesministerium für Umwelt, Naturschutz und nukleare Sicherheit (2018). *Zukunft? Jugend fragen!* https://www.bmu.de/fileadmin/Daten_BMU/Pools/Broschueren/jugendstudie_bf.pdf
2 Intergovernmental Panel on Climate Change (2015). *Special Report: Global Warming of 1.5 °C. Summary for Policymakers*. https://www.ipcc.ch/sr15/chapter/spm/
3 Shabecoff, P. (1988, 24. Juni). Global Warming Has Begun, Expert Tells Senate. *The New York Times*. https://www.nytimes.com/1988/06/24/us/global-warming- has-begun-expert-tells-senate.html
4 Rahmstorf, S. (2013, 17. Juni). Paläoklima: Das ganze Holozän. *Spektrum.de SciLogs* https://scilogs.spektrum.de/klimalounge/palaeoklima-das-ganze-holozaen/
5 The World Bank (2019). *CO_2 emissions (metric tons per capita)*. https://data.worldbank.org/indicator/EN.ATM.CO2E.PC?contextual=max&end=2014&locations=US&start=1960
6 Stets aktuell im Netz einsehbar. https://scripps.ucsd.edu/programs/keelingcurve/
7 Rich, N. (2019). *Losing Earth*. Hamburg: Rowohlt Verlag.
8 Deutscher Bundestag (1988). Erster Zwischenbericht der ENQUETE-KOMMISSION Vorsorge zum Schutz der Erdatmosphare. Drucksache 11/3246 vom 2.11.1988. S. 3.
9 United Nations Framework Convention on Climate Change (2015). Adoption of the Paris Agreement. https://unfccc.int/resource/docs/2015/cop21/eng/l09r01.pdf

10 Deutscher Bundestag (2019). *Das Grundgesetz.* https://www.bundestag.de/grundgesetz

11 Bundesministerium für Umwelt, Naturschutz und nukleare Sicherheit (2018). *Zukunft? Jugend fragen!* https://www.bmu.de/fileadmin/Daten_BMU/Pools/Broschueren/jugendstudie_bf.pdf

12 Nicht zu 100%. Es wird laut Mercator Research Institute on Global Commons and Climate Change mit einer Wahrscheinlichkeit von 66% gerechnet.

13 Mercator Research Institute on Global Commons and Climate Change (2019). *That's how fast the carbon clock is ticking,* https://www.mcc-berlin.net/en/research/co2-budget.html

14 Auf dem ersten Platz ist China, deren Unternehmen nun mal staatlich sind. Das verkompliziert diese exemplarische Rechnung, darüber haben wir in diesem Fall hinweg gesehen. Der Anteil der chinesischen Kohleproduktion an den globalen Treibhausgasen betragt übrigens 14,3% laut diesem Report: Griffin, P. (2017). *The Carbon Majors Database CDP. Carbon Majors Report 2017.* CDP. https://b8f65cb373b1b7b15feb-c70d8ead6ced550b4d987d7c03fcdd1d.ssl.cf3.rackcdn.com/cms/reports/documents/000/002/327/original/Carbon-Majors-Report-2017.pdf?1499691240, S. 14.

UNS FEHLT EINE UTOPIE

1 Habermas, J. (1984). Die Krise des Wohlfahrtsstaats und die Erschöpfung utopischer Energien. In: Habermas, J. (1994): Die Moderne – Ein unvollendetes Projekt, Kap. 5. Leipzig: Reclam Verlag.

2 Wir reden von fossilem Kapitalismus, weil die Energiegewinnung, Produktion und Infrastruktur unserer Wirtschaft seit der industriellen Revolution weitgehend abhangig von der Verwendung fossiler Energietrager wie Kohle, Öl und Gas ist. Diese Abhangigkeiten bestehen bis heute fort. Derzeit verdienen mehr als die Halfte der zehn umsatzstärksten Unternehmen der Welt ihr Geld mit dieser schmutzigen Energiequelle (für mehr Details siehe Kapitel 7 und 8).

3 Lyotard, J.-F. (1994). *Das postmoderne Wissen.* Wien: Edition Passagen.

4 Fukuyama, F. (1992). *The End of History.* New York: Free Press.

5 Ge, M., Friedrich, J. & Damassa, T. (2014, 25. November). *6 Graphs Explain the World's Top 10 Emitters.* World Resources Institute. https://www.wri.org/blog/2014/11/6-graphs-explain-world-s-top-10-emitters. Für weitere Details siehe Kapitel 4.

6 An dieser Stelle ist die Verweildauer von CO_2 in der Atmosphare ein bedeutender Faktor, allerdings auch ein recht komplizierter. Eine gute Übersicht bietet etwa diese Übersetzung der FAQ aus einem IPCC-Bericht von 2014: Klima-FAQ 12.3 | Emissionen. (2019). *Deutsches Klima Konsortium.* https://www.deutsches-klima-konsortium.de/de/klimafaq-12-3.html

7 observablehq.com (2019, 23. April). *Bar Chart Race – the largest cumulative CO_2 emitters since 1750.* https://observablehq.com/@drsimevans/bar-chart-race-the-largest-cumulative-co2-emitters-since-17

8 Rocha, M., Krapp, M., Guetschow, J., Jeffery, L., Hare, B., & Schaeffer, M. (2015). *Historical Responsibility for Climate Change – from countries emissions to contribution to temperature increase.* Climate Analytics / Potsdam Institute for Climate Impact Research. https://climateanalytics.org/media/historical_responsibility_report_nov_2015.pdf

9 Der Begriff Globaler Süden ist nicht nur eine geographische Bezeichnung, sondern auch eine analytische. Laut der Organisation glokal e.V. beschreibt er »eine im globalen System benachteiligte gesellschaftliche, politische und ökonomische Position« und ersetzt die Einteilung der Welt in entwickelte Länder und Entwicklungsländer. https://www.glokal.org/wp-content/uploads/2013/09/BroschuereMitkolonialenGruessen2013.pdf, S. 8.

10 Nier, H. (2019, 29. Juli). *Die Welt ist nicht genug.* https://de.statista.com/infografik/10574/oekologischer-fussabdruck-die-welt-ist-nicht-genug

11 The World Bank (2019). *Total greenhouse gas emissions (% change from 1990).* https://data.worldbank.org/indicator/EN.ATM.GHGT.ZG

12 Berlinski, C. (2008). *There Is No Alternative: Why Margaret Thatcher Matters*. New York: Basic Books.

13 Spiegel Online (2011, 18. Januar). *»Alternativlos« ist das Unwort des Jahres*. https://www.spiegel.de/kultur/gesellschaft/sprachkritik-alternativlos-ist-das-unwort-des-jahres-a-740096.html

14 Graupe, S., & Schwaetzer, H. (2017). Bildungsorte transformativ-reflexiver Ökonomie. In R. Pfriem, U. Schneidewind, J. Barth, S. Graupe, & T. Korbun (Hrsg.), *Transformative Wirtschaftswissenschaft im Kontext nachhaltiger Entwicklung* (S. 509–542). Marburg: Metropolis-Verlag, S. 509.

15 Deutsche Welle. (2019, 11. März). *Japan gedenkt der Opfer von Fukushima*. https://www.dw.com/de/japan-gedenkt-der-opfer-von-fukushima/a-47847882

16 Graupe, S., & Schwaetzer, H. (2017). Bildungsorte transformativ-reflexiver Ökonomie. In R. Pfriem, U. Schneidewind, J. Barth, S. Graupe, & T. Korbun (Hrsg.), *Transformative Wirtschaftswissenschaft im Kontext nachhaltiger Entwicklung* (S. 509–542). Marburg: Metropolis-Verlag, S. 524f.

17 ebd., S. 526.

18 Süddeutsche Zeitung (2019, 20. Januar). *Verkehrsminister: »Wir brauchen den Elektro-Käfer-Effekt«*. https://www.sueddeutsche.de/news/wirtschaft/auto-verkehrsminister-wir-brauchen-den-elektro-kaefer-effekt-dpa.urn-newsml-dpa-com-20090101-190130-99-788679

19 Amann, M. & Traufetter, G. (2019, 15. März). »Meine Generation wurde betrogen«, Spiegel Online. https://www.spiegel.de/plus/luisa-neubauer-und-peter-altmaier-im-streitgespraech-a-00000000-0002-0001-0000-000162913137

20 Jäger, U. (2019, 27. März). »Wir haben verlernt zu träumen«. Sozialpsychologe Welzer blickt in die Zukunft. *Saarlandwelle*. https://www.ardaudiothek.de/aus-dem-leben/wir-haben-verlernt-zu-traeumen-sozialpsychologe-welzer-blickt-in-die-zukunft/61509918

21 Misik, R. (2017, 14. Januar). *Hey, psst – ham Sie mal 'n Narrativ für die Linke übrig?*. https://taz.de/!5371521/

22 Bundesministerium für Umwelt, Naturschutz und nukleare Sicherheit (2018). *Klimaschutz in Zahlen. Fakten, Trends und Im-*

pulse deutscher Klimapolitik. https://www.bmu.de/fileadmin/Daten_BMU/Pools/Broschueren/klimaschutz_in_zahlen_2018_bf.pdf

23 Bundesministerium der Finanzen (2016, 1. Januar). *Bundeshaushalt 2016 tritt in Kraft – erneut ohne neue Schulden.* https://www.bundesfinanzministerium.de/Content/DE/Standardartikel/Themen/Oeffentliche_Finanzen/Bundeshaushalt/Bundeshaushalt_2016/2016_01_01_HH2016.html

24 john-f-kennedy.info (2008). *Rede an der Rice University in Texas.* http://john-f-kennedy.info/reden/1962/rice-university/

DAS KLIMA IST KEINE INDIVIDUELLE KRISE

1 Hardin, G. (1968). The Tragedy of the Commons. *Science, 162*(3859), 1243–1248.

2 In diesem Kontext reden wir von CO_2, das natürlich nicht das einzige Treibhausgas ist, allerdings das gefahrlichste.

3 Nur das CO_2, das in der Atmosphare landet, treibt den Treibhauseffekt an. Entsprechend ist es erstrebenswert, dass andere Senken möglichst viel CO_2 speichern (weswegen der Schutz der Wälder etwa für das Klima eine solch große Rolle spielt).

4 Stollorz, v. (2011). Elinor Ostrom und die Wiederentdeckung der Allmende. Aus Politik und Zeitgeschichte. http://www.bpb.de/apuz/33204/elinor-ostrom-und-die-wiederentdeckung-der-allmende?p=all

5 Preuss, S. (2019, 9. Mai). »Bosch wird 2020 klimaneutral sein«, Frankfurter Allgemeine Zeitung. https://www.faz.net/aktuell/wirtschaft/unternehmen/co2-bosch-will-ab-2020-komplett-klimaneutral-sein-16178383.html

6 Richter, A. (2019, 4. August). Costa Rica reports near 100% renewable energy electricity supply and electricity export. *Think Geo Energy.* http://www.thinkgeoenergy.com/costa-rica-reports-near-100-renewable-energy-electricity-supply-and-electricity-export/

7 Kopatz, M. (2016). *Ökoroutine. Damit wir tun, was wir für richtig halten.* München: Oekom Verlag.

8 DW Culture (2019, 16. Juli). *We dug deep into our archives and found this absolute gem: an interview with #AngelaMerkel in the year 1995. These days the whole world knows her name; back then the host seemed to still be having trouble with it. #merkel #interview #archive #1995* [Twitter post]. https://twitter.com/dw_culture/status/1151104545357008896?s=20

DIE KLIMAKRISE IST EINE VERANTWORTUNGSKRISE

1 Rich, N. (2018, 1. August). Losing Earth: The Decade We Almost Stopped Climate Change. The New York Times. https://www.nytimes.com/interactive/2018/08/01/magazine/climate-change-losing-earth.html

2 Deutscher Bundestag (2013). *Wie Umwelt- und Tierschutz ins Grundgesetz kamen.* https://www.bundestag.de/dokumente/textarchiv/2013/47447610_kw49_grundgesetz_20a-213840

3 SEJM (1997). *Verfassung der Republik Polen*, verfügbar unter: http://www.sejm.gov.pl/prawo/konst/niemiecki/kon1.htm

4 Thüringer Landtag (2010). *Verfassung des Freistaates Thüringen*, https://www.thueringen.de/imperia/md/content/landtag/gesetze/verfassung_internet.pdf, S. 5.

5 Jonas, H. (1984). *Das Prinzip Verantwortung. Versuch einer Ethik für die technologische Zivilisation.* Frankfurt am Main: Suhrkamp Taschenbuch Verlag, S. 70.

6 REVOSax (2014). *Verfassung des Freistaates Sachsen*, https://www.revosax.sachsen.de/vorschrift/3975-Saechsische-Verfassung#a10

7 Jonas, H. (1984). *Das Prinzip Verantwortung.* Versuch einer Ethik für die technologische Zivilisation. Frankfurt am Main: Suhrkamp Taschenbuch Verlag, S. 70.

8 Ebd., S. 7.

9 Ebd., S. 174.

10 Ebd., S. 234.

11 Weiland, M. (2018, 27. Oktober). Regierung zur Rechenschaft.

https://www.greenpeace.de/themen/klimawandel/regierung-zur-rechenschaft

12 Frankfurter Allgemeine Zeitung (2018, 9. Oktober). *Niederlande werden zu Klimaschutz gezwungen.* https://www.faz.net/aktuell/wirtschaft/gerichtsurteil-niederlande-werden-zu-klimaschutz-gezwungen-15829057.html

13 Greenpeace e.V. (2018). *Letzte Instanz für den Klimaschutz: Klimaklagen weltweit.* https://www.greenpeace.de/sites/www.greenpeace.de/files/publications/20181027-greenpeace-factsheet-klimaklagen-weltweit.pdf, S. 2.

14 Ebd., S. 3.

15 Ebd., S. 4.

16 Ebd., S. 5.

17 Anders, G. (1993). *Die atomare Drohung. Radikale Überlegungen zum Atomzeitalter.* München: C.H. Beck, S.1f.

18 Storlazzi, C. D., Gingerich, S. B., Van Dongeren, A., Cheriton, O. M., Swarzenski, P. W., Quataert, E., et al. (2018). Most atolls will be uninhabitable by the mid-21st century because of sea-level rise exacerbating wave-driven flooding. *Science Advances,* 4(4), 1–10.

19 Dagens Nyheter (2018, 12. März). *Greta Thunberg speaks in Katowice: »Our leaders behave like children«.* https://www.dn.se/kultur-noje/greta-thunberg-speaks-in-katowice-our-leaders-behave-like-children/

20 Jonas, H. (1984). *Das Prinzip Verantwortung. Versuch einer Ethik für die technologische Zivilisation.* Frankfurt am Main: Suhrkamp Taschenbuch Verlag, S. 36.

DIE KLIMAKRISE IST EINE KOMMUNIKATIONSKRISE

1 NAS. (2019). *Sea level.* https://climate.nasa.gov/vital-signs/sea-level/

2 C40 Cities (2019). *Staying afloat. The urban response to sea level rise.* https://www.c40.org/other/the-future-we-don-t-want-staying-afloat-the-urban-response-to-sea-level-rise

3 Wehling, E. (2016). *Politisches Framing: wie eine Nation sich ihr Denken einredet – und daraus Politik macht.* Köln: Herbert von Halem Verlag, S. 21.
4 Ebd., S. 30.
5 Lakoff, G. (2010). Why it Matters How We Frame the Environment. Environmental Communication, 4 (1), S. 70–80.
6 Ebd., S. 42.
7 Ebd., S. 185.
8 Readfearn, G. (2015, 5. März). Doubt over climate science is a product with an industry behind it. *The Guardian.* https://www.theguardian.com/environment/planet-oz/2015/mar/05/doubt-over-climate-science-is-a-product-with-an-industry-behind-it
9 Oreskes, N. (2004). The scientific consensus on climate change. *Science, 306*(5702), 1686.
10 Boykoff, M. T., & Boykoff, J. M. (2004). Balance as bias: global warming and the US prestige press. *Global environmental change, 14*(2), 125–136.
11 Oreskes, N., & Conway, E. M. (2014). *Die Machiavellis der Wissenschaft: Das Netzwerk des Leugnens.* Weinheim: WILEY-VCH Verlag.
12 Ebd., S. XXI.
13 Laville, S. (2019, 22. März). Top oil firms spending millions lobbying to block climate change policies, says report. The Guardian. https://www.theguardian.com/business/2019/mar/22/top-oil-firms-spending-millions-lobbying-to-block-climate-change-policies-says-report
14 Initiative Neue Soziale Marktwirtschaft (2019, 27. Juni). *12 Fakten zur Klimapolitik. Fortschritt, Wachstum und Klimaschutz gehören zusammen.* https://www.insm.de/insm/kampagne/klimaschutz/12-fakten-zur-klimapolitik.html. Für einen Faktencheck der Behauptungen der Initiative Neue Soziale Marktwirtschaft siehe Quaschning, v. (2019, 17. Juli). *Faktencheck der »12 Fakten zum Klimaschutz« der Initiative Neue Soziale Marktwirtschaft* INSM. https://www.volker-quaschning.de/artikel/Fakten-INSM/index.php
15 The Guardian (2019, 18. Juni). *Scientists shocked by Arctic per-*

mafrost thawing 70 years sooner than predicted. https://www.theguardian.com/environment/2019/jun/18/arctic-perma frost-canada-science-climate-crisis.

16 Konicz, T. (2019, 3. Juli). Weltklima auf der Kippe. *Telepolis.* https://www.heise.de/tp/features/Weltklima-auf-der-Kippe-4456028.html?seite=all

17 Petersen, A. M., Vincent, E. M., & Westerling, A. L. (2019). Discrepancy in scientific authority and media visibility of climate change scientists and contrarians. *Nature Communications, 10*(1), 3502.

18 Anders, G. (1993). *Die atomare Drohung. Radikale Überlegungen zum Atomzeitalter.* München: C.H. Beck, S. 98.

DIE KLIMAKRISE IST EINE KRISE DES FOSSILEN KAPITALISMUS

1 Rockstrom, J., Steffen, W., Noone, K., Persson, A., Chapin III, F. S., Lambin, E., et al. (2009). Planetary boundaries: exploring the safe operating space for humanity. *Ecology and Society, 14,* 1–33.

2 Schwägerl, C. (2019, 6. Mai). Dramatischer Uno-Bericht. Eine Million Arten vom Aussterben bedroht. *Spiegel Online.* https://www.spiegel.de/wissenschaft/natur/artensterben-uno-bericht-beschreibt-dramatischen-verlust-der-artenvielfalt-a-1265482.html

3 Frankfurter Allgemeine Zeitung (2018, 22. August). Bei Klimapolitik. Merkel will »nicht über Verbote und Gebote« arbeiten. https://www.faz.net/-gpg-9qd3b

4 Hayek, F. A. von. (1996). *Die verhangnisvolle Anmaßung: Die Irrtümer des Sozialismus.* Tübingen: Mohr.

5 Pühringer, S. (2015). Marktmetaphoriken in Krisennarrativen von Angela Merkel. In W. O. Ötsch, K. Hirte, S. Pühringer, & L. Bräutigam (Hrsg.), *Markt! Welcher Markt? Der interdisziplinäre Diskurs um Märkte und Marktwirtschaft* (S. 229–251). Marburg: Metropolis-Verlag.

6 Ötsch, W. O (2019). *Mythos Markt, Mythos Neoklassik.* Das Elend des Marktfundamentalismus. Marburg: Metropolis-Verlag. S. 39ff.

7 Zitiert aus Ötsch, W. O (2019). *Mythos Markt, Mythos Neoklassik. Das Elend des Marktfundamentalismus.* Marburg: Metropolis-Verlag, S. 29.

8 Fiedler, S., & Geppert, K. (2016). Empirische Analysen zum Emissionshandel. *DIW-Wochenbericht*, 9(83), 170–184, S. 172.

9 Polanyi, K. (2017). *The Great Transformation. Politische und ökonomische Ursprünge von Gesellschaften und Wirtschaftssystemen.* Frankfurt am Main: Suhrkamp Taschenbuch Verlag, S. 20.

10 Ebd., S. 243.

11 Ebd., S. 244.

12 Original: »human beings are now carrying out a large scale geophysical experiment of a kind that could not have happened in the past nor be reproduced in the future.« In Revelle, R., & Suess, H. E. (1957). Carbon dioxide exchange between atmosphere and ocean and the question of an increase of atmospheric CO_2 during the past decades. *Tellus*, 9(1), 18–27, S. 19. Übersetzung von Wikipedia. https://de.wikipedia.org/wiki/Globale_Umwelt ver%C3%A4nderungen_und_Zukunftsszenarien#cite_ref-3

13 Intergovernmental Panel on Climate Change (2015). *Special Report: Global Warming of 1.5° C. Mitigation pathways compatible with 1.5° C in the context of sustainable development*, verfügbar unter: https://www.ipcc.ch/sr15/chapter/chapter-2/

14 Intergovernmental Panel on Climate Change (2015). *Special Report: Global Warming of 1.5° C. Sustainable Development, Poverty Eradication and Reducing Inequalities*, verfügbar unter: https://www.ipcc.ch/sr15/chapter/chapter-5

15 Marx, K. & Engels, F. (1972). *Der achtzehnte Brumaire des Louis Bonaparte.* Berlin/DDR: Dietz Verlag, S. 115–123. http://www.mlwerke.de/me/me08/me08_115.htm

16 Graham-McLay, C. (2019, 22. Mai): New Zealand's Next Liberal Milestone: A Budget Guided by ›Well-Being‹. *New York Times.* https://www.nytimes.com/2019/05/22/world/asia/new-zealand-wellbeing-budget.html

17 Lyons, K. (2019, 8. Mai). New Zealand introduces bill for zero carbon emissions by 2050. *Guardian.* https://www.theguardian.com/world/2019/may/08/new-zealand-introduces-bill-for-zero-carbon-emissions-by-2050

DIE KLIMAKRISE IST EINE WOHLSTANDSKRISE

1 Rosling, H., Rosling, O., Rosling Rönnlund (2018). *Factfulness.* London: Sceptre, S. 3–5.

2 Urmersbach, B. (2019, 9. August). *Weltweites Bruttoinlandsprodukt (BIP) bis 2018.* Statista. https://de.statista.com/statistik/daten/studie/159798/umfrage/entwicklung-des-bip-brutto inlandsprodunkt-weltweit/

3 Rosling, H., Rosling, O., Rosling Rönnlund (2018). *Factfulness.* London: Sceptre, S. 13.

4 Ebd., S. 47.

5 Ebd., S. 135.

6 Global Justice Now (2016, 12. September). *10 biggest corporations make more money than most countries in the world combined.* https://www.globaljustice.org.uk/news/2016/sep/12/10-biggest-corporations-make-more-money-most-countries-world-combined

7 Raworth, K. (2018). *Die Donut-Ökonomie: Endlich ein Wirtschaftsmodell, das den Planeten nicht zerstört.* München: Carl Hanser Verlag, S. 13.

8 Kolmar, M. (2019, 14. Juni). Immer mehr Wachstum wird unser Leben zerstören. *Zeit Online.* https://www.zeit.de/wirtschaft/2019-04/industriepolitik-umstieg-klimapolitik-digitalisierung-globalisierung-nachhaltigkeit

9 Hans Böckler Stiftung (2018, 19. Juli). *Wohlstand in Deutschland wegen erhöhter Ungleichheit nur auf Niveau der 1990er Jahre – 2016 erneut leichte Verbesserung.* https://www.boeckler.de/112132_115027.htm

10 Global Justice Now (2018, 17. Oktober). *69 of the richest 100 entities on the planet are corporations, not governments, figures show.* https://www.globaljustice.org.uk/news/2018/oct/17/69-richest-100-entities-planet-are-corporations-not-governments-figures-show

11 Alvaredo, F., Chancel, L., Piketty, T., Saez, E., & Zuchman, G. (2018). World Inequality Report 2018. *World Inequality Lab.* https://wir2018.wid.world/files/download/wir2018-summary-english.pdf

12 Brand, U., & Wissen, M. (2017). *Imperiale Lebensweise. Zur Ausbeutung von Mensch und Natur im globalen Kapitalismus.* München: oekom verlag.

13 Global Carbon Atlas (2018). *Fossil Fuel Emissions.* http://www.globalcarbonatlas.org/en/CO_2-emissions

14 Tremel, L. (2017). *Aufhören. Warum, wie, wer und wann am Besten was.* Vortrag gehalten am 26. Januar 2017 in Hamburg. https://plattform.netzwerk-n.org/cms-documents/89/Aufhoren-Vortrag- final-1.pdf, S. 4.

15 Ebd. S. 5.

16 Raworth, K. (2018). *Die Donut-Ökonomie: Endlich ein Wirtschaftsmodell, das den Planeten nicht zerstört.* München: Carl Hanser Verlag, S. 19

17 Ebd., S. 39–41.

18 Fatheuer, T. (2011). *Buen Vivir: Eine kurze Einführung in Lateinamerikas neue Konzepte zum guten Leben und zu den Rechten der Natur.* Berlin: Heinrich-Böll-Stiftung, S. 16.

19 Carstens, P. (2017, 13. März). Maori-Fluss erhält Rechte als Person. *GEO.* https://www.geo.de/natur/nachhaltigkeit/15997-rtkl-neuseeland-maori-fluss-erhaelt-rechte-als-person

20 Initiative Neue Soziale Marktwirtschaft (2019, 22. Mai). *Nachhaltigkeit als Verfassungsprinzip. Eine bessere Politik für morgen mit Nachhaltigkeit im Grundgesetz.* https://www.insm.de/insm/publikationen/studien/praesident-des-bundesverfassungs gerichts-ad-nachhaltigkeit-ins-grundgesetz.html

21 World Future Council (2019). *Future Policy Award.* https://www.worldfuturecouncil.org/de/future-policy-award/

22 Tremel, L. (2017). Aufhören. Warum, wie, wer und wann am Besten was. Vortrag gehalten in Hamburg. https://plattform.netzwerk-n.org/cms-documents/89/Aufhoren-Vortrag-final-1.pdf, S. 14.

DIE KLIMAKRISE IST EINE GERECHTIGKEITSKRISE

1 Hans, B. (2008, 29. August). Hurrikan »Katrina«. Wie aus New Orleans eine Stadt der Weißen wurde. *Spiegel Online.* https://www.spiegel.de/panorama/gesellschaft/hurrikan-katrina-wie-aus-new-orleans-eine-stadt-der-weissen-wurde- a-575012-2.html

2 Dehmer, D. (2015, 29. August). Zehn Jahre nach Hurrikan Katrina New Orleans – eine gespaltene Stadt. *Tagesspiegel.* https://www.tagesspiegel.de/gesellschaft/panorama/zehn-jahre-nach-hurrikan-katrina-new-orleans-eine-gespaltene-stadt/12244950.html

3 Carrington, D. (25. Juni 2019). ›Climate apartheid‹: UN expert says human rights may not survive. *The Guardian.* https://www.theguardian.com/environment/2019/jun/25/climate-apartheid-united-nations-expert-says-human-rights-may-not-survive-crisis

4 FDP (2018, 12. Mai). LINDNER-Rede auf dem 69.FDP-Bundesparteitag. Verfügbar unter https://mailings.fdp.de/node/123621

5 Schweizerische Eidgenossenschaft (2013). *1987: Brundtland-Bericht.* https://www.are.admin.ch/are/de/home/nachhaltige-entwicklung/internationale-zusammenarbeit/agenda-2030-fuer-nachhaltige-entwicklung/uno-_-meilensteine-zur-nach haltigen-entwicklung/1987--brundtland-bericht.html

6 Ende Gelände (2017, 5. November). *Press Release: »Ende Gelände« sets out for mass action of civil disobedience + Activists call for climate justice and exit from fossil fuels Buir.* https://www.ende-gelaende.org/en/press-release/press-release-november-5th-2017-1111-a-m/

7 welt-sichten (2008). *Klimawandel und Armut. Eine Herausforderung für gerechte Weltpolitik.* https://www.pik-potsdam.de/services/infothek/buecher_broschueren/buecher_broschueren/.images/klimawandel-und-armut.pdf

8 Carrington, D. (25. Juni 2019). ›Climate apartheid‹: UN expert says human rights may not survive. *The Guardian.* https://www.theguardian.com/environment/2019/jun/25/climate-apartheid-united-nations-expert-says-human-rights-may-not-survive-crisis

9 Santarius, T. (2009). Emissionshandel und globale Gerechtigkeit. In Böhler, Susanne/ Bongardt, Daniel/ Frech, Siegfried (Hrsg.): *Jahrhundertproblem Klimawandel. Forschungsstand, Perspektiven, Lösungswege.* Schwalbach: Wochenschau Verlag, S. 121–138. http://www.santarius.de/645/emissionshandel-und-globale-gerechtigkeit/

10 Intergovernmental Panel on Climate Change (2015). *Special Report: Global Warming of 1.5 °C. Sustainable Development, Poverty Eradication and Reducing Inequalities.* https://www.ipcc.ch/sr15/chapter/chapter-5/, Abschnitt 5.5.2.

11 Breitkopf, A. (2019). *Pro-Kopf-CO_2-Emissionen nach ausgewählten Ländern weltweit im Jahr 2016 (in Tonnen),* Statista. https://de.statista.com/statistik/daten/studie/167877/umfrage/co-emissionen-nach-laendern-je-einwohner/

12 O'Neill, D. W., Fanning, A. L., Lamb, W. F., & Steinberger, J. K. (2018). A good life for all within planetary boundaries. *Nature Sustainability, 1*(2), 88–95.

13 Our World in Data (2019). *CO_2 emissions per capita, 2017. Average carbon dioxide (CO_2) emissions per capita measured in tonnes per year.* https://ourworldindata.org/grapher/co-emissions-per-capita

14 Das sagte Rockström sinngemäß u.a. bei einer Rede auf dem evangelischen Kirchentag 2019, wo auch ich, Luisa, als Gastrednerin anwesend war.

15 Tabary, Z. (2018, 18. Juni). Climate change a ›man-made problem with a feminist solution‹ says Robinson. *Reuters.* https://www.reuters.com/article/us-global-climatechange-women/climate-change-a-man-made-problem-with-a-feminist-solution-says-robinson-idUSKBN1JE2IN

16 Oxfam (2017). *An Economy that works for Women. Achieving women's economic empowerment in an increasingly unequal world.* Oxfam Briefing Paper. https://www-cdn.oxfam.org/s3fs-public/file_attachments/bp-an-economy-that-works-for-women-020317-en.pdf

17 Deloitte (2017). Women in the boardroom. A global perspective. *Global Center for Corporate Governance.* https://www2.deloitte.com/content/dam/Deloitte/cn/Documents/risk/

deloitte-cn-ra-ccg-e1-women-in-the-boardroom-a-global-perspective-fifth-edition.pdf

18 World Health Organisation (2014). *Gender, Climate Change and Health.* https://www.who.int/globalchange/GenderClimateChangeHealthfinal.pdf

19 United Nations Framework Convention on Climate Change (2015). *Adoption of the Paris Agreement.* https://unfccc.int/resource/docs/2015/cop21/eng/l09r01.pdf

20 United Nations Framework Convention on Climate Change (2019). *Introduction to Gender and Climate Change.* https://unfccc.int/gender

21 Right Livelihood Award (2016). *Medha Patkar and Baba Amte / Narmada Bachao Andolan.* https://www.rightlivelihoodaward.org/laureates/medha-patkar-and-baba-amte-narmada-bachao-andolan/

22 Vielhaus, C. (2019, 30. April). Du zahlst zu viele Steuern. Aber aus anderen Gründen, als du denkst. *Perspective Daily.* https://perspective-daily.de/article/792

23 Bach, S., & Thiemann, A. (2016). Vermögensteuer. *DIW Wochenbericht*, 2016(4), S. 79–89.

24 Zeit Online. (2019, August 23). *SPD: Thorsten Schäfer-Gümbel legt Konzept für Vermögensteuer vor.* https://www.zeit.de/politik/deutschland/2019-08/spd-thorsten-schaefer-guembel-vermoegenssteuer-konzept

25 Sullivan, A. (2018, 10. Januar). Der Klimawandel und das Fliegen. *Deutsche Welle.* https://www.dw.com/de/der-klimawandel-und-das-fliegen/a-42094220

26 Zeit Online (2019, 17. Januar). *Flugreisen: Deutsche fliegen so viel wie nie.* https://www.zeit.de/mobilitaet/2019-01/flugreisen-luftverkehr-passagierrekord-flughafen-reiseaufkommen-anstieg

27 Grant, J., & Baker, K. (2019, 19. Januar). How will we travel the world in 2050? *The Conversation.* https://theconversation.com/how-will-we-travel-the-world-in-2050-121713

28 Wolff, R. (2018, 14. November). Auf der Schiene oder gar nicht. *Klimareporter.de.* https://www.klimareporter.de/verkehr/auf-der-schiene-oder-gar-nicht

29 Grant, J., & Baker, K. (2019, 19. Januar). How will we travel the

world in 2050? *The Conversation.* https://theconversation.com/how-will-we-travel-the-world-in-2050-121713

INFORMIERT EUCH!

1 Staud, T. (2018, 19. Januar). Problembewusstsein für den Klimawandel ist groß in Deutschland - am größten unter Frauen und im Westen. *klimafakten.de.* https://www.klimafakten.de/meldung/problembewusstsein-fuer-den-klimawandel-ist-gross-deutschland-am-groessten-unter-frauen-und

2 Myers, J., & Whiting, K. (2019, January 16). These are the biggest risks facing our world in 2019. *World Economic Forum.* https://www.weforum.org/agenda/2019/01/these-are-the-biggest-risks-facing-our-world-in-2019/

3 BlackRock (2019, 4. April). *Investors Underappreciate Climate – Related Risks in Their Portfolios – BlackRock Report.* https://www.blackrock.com/corporate/newsroom/press-releases/article/corporate-one/press-releases/investors-under appreciate-climate-related-risks-in-their-portfolios

4 Goering, L. (2019, 3. Juli). Without climate action, economic growth »will be reversed«, economist warns. *Reuters.* https://www.reuters.com/article/us-climate-change-britain/without-climate-action-economic-growth-will-be-reversed-economist-warns-idUSKCN1TY2RW

5 Pawlik, V. (2019, August 9). Anzahl der Vegetarier in Deutschland bis 2019. *Statista.* https://de.statista.com/statistik/daten/studie/173636/umfrage/lebenseinstellung-anzahl-vegetarier/

6 Entzian, A. (2016). Denn sie tun nicht, was sie wissen. *Ökologisches Wirtschaften,* 4, 21–23.

7 Otto, F. (2019) *Wütendes Wetter: Auf der Suche nach den Schuldigen für Hitzewellen, Hochwasser und Stürme.* Berlin: Ullstein.

8 Germanwatch e.V. (2016, 24. November). *Klimaklage gegen RWE: Landgericht trifft noch keine Entscheidung über Beweisaufnahme.* https://germanwatch.org/de/13171

9 Otto, F. (2019) *Wütendes Wetter: Auf der Suche nach den Schuldigen für Hitzewellen, Hochwasser und Stürme.* Berlin: Ullstein.

10 Project Drawdown. (2019). Solutions. https://www.drawdown.org/solutions

FANGT AN ZU TRÄUMEN!

1 Anders, G. (1968). *Die Antiquiertheit des Menschen. Über die Seele im Zeitalter der zweiten industriellen Revolution.* München: C.H. Beck. S. 273.
2 Wallace-Wells, D. (2019). *Die unbewohnbare Erde. Leben nach der Erderwärmung.* Kiel: Verlag Ludwig.
3 Jetñil-Kijiner, K., & Niviâna, A. (2018). Rise: Von einer Insel zur anderen. *350.org.* https://350.org/de/von-einer-insel-zur-anderen/
4 Welzer, H. (2011). *Mentale Infrastrukturen: Wie das Wachstum in die Welt und in die Seelen kam.* Berlin: Heinrich-Böll-Stiftung.
5 Miller, R. (2013). Changing the conditions of change by learning to use the future differently. *World Social Science Report 2013*, 107–111.
6 Sozialistische Selbsthilfe Mülheim (o.J.). *über uns.* http://www.ssm-koeln.org/ueber_uns/intro.htm
7 Morgenroth, N. & Repenning, A. (2014, 8. September) *Die Grenzen des (Post-)Wachstums.* https://fragendreisen.wordpress.com/2014/09/08/die-grenzen-des-post-wachstums/
8 Gorenflo, N., Bauwens, M., & Restakis, J. (2014, 29. März). *Integral revolution: an interview to Enric Duran about CIC.* Cooperativa Integral Catalana. http://cooperativa.cat/en/integral-revolution/
9 Morgenroth, N. & Repenning, A. (2014, 7. Oktober) *Hack the Earth.* https://fragendreisen.wordpress.com/2014/10/07/hack-the-earth/
10 Morgenroth, N. & Repenning, A. (2014, 6. November) *Wir sind nicht die Lösung – Longo Maï.* https://fragendreisen.wordpress.com/2014/11/06/wir-sind-nicht-die-losung-longo-mai/
11 Grandhotel Cosmopolis (o.J.). *Konzept.* https://grandhotel-cosmopolis.org/de/konzept/
12 Zitiert aus Saage, R. (1991): *Politische Utopien der Neuzeit.* Darmstadt: Wissenschaftliche Buchgesellschaft. S. 1.

13 Giesecke, D., Hebert, S., & Welzer, H. (2016). *FUTURZWEI Zukunftsalmanach 2017/18. Geschichten vom guten Umgang mit der Welt. Themenschwerpunkt Stadt.* Frankfurt am Main: Fischer Taschenbuch.

14 Transition Network. (2016). *A movement of communities coming together to reimagine and rebuild our world.* https://transitionnetwork.org/

15 Goethe-Institut (2019). *Future Perfect: Geschichten für morgen – schon heute, von überall.* http://www.goethe.de/ins/cz/prj/fup/deindex.htm

16 Fremeaux, I., & Jordan, J. (2012). *Pfade durch Utopia.* Hamburg: Edition Nautilus.

17 Wright, E. O. (2017). *Reale Utopien. Wege aus dem Kapitalismus.* Berlin: Suhrkamp.

18 Fazal, A., & Menon, L. (2016). *The Right Livelihood way: A Sourcebook for Changemakers.* Bonn: Right Livelihood College. https://rlc-blog.org/wp-content/uploads/2016/09/Prof.-Fazal-The-Right-Livelihood-Way-A-Sourcebook-for-Changemakers-1.pdf

ORGANISIERT EUCH!

1 Chenoweth. E. & Stephan, M. J. (2011). *Why Civil Resistance Works: The Strategic Logic of Nonviolent Conflict.* New York: Columbia University Press.

2 Arendt, H. (2000). *Macht und Gewalt.* München-Zürich: Piper Verlag, S. 45.

3 DeCOALonize. (2019, 29. Juni). *Lamu Residents Celebrate the Cancellation of the Lamu Coal Power Plant license.* http://www.decoalonize.org/lamu-residents-celebrate-the-cancellation-of-the-lamu-coal-power-plant-license/

4 Lüpke, G. (2017). Joanna Macy – Die Welt als Geliebte. Netzwerk für Tiefenökologie. https://tiefenoekologie.de/12-politk-des-herzens/9-joanna-macy-die-welt-als-geliebte

5 Sharp, G. (2008). *Von der Diktatur zur Demokratie. Ein Leitfaden für die Befreiung.* München: CH Beck.

DANKSAGUNG

Eine Geschichte der Zukunft zu schreiben, ist Teamarbeit. Wir danken daher Tom, Julia und dem ganzen Team von Tropen und Klett-Cotta; Katrin, die diesem Buch mit uns gemeinsam auf die Welt geholfen hat; Ulrich und Ronald für die Unterstützung und Ermutigung in der Entstehung des Buches; Stefan Rahmstorf für den kritischen Blick auf die wissenschaftlichen Daten und Quellen; Ole, Kajsa und der Right Livelihood Foundation, *for making all this possible in the first place.*

Meinen, Luisas, Dank an meine Familie, an meine Geschwister, Mutter und Großmutter, die mich in *all the craziness* unterstützt haben und an Daniel, dessen Energie und Inspiration wegweisend war. In größter Verbundenheit mit denjenigen, mit denen zusammen ich seit Sekunde eins dieses gigantischen Abenteuers unzählige lange und kurze Stunden organisiert, mobilisiert, gelacht und geweint habe, und die seit fast einem Jahr Monat für Monat über sich selbst hinauswachsen – ich fühle mich privilegiert, mit euch zusammenzuarbeiten in Berlin und überall. Danke an die Vorleser*innen in Göttingen, die mich Abend für Abend vom Schreibtisch abgeholt haben, an Silke, Stephan, Holger und

Annalena und das Team Berlin, die nicht nur da waren, wenn sie gebraucht wurden, sondern mir auch in den langen Nächten den Rücken frei gehalten haben. An Kate, Nicolas und das Team von 350.org, von denen ich so viel lernen konnte, bevor wir angefangen haben, die Straßen zu stürmen. Danke für das unablässige Nervenstärken von meinen liebsten Seelen aus Hamburg, und an diejenigen, die mich so viele Stunden wie selbstverständlich im Backoffice oder mit Wein unterstützt haben, an Friedrich, mit dem ich noch viele Bücher lang radeln werde, und natürlich mit großer Dankbarkeit und Respekt all denen gegenüber, die nicht erst seit diesem Jahr, sondern seit Jahrzehnten loslegen, und die den Boden bereitet haben, auf dem diese Tage so viel bewegt wird. Und schließlich, danke an die großen Visionär*innen, die mich klimawissenschaftlich, geographisch, sozial, kulturell, politisch und philosophisch geprägt, inspiriert und begleitet haben.

Ein großes Danke von mir, Alex, an meine Mutter, die weiß, wie man Wut in Weisheit verwandelt, meine Geschwister, meinen Vater und meine ganze Familie für die bedingungslose Unterstützung über die Jahre. Danke an die S12 für die Nachsicht in turbulenten Zeiten, an Hannes und Vincent, Christoph, Aimo, Lea, Anselm, Anna Sofie, Valerie, für die Wurzeln und Flügel in den vergangenen Monaten; an Nico, Jonas, Marie, Patrick, Valentin, Hannah, Benni, Andreas, Fiona Danks für die Inspiration, Kommentare und klugen Gedanken zu allen Tages- und Nachtzeiten. Danke den vielen Vorbildern an der Cusanus Hochschule und im Rheinland, denen ich so viel zu verdanken habe, den Wegbereiter*innen, die mir mit ihrem Einsatz für die Klimastreiks,

Klimacamps und Ende Gelände die Augen geöffnet haben. Und eine große Verneigung vor den unzähligen Held*innen, die im Unsichtbaren wirken, die Sorgearbeit leisten, gegen Unrecht aufbegehren und andere ermächtigen, es auch zu tun.